走向生态现代化

海南现代化路径选择历史过程研究　■　杨思涛　著

王定国题

（修订版）

中共中央党校出版社

图书在版编目（CIP）数据

走向生态现代化：海南现代化路径选择历史
过程研究/杨思涛著.—2版（修订本）.—北京：
中共中央党校出版社，2017.8（2018.6重印）

ISBN 978-7-5035-5713-2

Ⅰ.①走⋯　Ⅱ.①杨⋯　Ⅲ.①生态环境-研究-海南省
Ⅳ.①X321.266

中国版本图书馆 CIP 数据核字（2015）第 252898 号

走向生态现代化（修订版）——海南现代化路径选择历史过程研究

责任编辑	楚双志　王　琪
版式设计	宗　合
责任印制	王洪霞
责任校对	马　晶
出版发行	中共中央党校出版社
地　　址	北京市海淀区大有庄 100 号
电　　话	（010）62805830（总编室）　　（010）62805821（发行部） （010）62805034（网络销售）　　（010）62805822（读者服务部）
传　　真	（010）62881868
经　　销	全国新华书店
印　　刷	北京柏力行彩印有限公司
开　　本	700 毫米×1000 毫米　1/16
字　　数	315 千字
印　　张	20.5
版　　次	2008 年 11 月第 1 版 2017 年 8 月第 2 版　　2018 年 6 月第 2 次印刷
定　　价	76.00 元

网　　址： www.dxcbs.net　　**邮　　箱：** zydxcbs2018@163.com

微信 ID： 中共中央党校出版社　　**新浪微博：** @党校出版社

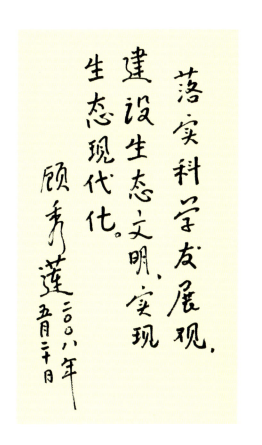

落实科学发展观，
建设生态文明、实现
生态现代化。

顾秀莲 二〇〇八年
五月二十日

（顾秀莲：第十届全国人大常委会副委员长，第九届全国妇联主席）

促进节能与环保
走向生态现代化

庄炎林 题
二〇〇八年六月

（庄炎林：中国第四届侨联主席、党组书记，中国庄希泉基金会
主席，中国国际经济科技法律人才学会会长）

（**姜义华**：国家清史编纂委员会委员，教育部社会科学委员
会委员，教育部重点研究基地——复旦大学中外
现代化进程研究中心主任，复旦大学资深特聘
教授，博士生导师）

（雷鸣东：中国名人书画院院长，中国节能与环保形象大使，
节能与环保十大书画家，北京大学特聘教授，美国
内申大学暨北国大教授，博士生导师）

再版前言

拙著《走向生态现代化——海南现代化路径选择历史过程研究》自 2008 年由中共中央党校出版社出版以来，其受读者欢迎的程度大大出乎我意料。一些网站纷纷推介本书，称其为填补海南现代化路径选择过程研究空白的著作，一些读者更是直接与我联系交流，对本书给予了较高的评价。概括起来，主要评价意见有：

一、本书主旨与中央精神高度契合

党的十八大将生态文明建设纳入"五位一体"总体布局，强调面对资源约束趋紧、环境污染严重、生态系统退化的严峻形势，必须树立尊重自然、顺应自然、保护自然的生态文明理念，把生态文明建设放在突出地位，融入经济建设、政治建设、文化建设、社会建设各方面和全过程，努力建设美丽中国，实现中华民族永续发展。本书研究目的是探寻一条人类与自然和谐共生的可持续发展道路，与党的十八大精神高度契合。

二、本书研究方向符合时代主题

当前生态现代化理论在发达国家越来越受到重视，我国现代化的生态转型也已提上日程。党的十八届三中全会提出，紧紧围绕建设美丽中国，深化生态文明体制改革，加快建立生态文明制度，健全国土空间开发、资源节约利用、生态环境保护的体制机制，推动形成人与自然和谐发展的现代化建设新格局。本书通过对海南现代化路径选择历史过程的回顾与反思，寻规律、找方法，引入生态现代化理论，大胆构想人与自然和谐共生、人的全面发展的现代化建设新格局，体现了中央精神，紧跟时代的步伐。

三、本书思想内容贯穿着新发展理念

党的十八届五中全会提出了创新、协调、绿色、开放、共享的发展理念。习近平总书记在主持中央政治局第四十一次集体学习时进一步指出，推动形成绿色发展方式和生活方式是贯彻新发展理念的必然要求。他强调必须坚持节约资源和保护环境的基本国策，提出要"加快构建生态功能保障基线、环境质量安全底线、自然资源利用上线三大红线，全方位、全地域、全过程开展生态环境保护建设"。本书强调把生态保护融入现代化建设的全过程和各领域，体现了贯彻新发展理念的要求。

四、本书基本观点符合经济发展新常态的要求

当前我国经济发展已进入新常态，正从高速增长转向中高速增长，经济发展方式正从规模速度型粗放增长转向质量效率型集约增长，经济结构正从增量扩能为主转向调整存量、做优增量并存的深度调整，经济发展动力正从传统增长点转向新的增长点。本书立足海南实际的分析与展望，与经济发展新常态对海南发展的要求一致。

五、本书提出的思路符合海南发展实际

海南生态省建设、国际旅游岛建设、国际长寿岛建设、绿色崛起战略、实施省域"多规合一"、海上丝绸之路建设以及"蓝色国土"保护等是海南发展的新背景；海南省第七次党代会提出"加快建设经济繁荣、社会文明、生态宜居、人民幸福的美好新海南"，也为海南发展提出了新愿景和新要求。本书提出的关于构建海南生态化产业体系、科学确定海南发展定位等相关内容，与上述新背景的新要求高度一致，与海南近期的不少政策措施有异曲同工之妙。

六、本书具有较强的针对性和实践意义

我国经过 30 多年的改革开放，经济社会建设取得了举世瞩目的成就，人民生活水平明显提高，综合国力和国际影响力也不断提升。但在快速发展的背后，也留下了一些"硬伤"，由于过度开发和消耗资源，三废处理不及时，环境破坏较严重，同时由于不注重人的生态化，造成社会不和谐不稳定因素增加，人民幸福指数未达到预期目标。本书从海南实践出发，探索人与人之间、人与社会之间、人与自然之间全面和谐的发展道路，在转型时期具有较强的指导意义。

有不少读者建议本书再版，以满足更多读者的需求。我自忖既然有如此众多的社会读者，说明本书还是有价值的。而生态现代化在澄迈县实施 9 年所取得的成效，也证明了本书的思路是正确的。新华社、中央电视台、《人民日报》《光明日报》《经济日报》《中国环境报》等中央媒体对澄迈县生态现代化建设的集中报道，也给了我极大鼓励。因此，我决定再版本书。

本次再版，订正了部分错漏之处，但书中错误或不妥之处在所难免，希望广大读者给予批评指正。

2017 年 5 月 28 日

序 一

第八届、第九届全国人大常委会副委员长　布赫

近日，海南的杨思涛同志，邀请我为其论著《走向生态现代化——海南现代化路径选择历史过程研究》写篇序言，大略看后，感觉选题很切合实际，在现代化的进程中要注意人与自然的和谐发展问题，应该提倡和大力开展生态环境的研究工作和保护工作。

生态现代化，这在中国还是一个方兴未艾的新课题。虽然中国在经过近 30 年的改革开放后，在现代化的发展道路上已经取得了令人瞩目的成绩。但因生态环境问题未引起足够重视，使我们在前进中付出了巨大的代价。虽然现在意识到了这个问题，但这方面工作现仍处于起步期，中国生态现代化过程还有很长一段艰难的道路要走。

的确，在进入 21 世纪之后，随着中国工业化和城市化步入新一轮发展快车道，工业化和城市化带来的环境污染也在迅速扩大，中国现代化环境的压力也在不断增大。如果不转变经济发展模式，中国将面临巨大的环境风险！如果经济发展模式转变力度不够，在我们取得发展的同时，也会付出巨大的代价，中国仍将出现普遍的生态危机。这已经引起我们高度重视，中央也与时俱进的提出了科学发展观的发展战略，这个战略理解起来很重要的一点就是要协调推进绿色工业化、绿色城市化和生态现代化，这是实现科学发展的一条合理路径。

随着科学发展观的提出，特别是党的十七大把科学发展观明确写进《党章》后，全国各地对环境保护越来越重视，生态危机意识也越来越强，并正大规模地实施生态修复工程。这个时候，作为中国的宝岛开始发挥出其后发优势。

海南，作为全国最年轻的省份，也是最大的经济特区，拥有独特的生

态环境资源，是其他省、区不可相比的。近几年，海南充分利用其后发优势，经济社会建设取得了巨大发展，但对生态的保护意识丝毫不减，全省上下已经形成了不以牺牲生态环境为代价来获取眼前经济利益的发展共识，并付诸实践。保护生态环境是为子孙造福的大事，千万不要为了眼前暂时的经济利益，而去吃子孙的"饭"。这一点在一些干部思想中，特别是那些急于想在任期内作出一定成绩的干部思想中，还没有引起足够的重视。作为海南地方行政领导干部的思涛同志更明白，生态保护是一件功在当代、利在千秋的事情，并以一种历史的责任感和使命感，对海南生态现代化进程中重大事件、重大争议、存在的主要问题和差距及路径方向的选择等问题，进行较为系统的总结、研究，为海南的生态现代化进程建言献策，实属可贵。

如今，海南已经把创建"生态省"作为其现代化的路径选择，并摆到经济社会发展的突出位置来抓。这就要求海南的发展必须要抛弃发达工业国家和我国发达地区"先污染、后治理、再转型"的发展老路，进一步发挥海南的生态优势，打造"绿色海南"，实现可持续发展，使"生态立省"战略不成一纸空话。

"生态省"建设是一项复杂的系统工程。因此，建设"生态省"，必须要用科学发展观来指导。海南"生态省"的建设一定要将科学的发展理念贯穿到区域经济发展、城乡建设中，寓生态建设于经济建设、社会发展之中，切实增强可持续发展的活力。从长远看，沿着这条生态现代化道路前进，海南将大有希望，一定会有更大的发展。

生态建设不仅是海南全面实现小康的助推器，更是我国全面奔小康的加速器。改善生态环境，是我国经济和社会发展的基础，更是我国的一项基本国策，关系到国家长远发展和中华民族的生存繁衍。

胡锦涛总书记在党的十七大报告中指出："坚持节约资源和保护环境的基本国策，关系人民群众切身利益和中华民族的生存发展。必须把建设资源节约型、环境友好型社会放在工业化、现代化发展战略的突出位置，落实到每个单位、每个家庭。要完善有利于节约能源资源和保护生态环境的法律和政策，加快形成可持续发展体制机制。"

因此，实现生态现代化的目标就要从贯彻"三个代表"重要思想的高度，从国家生态安全和可持续发展的高度来认识改善生态环境的重要性，认真贯彻国家的产业政策和宏观调控政策，增强科学发展的紧迫感、责任感和使命感，以生态经济、生态社会和生态意识为突破口，加快推进中国生态现代化进程。

最后，希望思涛同志再接再厉，研究的视野更广一些，研究的区域更宽一些，研究出更多学术成果，为推动海南乃至全国经济又好又快发展作出更大的贡献。

2008年，是海南建省办经济特区二十周年，在这里衷心祝愿海南这个全国最大的经济特区，实现跨越式的发展，生态现代化建设走在全国前面。

方 赫

二〇〇八年五月

序 二

第八届、第九届全国人大常委会副委员长　铁木尔·达瓦买提

近日，海南地方行政领导干部《走向生态现代化——海南现代化路径选择历史过程研究》的作者杨思涛同志，邀请我为其论著写篇序言，思虑再三，勉言几句。

生态现代化是现代化的一个重要领域，是世界现代化的一种生态转型。近年来，各地一哄而上的开发热潮的确带动了经济的发展，同时也带来了大气污染、水土流失、水域断流、沙漠化等一系列问题。开发的盲目与不合理，是造成生态破坏的主要原因。不少地方尤其是经济相对落后的地区，往往只顾眼前利益，忽视环境保护，对土地的乱开滥垦、对森林的乱砍滥伐，破坏了自然环境的生态平衡。在处理人与自然的关系、环境与发展的实际问题时，忽视人与自然的和谐发展，仍然按照传统思维，以牺牲环境为代价来发展经济。可以说，保护生态环境的问题，是我们国家面临的一个非常迫切的问题。

所幸的是，党的十七大已经把科学发展观作为马克思主义中国化的一个重要成果列入报告，并且也作为统领全局的指导方针写进了党章，还提出了建设"生态文明"的理念，将生态建设放到一个文明的高度，这是一个创举，说明了在全社会、在管理阶层逐步形成了既要重视经济建设、经济发展，同时又要保护好生态环境的共识。海南省第五次党代会也把"全面落实科学发展观、生态立省、构建具有海南特色的经济结构和更具活力的体制机制，推进和谐海南建设，努力实现又好又快发展"作为主题。

在这样的时代背景下，对海南现代化路径选择历史过程进行系统研究，回顾其历史，分析其发展趋向，总结其发展经验，得出规律性的认识，正与时代发展脉搏不谋而合，对于加快推进海南生态现代化进程，实

现科学发展显得十分重要。

思涛同志撰写的《走向生态现代化——海南现代化路径选择历史过程研究》，正可以为我们提供深入认识海南现代化发展规律的一个借鉴。这部专著重点总结了海南解放 50 多年来，特别是建省办特区以来现代化发展的历史，并结合海南当前的发展机遇与面临的挑战，提出了以"健康岛、生态省"建设为载体，在全国率先实现生态现代化的发展目标，非常符合海南省情和发展定位。

希望思涛同志再接再厉，也希望更多的专家学者关注中国生态现代化的发展，营造浓厚的学术氛围，研究出更多学术成果，并用于指导中国现代化实践，推动中国经济又好又快发展。

2008 年，是海南建省办经济特区二十周年，在这里衷心祝愿海南的明天会更好！

铁木尔·达瓦买提

2008.6.16

序 三

老红军、谢觉哉夫人 王定国

当前，科学发展的春风正吹遍全国，一场以贯彻落实科学发展观为主题的解放思想大讨论正在全国范围内展开。适逢其时，一本系统反映海南生态现代化进程的著作——《走向生态现代化——海南现代化路径选择历史过程研究》收笔出版。

生态现代化理论是 20 世纪 80 年代由德国学者胡伯提出的。作为可持续发展理论的重要组成部分，生态现代化的概念一出现，便引起世界各国的关注。本书作者杨思涛同志，作为地方领导干部，能够在全党全国人民深入学习贯彻党的十七大精神之际，以论著的方式唤起人们对科学发展观和生态现代化的关注和思考，难能可贵。

众所周知，海南地处中国的最南部，虽然经济基础薄弱，自然条件却十分优越，生态环境已成为海南最大的资本，具有不可比拟的强大竞争力。但生态资源也是有限的，在这样一个相对落后的欠发达地区，要实现现代化的奋斗目标，在任何时候、任何情况下，都不能以牺牲环境为代价换取一时的经济繁荣。只有立足于长远，总揽全局，树立科学发展观，对海南生态现代化的发展作出战略性部署，通过跨越式发展的执政理念，构建海南生态现代化建设的宏伟蓝图，才是海南走向生态现代化的科学发展之路。《走向生态现代化——海南现代化路径选择历史过程研究》一书，正试图为海南生态现代化进程描绘出这样的宏伟蓝图。

2008 年是改革开放 30 周年，30 年前正是发达国家生态现代化的起步时期，也正是中国的改革开放时期。进入新世纪后，中国工业化和城市化驶入了快车道，随之也面临工业现代化与生态环境的压力挑战。胡锦涛同志已经在十七大报告中把建设"生态文明"作为更高水平小康社会目标的新要求。这个新要求深刻反映了时代发展的需要，那就是把"生态化"融入现代化进程。适时启动生态化建设，坚持可持续发展战略，落实科学发展观，发展经济与保护生态就能相辅共生，就能做到双赢。

未来 20 年，是我国生态文明建设的关键时期。如果还采用传统的资源密集和污染严重的发展模式，中国的环境危机势必越来越严重。因此，建设生态文明、转变经济发展方式，应该是中国推进生态现代化进程的必由之路。而令人可喜的是，像思涛同志这样的中国社会的中坚力量和学者型领导干部，已经对该课题给予极大关注，相信《走向生态现代化——海南现代化路径选择历史过程研究》这本书，将不仅对海南甚至中国生态现代化进程产生积极影响，而且将引起社会各界关于生态现代化的更多思考。2008 年我已近 100 岁了，已经不可能亲睹中国实现生态现代化。但我坚信有中国共产党的坚强领导，有全国人民的共同努力，中国一定能够实现生态文明，一定能够实现生态现代化。

是为序。

王定国

二〇〇八年六月十六日

原版前言

海南省是中国海南面积最大却是陆地面积最小的省份，其海域面积达200万平方公里。海南岛孤悬海中，是一个独立性相当强的地理单元，土地面积为3.39万平方公里①，属热带季风气候，土壤资源、热作资源、海洋资源、矿藏资源极为丰富，开发潜力巨大。

从海南岛上出现人类的活动起，人们就已开始对这里的资源进行开发。由于原始时代生产规模的狭小，没有超出自然再生能力的范围，所以直到公元前111年海南岛设郡②，这里仍保持着一种基本上未受到人类活动破坏的原始状态。直到20世纪30年代中期，经过两千多年的农业开发，从沿海到中部山区作圈层式推进，"由于生产工具的进步，以及刀耕火种为主的苗族的入居，以及封建王朝镇压人民反抗斗争所采取的军事行动等，使得森林破坏的方式、规模和速度大大强化了，破坏范围已深入五指山内地，生态环境大大恶化现象增加"③。但由于海南的生态底蕴较厚，气候条件好，动植物生长环境优越，所以基本上仍保持着海阔天高、丛林密布、花香鸟语、景色奇绝的自然风貌。

---

① 海南岛及其邻近岛屿面积共3.39万平方公里，若加上西沙、南沙等群岛面积共3.54平方公里。西沙、南沙等群岛除西沙由部队和海南省共管外，其余岛屿均由部队守管，海南建省办特区后设立西沙工委，加强这一区域行政管理职能。本课题所涉及的海南陆地面积为海南岛本岛及邻近岛屿面积。

② 汉武帝元鼎六年（公元前111年）平定南越，元封元年（公元前110年）置南海等九郡，其中包括海南岛的珠崖、儋耳两郡，合16县，从此海南岛正式列入中国版图。参见海南特区经济年鉴编辑委员会编：《海南特区经济年鉴》1989（创刊号），新华出版社1989年版，第87页。

③ 司徒纪尚：《海南岛历史上土地开发的研究》，《文献》1987年第1期。

20 世纪 30 年代以来，海南开始低水平、粗放型的工业化，曾受到日本帝国主义的侵略和掠夺[①]，并遭遇各种无序开发所造成的灾难。半个多世纪的开发，海南的经济总量有了较大的增长。但是，这种增长相当程度上是以资源和生态环境的迅速恶化为代价的，其中尤以原始森林所受的破坏最为严重。20 世纪初到解放前是海南原始森林破坏最大、后果最严重的 50 年。由于新式运输发展，公路深入山区，许多过去人迹罕至的林区也被列入开采范围，其中又以抗战期间日寇对森林的掠夺最为严重，致使森林覆盖率从 1933 年的 50％下降为解放前夕的 35％，相当于元、明、清三代森林消失量的总和[②]。就一般森林（包括原始森林、人工林和次生林）覆盖率而言，新中国成立时尚有 49.2％，由于长期以来的毁林开发，不断扩大粮食作物、甘蔗和橡胶的种植面积，加上"大跃进"和"文化大革命"的严重破坏，致使其面积锐减。到 1988 年海南建省前，森林覆盖率仅余 22.3％，其中郁闭率较高的天然林所剩无几，绝大部分为生态效益远不如原始自然林的人工林和次生林[③]。1988 年建省以来至今，海南的生态保护工作得到越来越多的重视，环境状况在某些方面和一定程度上有所改善，但整体上看，海南在经济建设取得超常规发展的同时，资源耗竭、环境污染和生态失衡的趋势仍在继续。只是由于海南工业发展滞后，这种破坏才没有达到无可挽回的程度。为保住这块价值无穷的圣地，使它的经济、社会、生态潜能得到充分的发挥，海南必须抛弃传统工业化的发展道路，开辟一条可持续发展的道路，这是伴随着海南经济发展而来的带有某种必须性的生态环境演变的历史需要。

对于海南未来发展，国家领导人高度重视，2004 年胡锦涛同志在海南考察工作时曾强调，要按照可持续发展的要求，科学规划海南的开发，切

[①] 1939 年 2 月，日本帝国主义入侵海南，把海南作为征服亚太的侵略基地，对岛上的资源进行调查，指令筹办军事事业者进入海南。1939—1940 年，到海南的商社包括矿业、农林业、畜产业、渔业和其他事业在内共达 75 家；自 1939 年至 1945 年先后投入的开发资金达 6 亿多日元，其开发重点为矿业和农林业。帝国主义的侵略、掠夺，对海南的资源造成了破坏性的后果。参见林缵春：《海南岛之产业》（1946 年 4 月），海南省档案馆资料：DZ25—007。

[②] 司徒纪尚：《海南岛历史上土地开发的研究》，《文献》1987 年第 1 期。

[③] 柳树滋等著：《海南发展的绿色道路》，海南出版社 2001 年版，第 18 页。

实把海南得天独厚的生态环境保护好，不断增强经济社会发展的后劲①。在2007年十届全国人大五次会议期间，温家宝同志提出要把海南建设成为绿色之岛、开放之岛、文明之岛、和谐之岛。他说，海南要建绿色之岛就必须把环境保护、生态建设放在海南发展的首位。良好的生态环境既是海南发展的需要，又是海南发展的有力支撑和可持续发展的保障。如果海南失掉了生态环境之美，海南发展的根本优势就丢了。温家宝同志关于要把海南变成绿色之岛、开放之岛、文明之岛、和谐之岛的讲话中，绿色是基础，是前提。在"生态立岛"的基础上，海南的未来发展，其功能定位为"人类生存示范区、生态经济示范区和城乡一体的和谐社会示范区"②。

笔者未读复旦大学博士研究生前，先后在广东和海南这两个现代化程度差距较大的省份工作，其间深刻地体会到海南的现代化程度不仅跟发达国家相比有很大的差距，跟广东等国内发达地区相比也存在较大差距。攻读博士研究生后，在听姜义华教授、朱荫贵教授、戴鞍钢教授、章清教授、林尚立教授等讲解"中国近现代史专题及其相关社会、文化、经济、人物思想等研究"的过程中，得到很大启发，深深地感到有责任借攻读博士的机会，对海南现代化发展战略制定与调整的历史过程进行考察，同时对海南现代化进程中较为重要、特殊的几个方面做多视角的比较研究，于是决定选取"走向生态现代化——海南现代化路径选择历史过程研究"作为研究课题。

本课题研究将结合海南的实际，在近几十年来专家学者对"海南现代化"研究的基础上，拟结合历史学、社会学、统计学、政治学、经济学、生态学等学科，通过历史过程研究、比较研究、案例研究等方法，依据大量第一手档案资料、政府公报、政府文件、文献专著、报纸杂志等原始资料，对课题中所涉及的历史过程及海南现代化中的工业化、信息化、生态化等方面，以及各要素之间的相互作用，进行跟踪研究和实例分析，力求比较全面和系统地展现海南现代化进程中同发达地区或发达国家相比而凸

---

① 参见《发展经济保护生态 帮民致富为民造福》，《光明日报》2004年4月26日。

② 参见《温家宝：要把海南建成绿色开放文明和谐之岛》，《海南特区报》2007年3月10日。

显的问题和差距，期冀将生态现代化理论、生态现代化的指导思想及战略选择与现代化历史进程的研究融为一体，从而填补海南现代化路径选择过程研究的空白，并使海南注意充分吸取全球地域现代化发展中的成功经验，在海南今后全面实现现代化过程中扬长避短，最大限度地发挥海南的生态资源优势和后发优势。

2007 年 11 月 15 日于海口

目　录

中文摘要

海南省位于中国的最南端，地处热带季风地区，是中国唯一的热带省份，这里光热充足，四季如春，被称为没有冬天的海岛。由于独特的地理位置和区位环境，这里长期以来拥有最原始的自然生态环境。

自 20 世纪 30 年代以来，海南开始低水平、开放型的工业化，使得海南经济总量在快速增长的同时，生态环境也遭到了严重破坏，森林覆盖率由建国时的 49.2% 锐减到 1988 年海南建省前的 22.3%。直到 1988 年海南建省后，海南生态环境保护工作才得到越来越多的重视，生态环境状况在一定程度上也得到改善。但总体而言，海南资源耗竭、环境污染和生态失衡的趋势仍在继续。

为保护南中国这块蓄势待发的绿洲，避免走"先污染、后治理"的落后发展道路，海南必须在科学发展观的指导下，开辟出一种新的可持续发展道路。

基于这样的认识和新形势下的发展需要，本书主要围绕"走向生态现代化"这个课题，简要而系统地阐述海南的生态现代化之路，对海南现代化路径选择的历史过程进行研究。全书由序、前言、摘要、绪论、结语、参考文献和八章内容组成。绪论主要阐述当前本课题先行研究成果和海南在这方面的研究存在的主要问题，并引出一个不容忽视的问题，那就是海南现代化进程中经济活动对海南脆弱的生态系统所造成的负面影响；第一章扼要介绍海南前现代化开发的历史，较为系统地回顾了海南经济发展和现代化建设的沿革；第二章简要回顾了海南现代化发展进程中发生的几个重大事件，从而引发了人们对海南现代化发展的争议和思考，同时还就海南当前现代化实现程度进行了较全面和深入的分析；第三章、第四章、第五章和第六章分别就海南四大现代化产业——农业、现代制造加工业、海洋产业、生态旅游业的发展优势和特点，以及四大产业发展经历的几个阶段、发展现状、形成的品牌等方面进行了较为详细的介绍和研究，最后详细地分析了四大现代化产业发展与国内外相比存在的差距；第七章着重阐述海南信息化建设的背景、现状及信息产业生态化的发展状况、发展差距；最后一章借助前面的研究和分析，围绕"健康岛、生态岛"为奋斗目标，结合海南生态现代化的国内外背景、自身条件和面临的战略选择，提出了四条海南实现生态现代化的宏观措施，力争在环境治理、产业选择、人居环境建设和生态保护等方面实现生态现代化预期目标，希冀在全国率先全面实现生态现代化。

全书结合海南实际，在原有的研究基础上，大量运用第一手档案资料、政府公报、政府文件、文献专著、报纸杂志等原始资料，结合选择历史学、社会学、统计学、政治学、经济学、生态学等学科，采用历史过程研究、比较研究等方法，力求比较全面、系统、客观地揭示海南现代化进程中存在的主要问题，以及和其他发达地区与国家存在的差距，使海南充分吸取全球地域现代化发展中的成功经验，为海南今后全面实现现代化扬长避短，最大限度地发挥海南的生态优势和后发优势。

关键词：现代化　路径选择　海南　生态
中图分类号：K27

Abstract

Hainan province lies in the most southern part of China, which is the only province situated in the tropical monsoon area in China. This tropical island enjoys sunshine and warm weather all year round. Therefore it is known as "An Island with No Winter". Because of the special geographical location and regional environment, Hainan has the most virgin natural ecological environment for a long time.

In the early 1930's, Hainan began to develop its low level and open industry. The economy developed at a rapid pace, but simultaneously did great harm and damage to the natural environment. According to statistics and reports, Hainan enjoyed 49.2% forest coverage when China was founded in 1949. This figure reduced dramatically to a mere 22.3% in 1988, as a result of deforestation and economical development. Prior to 1988, nature conservation and environmental protection was non existent. Hainan only started improving its poor ecol-ogical environmental condition after 1988. In Bief, Hainan is still degenerating its natural resources, as a result of pollution and deforestation. The imbalance of the natural environment is never ending, as a result of economical development.

In order to avoid further harm to this natural oasis and tropical island, we should rather avoid the old motto "pollution first and control later" to a more advanced method of "Prevention is better than cure". Hainan should be guided by a proper system of sustai-nable development and accurate scientific research.

Based on this recognition and urgent need for new development systems, this book focuses on the issue of "Head for the Modernized Ecology". The aim is to give a systematic and clear explanation on methods to develop, introduce, and implement modernized ecological methods. This book also reflects the past history of its development. This book consists of a synopsis, preface, introduction, conclusion, annotations, references, specific data, and 8 descriptive chapters. The introduction eovers the current results of the research, and existing research problems that need to be dealt with. This all leads to one very crucial point, that is, the negative influences on the ecological environment, as a result of developing the modern economy. The first chapter is a brief introduction of the general condition of Hainan, and a comprehensive review of Hainan's past economical development. Chapter 2 reflects the occurrences during the course of Hainan's development, as well as the awareness for a more modern economic development system. This is done by an analysis of the development level on Hainan's modernized economy. Chapter 3—6 discuss in detail the four modern indust-ries-agriculture, modernized manufacturing and processing industry, marine industry and ecotourism industry individually. The analysis eovers the various industries superiority, characteristics, development, the current status and brand forming. These industries are also compared to other domestic levels. Chapter 7 is a description of the background, situati-on, current development status and eco-modernization disparity of Hainan's information technology industry. Various sections indicate and introduce the development strategy, deve-lopment superiority, and the supporting measures of Hainan's ecological intelligence cons-truction. Chapter 8 is based on ananalysis and a study of the above chapters. This chapter indicates ways and means to achieve this ever so important goal- "Building a healthy eco-logical island". The emphasis, is to analyze the domestic and international background of Hainan's modernized ecological system and own strategic plan. Four plans to achieve this goal are outlined, that is, focusing on the environmental control aspect, choice of industhy living environment and environmental protection. We thrive to be the first province to achieve modernized ecology in China.

This book combines the reality of Hainan, based on existing research, first hand data, government reports and government documents, monographs, newspaper and magazine report. Many issues and facts are compared to the historic situation in Halnan, in order to identify crucial elements locally or internationally to eventually achieve a workable plan for Hainan. The objective of this thesis is to create awareness of the current condition and to gain a specific workable plan to eventually achieve a smooth and successful system for the development of Hainan's economy without further destruction of the tropical environm-ent.

Key words: modernization way to choose Hainan ecology
CLC number: K27

绪论　本课题先行研究的基础和存在的主要问题

最近几年，我国关于生态环境问题的报道比比皆是，环境退化和环境污染日益严重，这与中国处于工业化和城市化的快速发展时期紧密相关。随着我国工业经济的快速发展，资源压力、能源压力和环境压力不断增长，生态环境问题已经成为影响社会和谐和经济发展的一个重要因素。在局部地区生态环境破坏的社会影响非常恶劣，甚至严重影响了老百姓的生活和工农业的生产。

日益严重的生态危机越来越清楚地告诉人们，人类非生态的现代化理念和实践模式是生态环境恶化的根源，也是引发人际关系、区际关系乃至国际关系紧张的重要原因。要构建和谐社会，就必须认真检讨和更新传统的现代化理念和实践模式，把生态现代化视为社会整体现代化和构建和谐社会的重要价值追求，通过发展绿色科技、绿色生产力、环境保护和环境友好技术、绿色产品和绿色服务、绿色营销，以及倡导以绿色生活方式、绿色消费方式、绿色行为方式等为内容的绿色精神文明，使人类走上一条资源可持续利用，人与生态环境和谐，并使人与人、人与社会和谐的现代化道路。

目前，关于人类与自然相互关系的理论和思想，流派众多，学术文献浩如烟海。在众多理论中，20世纪80年代德国学者胡瑟尔·胡伯提出的生态现代化理论，已经成为发达国家环境社会学的一个主要理论。生态现代化要求采用预防和创新原则，推动经济增长与环境退化脱钩，实现经济与环境的双赢。在过去20多年里，许多发达国家选择了生态现代化，并取得显著成效。如"德国、挪威、瑞典、荷兰等一些西方发达国家近20年来率先进行的一系列积极的改革，为其他国家和地区的社会生态恢复和重建提供了值得借鉴的经验"①。

海南在中国乃至世界上的特殊自然资源环境"素质"，以及目前第一、二、三产业的发展状况，决定了海南的现代化努力既不能照搬国内其他省份的模式，更不能照搬西方发达国家的模式。但这并不排斥海南积极地借鉴和吸收成熟的科学思想和成功的实践经验，比如二战后日本国岛域生态环境恢复计划、新西兰生态经济发展战略等，这些对海南今天的现代化建设都很有借鉴价值。但不同地区及其不同的发展阶段会有不同的现代化发展模式。海南在解决资源、环境与发展的问题上，必须走一条独具特色的生态经济发展之路，必须以生态范式诠释现代化、实践现代化，走一条复合型的生态型路径。

第一节　现代化理论和生态现代化理论

现代化理论和生态现代化理论分别产生于第二次世界大战后和 20 世纪 80 年代，并在西方发达国家得到很快发展，已经取得了丰硕成果，并正逐渐走向完善。

一、现代化理论概述

二战以后，随着第三次科学技术革命的发生和深化，随着世界在冷战与竞争中压力加剧，现代化意识和价值取向在不同类型的国家都得到了强烈表现，现代化在实践上构成席卷全球的壮观景象，在理论上形成广阔的研究领域。关于现代化的概念存在千百种表述，其内涵也不尽相同。罗荣渠②认为，"现代化理论"是一套研究现代发展问题的综合理论架构。对这项研究，国际上不同的流派使用不同的名称，如工业化理论、现代化理论、经济成长阶段论、经济发展理论、发展理论等等。但这些表述名称，

---

① 黄英娜、叶平：《20 世纪末西方生态现代化思想述评》，《国外社会科学》2001 年第 4 期。

② 罗荣渠（1927—1996 年），四川荣县人，生前是北京大学历史系教授，治学领域广阔，涉及近代现代中外历史和史学理论，著有《现代性新论——世界与中国的现代化进程》（北京大学出版社）、《美洲史论》（中国社会科学出版社）等多部著作。

或失之过窄，或失之过泛，都不能令人满意。在没有找到一个更确切的科学术语之前，不妨把这项研究的总题目暂定为"现代化理论"或"现代发展理论"①。杨豫②认为，"现代化理论并不是一种单一的理论，笼统地说，凡是以传统社会向现代社会转变为线索来探讨社会变化的理论统统归纳在现代化理论的范围内"。③ 现代化理论的任务是对这种转变的性质、动力、过程及其有关的各种问题展开研究。但从理论上形成对于现代化的一般认识，是有必要的。

（一）现代化理论的形成

美国学者阿尔温·Y. 索在《社会变化与发展》（1990 年出版）一书中指出，现代化理论是二战后三大历史性事件的产物。一是美国在二战后迅速崛起而成为超级大国，而其他的西方国家，如英、法、德都在大战中大伤元气，为重建西欧，美国实施了马歇尔计划，并因此而成为世界领袖；二是世界范围内的共产主义运动的展开，苏联的影响不仅遍及欧洲，也席卷了亚洲的中国和朝鲜；三是欧洲在亚、非、拉的殖民帝国相继崩溃，代之而起的是大批新兴独立的第三世界国家。在此背景下，一方面，这些新兴的国家为巩固政治上的独立，迫切需要发展经济，与外部世界打交道，以确立它们在整个世界体系中的地位，走向真正自主发展的道路，这不仅关系到这些新兴发展国家的存亡，而且关系到国际社会的发展方向和前景，因而也是全世界普遍关注的问题。同时，这些国家的人民和领导人看到了与发达国家在发展上的巨大差距，产生了强烈的发展要求，从而努力在实践中和理论上摸索实现现代化的道路；另一方面，以美国为首的西方资本主义集团，对"自己在先前殖民地的影响丧失而感到忧虑"④，力图把众多新独立的国家纳入资本主义体系。为适应这一政治战略需要，在美国政府

---

① 罗荣渠：《建立马克思主义的现代化理论的初步探索》，《中国社会科学》1988 年第 1 期，也见《新华文摘》1988 年第 2 期。

② 杨豫，1944 年 1 月生，安徽明光市人，南京大学历史系教授、博士生导师，南京大学欧盟研究所所长，以欧洲近现代史和欧洲一体化进程为主要研究方向，主要著有《欧洲的政治一体化：历史的回顾》、与钱乘旦、陈晓律等合著《世界现代化进程》等。

③ 杨豫：《译者前言》，参见〔美〕西里尔·E. 布莱克，杨豫等译：《比较现代化》（1976），上海译文出版社 1996 年版。

④ 〔英〕韦伯斯特著，陈一筠译：《发展社会学》，华夏出版社 1987 年版，第 2 页。

和财团的授意和支持下，美国新一代的年轻政治学家、经济学家、社会学家、心理学家、人类学家开始热衷于研究新独立国家的发展问题。他们分别从各自不同的角度和学科进行了探讨，开出了各自不同的"药方"，发表了大量论文并出版了多部专著，这样"跨学科的现代化理论在50年代诞生了"①。正如国内有的学者所指出的那样，现代化理论是西方社会对自己的理论的绝对信仰和对社会主义的极端仇视这两种心态的相互作用下首先在美国产生的，其主要目的就是通过对现代化理论的宣传，使得新兴的不发达国家接受西方的社会制度；更如西方学者表白的那样，"对发展问题进行深入研究，与其说是出于学说上的兴趣，毋宁说是政治上的需要"②。日本社会学家富永健一认为，若把现代化的主要指标归结为工业化和民主化，那么就不能说研究现代化的理论是在20世纪60年代的美国首先开始的，可以说起源于启蒙思想的社会科学的产生本身就是"现代化理论"的最初形态。因而，广义现代化理论是对启蒙运动以来研究现代化的理论的总称③。

现代化理论创始之初，绝大多数学者对第三世界这块以前理论上很少涉及的土地是陌生的，他们既无理论准备，也无理论指导下的现成模式可资借鉴，只好先从西方的历史发展和现有的思想体系中寻求理论概念。因此，我们说严格意义上的现代化理论产生于二战后，但它的理论来源却要久远得多。可以说，现代化理论的最初形态起源于启蒙思想的社会科学本身，迪尔凯姆和韦伯是它们的重要代表。他们的有关理论被看做是西方经典的社会学理论，现代化理论一整套的理论、概念均可从经典社会学中看到它们的原型。英国学者韦伯斯特也认为，"现代化理论主要是在E.迪尔凯姆和M.韦伯的思想基础上发展起来的"④。

（二）现代化理论的主要内容

现代化理论是关于现代化研究成果的集成。现代化研究历时50余年，

---

① So Alvin Y（1990年）：SociaL Change and Development，The Lonternational Professional Publishers，p. 7.

② 〔英〕韦伯斯特著，陈一筠译：《发展社会学》，华夏出版社1987年版，第24页。

③ 参见〔日〕富永健一：《"现代化理论"今日之课题——关于非西方后发展社会发展理论的探讨》，原载日本《思想》1985年4月号。参见罗荣渠主编：《现代化——理论与历史经验的再探讨》，上海译文出版社1993年版，第109页。

④ 〔英〕韦伯斯特著，陈一筠译：《发展社会学》，华夏出版社1987年版，第2、24页。

形成了庞大的现代化理论体系。影响较大的有经典现代化理论、后现代化理论、第二次现代化理论和综合现代化理论等体系。

1. 经典现代化理论。经典现代化理论认为，现代化是指 18 世纪工业革命以来人类社会所发生的深刻变化，包括从传统经济向工业经济、传统社会向工业社会、传统政治向现代政治、传统文明向工业文明转变的历史进程及其变化。在这一意义上，现代化既指先进国家的社会变迁过程，又指后进国家追赶先进国家的过程。

经典现代化理论还阐述了现代化的结果——现代性。现代性是与传统性相对的概念，传统性是指现代化以前的传统农业社会的特点，现代性则指已经完成现代化过程的国家所处的状态和特点。现代性在不同的领域有不同的表现，如政治民主化、经济工业化、社会城市化、宗教世俗化、观念理性化、现代主义、普及初等教育等，但其核心是对传统农业社会的超越。

经典现代化理论关于现代化进程动力的认识并不一致，主要有三种观点：一是"经济发展决定论"，主张经济发展决定社会政治和文化的变化，认为工业化是现代化的推动力。这一观点受马克思经济基础决定上层建筑思想的影响较大。二是"文化发展决定论"，认为是文化影响了经济和政治生活，民主化是现代化的推动力。这一观点受德国学者韦伯新教伦理和理性化思想的影响较大。三是综合决定论，认为现代化是政治、经济和文化相互作用的结果。

经典现代化理论并不是一个完美无瑕的理论，受到很多批评。首先，经典现代化理论存在许多固有的缺陷，如现代化概念的时间不确定、内涵宽泛和偏见，现代性和传统性概念模糊、主观和不对称，现代化理论笼统、滞后等。其次，现代化的副产品"现代病"问题突出，如环境问题、自然资源破坏问题、贫富差距问题、工作技能老化问题、家庭和伦理问题等。最后，在一些发展中国家，采用经典现代化理论没有取得预期效果，有人因此对经典现代化理论的实用性提出质疑。

值得一提的是，我国经典现代化研究涌现了一批知名学者。最早研究这一问题的是香港中文大学金耀基教授与台湾中研院近代史所张玉法教授等。大陆近 20 多年来有北京大学罗荣渠教授、林被甸教授[①]、钱乘旦教授[②]，清华大学孙立平教授[③]，复旦大学姜义华教授[④]，首都师范大学齐世荣教授[⑤]等。其中，原北京大学现代化研究中心主任罗荣渠先生曾把传统现代化的基本特征概括为：民主化、法制化、工业化、都市化、均富化、福利化、社会阶层流动化、宗教世俗化、教育普及化、知识科学化、信息传播化、人口控制化等。他对传统现代化所持的基本观点是："从历史的角度来透视，广义而言，现代化作为一个世界性的历史过程，是指人类社会从工业革命以来所经历的一场急剧变革，这变革以工业化为推动力，导致传统的农业社会向现代工业社会的全球性大转变过程，它使工业主义渗透到经济、政治、文化、思想各个领域，引起深刻的变化。"同时，罗荣渠教授又强调"作为人类近期历史发展的特定过程，把高度发达的工业社

---

① 林被甸，北大图书馆原馆长，浙江象山人，1960 年毕业于北京大学历史系，现任北京大学历史系教授、博士生导师，北京大学世界现代化进程研究中心主任。有《中国现代化历程的探索》《各国现代化比较研究》《发达国家的现代化道路》《现代化：理论与历史经验的再探讨》《现代世界体系》《全球分裂——第三世界的历史进程》等多部著作。

② 钱乘旦，1949 年生，1985 年于南京大学历史系获博士学位后，曾赴哈佛大学和爱丁堡大学做博士后。现任北京大学历史系教授、博士生导师、国务院学位委员会历史学科组成员、国家社会科学基金专家评审组成员、教育部社会科学委员会委员、中国英国史研究会会长、英国皇家历史学会通讯会士，澳门科技大学兼职教授等职。主要著作有：《走向现代国家之路》《寰球透视：现代化的迷途》《世界现代化进程》等；主编《英联邦国家现代化研究丛书》《当代资本主义研究丛书》等，其主要学术观点，即改革是现代化转型的一种可能的模式；现代化是世界近现代史发展的主线等。

③ 孙立平，清华大学社会学系教授、博士生导师。从 20 世纪 80 年代中期开始从事社会现代化的研究工作，并成为社会学研究领域的知名学者。90 年代初，逐步转向对中国的社会结构的研究。著有描述中国改革处在十字路口处境的《断裂》《失衡》等。

④ 姜义华，教育部人文社会科学重点研究基地复旦大学中外现代化进程研究中心主任，教育部社会科学委员会委员，复旦大学学位委员会副主席，历史系教授，上海历史学会会长，上海社会科学界联合会副主席。主要研究领域为中国近代史、中国思想文化史、现代化理论与实践、史学理论。其学术研究以理论性、战略性、前瞻性思维见长。主要学术著作有《章太炎思想研究》《章炳麟评传》《大道之行——孙中山思想发微》《百年蹒跚——小农中国的现代觉醒》《理性缺位的启蒙》《新译礼记读本》《史学导论》（合著）等。

⑤ 齐世荣，1926 年生，原籍河北省南皮县。1949 年毕业于清华大学历史系。曾任首都师范大学校长，现任历史系教授，博士研究生导师。并曾担任中国史学会副会长，中国世界近现代史研究会会长。主要研究领域为世界现代史、现代国际关系史、史学理论与方法。主编《世界史》（全 6 卷）、《绥靖政策研究》等书，译著有《西方的没落》等。

会的实现作为现代化完成的一个主要标志也许是适合的"这样一个基本的观点。我的博士研究生导师姜义华教授将中国现代化概括为"现代性在中国的三重奏"，它们是以资本为核心的现代性、以劳动为核心的现代性和以每个人的自由而全面发展为核心的现代性。这三种形式在逻辑上有着层层递进的关系，其中以资本为核心的现代性是以劳动为核心的现代性的基础，而以每个人自由为核心的全面发展则是我们要达到的终极目标①。姜义华教授还对百年来的中国现代化行程如此曲折艰难且成绩有限的现象进行了深刻的反省，他在《理性缺位的启蒙》（上海三联书店 2000 年版）中从理论与实践结合的角度对中国现代化的历史与现状进行了恰当的评估，对影响中国现代化进程的重要历史人物及其思想作了个案解剖，总结了中国现代化运动的经验教训，并对中国现代化的前景作了理性的前瞻。

2. 后现代化理论。后现代化理论是 20 世纪 60 年代末以后崛起的、以探索现代化或工业化以后的社会发展为对象的一种现代化理论。亨廷顿认为，后现代化理论关心的并不是传统性向现代性的转变，不关注技术对传统社会的影响，而关注技术对现代社会的影响②。中国现代化战略研究课题组认为，它不是一种完整的理论体系，而是关于后工业社会、后现代主义和后现代化研究的一个思想集合③。

后现代化理论认为，后工业社会的基本特征主要表现在五个方面：一是在经济方面，从产品生产经济转变为服务性经济；二是在职业分布方面，专业和技术人员阶层处于主导地位；三是理论知识处于社会的中心地位，是社会革新和政策制定的源泉；四是控制技术发展，对技术进行鉴定成为未来的方向；五是新的"智能技术"得以创造。后现代主义是相对于现代主义的一种思潮，它建立在对现代主义、现代性和现代化运动的种种问题和局限性的反思和批判的基础上。后现代主义通过对"现代性"的揭

---

①　参见姜义华：《挑战中国：现代性三重奏》，《中国政法大学学报》2007 年第 1 期。

②　参见〔美〕塞缪尔·P. 亨廷顿：《导致变化的变化：现代化，发展与政治》，参见〔美〕西里尔·E. 布莱克著，杨豫等译：《比较现代化》（1976），上海译文出版社 1996 年版，第 51 页注。

③　参见中国现代化战略研究课题组、中国科学院中国现代化研究中心：《中国现代化报告 2003——现代化理论、进程与展望》，北京大学出版社 2003 年版，第 7 页。

露、批判和否定，开阔了人们的视野，为未来发展提供了新的线索。后现代化研究则在后现代社会和后现代性研究的基础上，分析了现代化范式的转变，即从现代化追求理性和法律权力、经济增长、成就动机的范式向淡化权力、追求幸福最大化和后物质主义价值的后现代化范式转变。

3. "第二次现代化理论"。1998 年，中国学者何传启[①]发表《知识经济与第二次现代化》一文，随后出版《第二次现代化——人类文明进程的启示》一书（何传启，1999），全面提出"第二次现代化理论"。

"第二次现代化理论"认为，从人类诞生到 2100 年，人类文明的发展可以分为工具时代、农业时代、工业时代和知识时代等四个时代，每一个时代都包括起步期、发展期、成熟期和过渡期等四个阶段，人类文明进程包括四个时代 16 个阶段；从农业时代向工业时代、农业经济向工业经济、农业社会向工业社会、农业文明向工业文明的转变过程是第一次现代化；从工业时代向知识时代、工业经济向知识经济、工业社会向知识社会、工业文明向知识文明的转变过程是"第二次现代化"；文明发展具有周期性和加速性，知识时代不是文明进程的终结，而是驿站，将来还会有新的现代化等。

第二次现代化过程与第一次现代化过程的不同之处，突出地表现在知识经济时代的生产方式与工业经济时代的生产方式的差别。"工业经济的特点是机械化、电气化、标准化、专业化和规模化，而知识经济的特点是知识化、信息化、网络化、全球化和多样化。"[②] 在第一次现代化过程中，经济发展是第一位的，通过物质生产扩大物质生活空间，满足人类的物质追求，实现经济安全。在第二次现代化过程中，生活质量是第一位的，通过知识和信息生产扩大精神生活空间，满足人类追求幸福和自我表现的需要，虽然物质生活质量可能趋同，但精神和文化生活将高度多样化。第一次现代化的动力是工业化、城市化和民主化相互作用，导致经济、社会、

---

① 何传启，1962 年生，湖北武汉人，现任中国科学院中国现代化研究中心主任、研究员、中国现代化战略研究课题组组长，先后主持完成《中国现代化报告》（2001—2006 年），提出第二次现代化理论、按贡献分配理论等。1985 年以来共发表学术论文 100 多篇，出版专著 6 本、合著 9 本和译著 1 本。

② 参见金振蓉文，《光明日报》2002 年 4 月 5 日。

政治和文化结构的变化。第二次现代化的动力则是知识创新、制度创新和专业人才。由知识创新导致科学和技术的结构变化，并因此导致经济和社会的结构变化，后者又需要和伴随着大量的制度创新，从而促进知识创新，制度创新和知识创新共同导致政治和文化结构的变化。

4. 综合现代化理论。根据广义现代化理论，综合现代化理论是一种新型现代化，是尚没有完成第一次社会现代化的国家在 21 世纪作出的一种选择。该理论以赶上发达国家的第二次现代化发展水平为阶段性目标，强调协调发展第一次现代化和第二次现代化，用第二次现代化带动第一次现代化，以第一次现代化促进第二次现代化，最终实现第二次现代化。考虑到它采纳了两次现代化的内容，所以称为综合现代理论[①]。

综合现代化理论为发展中国家通向现代化设计的路径是"运河战略"。事实上，综合现代化理论是一组路径，是一组发展中国家在 21 世纪可能选择的路径，是广义现代化的一种形式[②]。如果把人类文明比作一条长河，那么，文明之船从农业社会向工业社会河段的航行是第一次现代化，从工业社会河段向知识社会河段的航行是第二次现代化。发达国家的现代化，文明之船沿着人类文明主河道航行，从第一次现代化到第二次现代化，是一种自然发展，两次现代化是先后进行的。发展中国家的现代化，如果在工业社会河段和知识社会河段之间，发掘一条"人工运河"，文明之船沿着运河向知识社会航行，就相当于同时进行第一次现代化和第二次现代化，两次现代化协调发展。这就是综合现代化理论"运河模型"的基本思想。

为了实现"运河战略"，发展中国家首先，要创新发展路径。根据第一次和第二次现代化的基本原理，结合自身现代化水平和经济地理条件，开辟一条适合自己发展的现代化运河，迎头赶上发达国家的第二次现代化水平。其次，要创新发展模式。不同国家和地区，不同现代化发展阶段，需要建立与自己发展路径相适应的发展新模式，并随着现代化水平提高和

---

① 中国现代化战略研究课题组、中国科学院中国现代化研究中心：《中国现代化报告2006——社会现代化研究》，北京大学出版社 2006 年版，第 118 页。

② 中国现代化战略研究课题组、中国科学院中国现代化研究中心：《中国现代化报告2006——社会现代化研究》，北京大学出版社 2006 年版，第 110 页。

国内外环境的变化，调整发展模式，打破旧模式，建立新模式，推动发展模式的快速新陈代谢；再次，要创新战略和管理。发达国家第二次现代化水平是变化的，综合现代化的战略目标必然是变化的。所以，综合现代化的发展路径、发展模式和战略目标，都必须与时俱进，对自己的发展战略实施动态的战略管理。

二、生态现代化理论综述

（一）生态现代化理论的产生和发展

生态现代化理论是在 20 世纪 80 年代西欧的一些发达国家（如德国、荷兰、英国）最先发展起来的。不少学者对这一理论的研究作出了贡献。后来这一理论的经验研究拓展到了芬兰、加拿大、丹麦乃至整个欧洲以及东南亚等地。在我国，1988 年就有人认为"我国现代化过程中，生态是被遗忘的角落，今年的大洪灾是深刻的教训，应当确定生态现代化观念和实践"。[①] 但是，一直以来，生态现代化理论都被视为由德国学者约瑟夫·胡伯在 1985 年提出。1987 年联合国发表《我们的共同未来》提出了"可持续发展"的思想。生态现代化理论主要是一种利用现代科学技术去协调经济发展与生态演化的可持续发展理论。迄今，生态现代化没有统一的定义[②]。

这个概念最初出现在联合国经济合作与发展组织等四个不同的国际组织中。生态现代化最初由这些组织里的政府官员和产业领袖提出，然后由企业家加以推广，并随着全球化的过程逐步扩散开来。对环境关注程度的提高为生态现代化的发展提供了动力，而跨国公司在这个过程中也扮演了重要角色。哈杰指出了生态现代化的发展如何帮助整合各方面的力量：生态现代化作为一个占支配地位的政策研究的出现将统一学界，它为工业政策的制定者和政府领导人提供了一个充分一致的概念。西方著名的社会政治学家约翰·S. 朱迪克（John S. Dryzek）在 1997 年发表力作《地球政治学》，其中第八章"工业社会及超越：生态现代化问题"中，把"生态

---

① 参见《痛定思痛》，《生活报》1998 年 9 月 6 日。
② 参见何传启：《东方复兴：现代化的三条道路》，商务印书馆 2003 年版，第 211 页。

现代化"看做全球政治的重要概念①。虽然要想说明我们朝着生态现代化方向到底走了多远还比较困难，但是可以肯定的是生态现代化对造纸、汽车制造和化学等行业产生了巨大的影响。

虽然生态现代化理论出现的时间并不长，但是它已经产生了相当多的研究成果，我们可以将这一理论思想的发展过程分为三个阶段。

第一个阶段以约瑟夫·胡伯为代表，以重点强调技术创新和环境转型的作用为特征。特别是在工业化民主国家，对政府持批判态度，强调市场的作用和环境转型的动态性，用系统论和进化论等观点看待人类主体和社会斗争的有限性，将研究的方向定位在国家层次上。

第二个阶段，从20世纪80年代后期到90年代中期，这一阶段不像以前那样强调技术创新对生态现代化的核心作用，同时对政府和市场在生态转型中的各个方面的作用持较平衡的观点。在这个阶段，生态现代化文献着重于经合组织国家的国别比较研究。

第三个阶段是在20世纪90年代中期以后，生态现代化理论的研究领域在理论范围和地理范围上都有所扩大，包括对消费生态转型的研究、公平和社会公正的探讨、非欧洲国家的生态现代化、新兴工业化国家、欠发达国家、中欧东欧转型经济，同时也包括美国、加拿大等国家和全球化进程等②。

（二）生态现代化理论的关注方向

阿尔伯特·威尔（Albert Weale）认为，对于生态现代化这一概念，目前尚无像凯恩斯主义之源——《就业、利息、货币通论》那样公认的权威论述，这一思想来自于多种学术观点的综合③。社会学家、环境行为主义者、政治党派和行政管理者都使用了"生态现代化"这一概念，但是他们采用的不是同一方式。有些西方学者将生态现代化作为一种政治规划策略的概念作出明确界定，如乌杜·西蒙尼斯（Udo Simonis，1989）、阿尔

---

① Johns. Dryzek. The Politics of the Earth: Environmental Discuss. Oxford university Press. 1997.

② Arth P. J. Mol，The Environmental Movement in An Area of Ecological Modernisaton . Geofonm，2003，（31）.

③ Weale. Albert，The New Politics of Pollution，Manchester University Press，1992，p. 15.

伯特·威尔（AIbert Weale，1992）和麦克尔·S.安德森（Mikael S. Andersen，1994）等，这些学者的工作促使生态现代化思想成为西欧环境政治实践的新议程。另外一些西方学者，如哈伯（Huber，1982）、斯巴格伦和摩尔（Spaargraren and Mol，1992）、韦灵（wehling，1992）、简尼克（Janicke，1993）、哈杰（Hajer，1993）等，则构造了一种"生态现代化"的社会理论。他们极力主张解决生态危机的必由之路是工业社会转型。这些学者首先对生产和消费领域中处于变革中的社会实践进行分析，而后逐渐在理论上从社会学角度理解生态现代化的内涵。除此之外，还有一些学者从其他的角度对生态现代化概念进行论述。这些出自多角度的概念论述导致人们对生态现代化理论的内涵始终不能准确把握，造成了认识上的误区。因此将生态现代化论说的各派观点加以概括，并进行较为详细的分析，对于理解生态现代化的真正内涵是十分必要的。

1."预防性"策略论。马丁·简尼克（Martin Janicke）是最早提出生态现代化概念的学者之一，他直接称生态现代化是使"环境问题的解决措施从补救性策略向预防性策略转化的过程"[①]。简尼克在 20 世纪 80 年代末的著作中，试图通过区分补救策略与预防策略来说明生态现代化与非生态现代化的不同之处。他首先将环境政策划分为"补救性"环境政策和"预防性"环境政策两种类型，进而又区分了两种补救策略和两种预防策略。两种补救性策略包括：

（1）对环境破坏性产品和生产过程造成的环境损失给予修复或补偿，如对所造成的损失给予财政赔偿。

（2）通过对环境破坏性产品与生产过程采取清洁过滤措施来消除污染，如在燃煤发电站内应用流体除硫设备，以防止酸雨生成。

两种预防性策略包括：生态现代化通过技术创新，使生产过程与产品更加适应环境的良性发展，如提高燃烧效率；通过社会结构性变革或经济结构生态化，促使引发环境问题的生产过程被新的生产和消费形式所替代，如改革组织结构形式，以使其更加适于拓宽能源利用范围，发展新的

---

① Janicke，M. staatsversagen，1986，Die Ohnmachtder Politik in derindustregesell-schoft，Munich/zurich：Piper，pp. 26—29.

公共交通策略以替代私人交通形式。

但是，这一区分仅仅描述出从非生态现代化向生态现代化过渡的一个方面。因此，仅以此来定义生态现代化是远远不够的，因为它过于表面化。从简尼克的论述中我们可以看到，生态现代化的实现在很大程度上依赖于科学技术的改革过程，而并非要改变根本的社会制度，主张通过社会结构性变革促使新的更加有益于环境的生产和消费形式替代原有形式，这样可以避免激烈的社会冲突。

可以看出，简尼克对生态现代化思想内涵的论述过于表面化。虽然如此，作为这一思想的首创人之一，简尼克在促使这一思想的形成方面做出了很大贡献。

2. 社会变革与生态转型论。亚瑟·摩尔（Ather J. Mol）认为，生态现代化首先是一个处理现代技术制度、市场经济体制和政府干预机制之间关系的概念。这一概念在与环境改革有关的其他社会理论的经常性争论中得以发展和提纯[1]。这里所谓的其他理论包括乌尔里克·贝克（Ulrich Beck）的风险社会理论（Theory of Risk Society）和褒曼（Bauman，1993）与盖尔（Gare，1995）的后现代主义理论。摩尔试图从环境改革与工业转型两个不同的角度塑造生态现代化的理论模型和实践模型。他认为，生态现代化作为一种社会变革理论[2]具备如下四个特点：

第一，在生态现代化理论中，科学技术是实现生态改革的关键因素，而不是造成生态危机与社会混乱的罪魁祸首。摩尔认为，生态现代化实现的前提是"科学技术发展的轨道要改变方向"。现代化进程目前正面临"反省现代性"（reflexive modernity）的挑战，同时又处于生态危机严酷肆虐的形势之下。实现生态现代化，就是要开发更加先进的环境技术，替代 70 年代实行的简单的"管末治理"技术。这样，不仅可以使生产过程与产品更加适应环境的良性发展，而且能够促使已不能满足生态需求的大

---

[1] Mol，A，1997，Ecological Modernization：industrial transformations and environmental reform，in Redclift，M. and Woodgate，g. (eds)，The international handbook of Environmental Sociology，Elgar Pubishing inc，USA pp. 140—146.

[2] A rth P. J. Mol，The Environmental Movement in An Area of Ecological Modernisation. Ceof-Onm，2000，(31).

型技术系统精简和压缩其规模。总之，现代科学技术是生态现代化得以实现的有效工具。

第二，生态现代化理论强调经济与市场动力在生态改革中日益增长的重要性，并且重视创新者、企业家和其他经济代理人在生态重建过程中所发挥的社会载体作用。摩尔指出，生态现代化理论的这一主张先于布伦特兰的可持续发展概念，但二者主旨一致，即反对经济与生态之间势不两立的观点。事实上，经济发展和生态质量是相互依赖的，而不是不可相容的，这一点早在70年代就已澄清。摩尔认为，通过摒除经济增长与资源消耗和废弃物排放之间的必然因果联系，环境改善和经济增长可以同步进行，尽管为达到这一目的，经济增长的性质、含量、速度和地理分布都会发生根本的变化。摩尔还明确指出，现代经济制度和机制在越来越大的程度上能够按照生态理性准则进行改革，政府规定的环境保护行动与资本积累这两个要素之间并非如过去传统观点认为的那样存在着根本性冲突；相反，通过生态化达到外在环境影响的内在成本化是生态现代化实现的经济机制之一。

第三，生态现代化与其他环境社会理论对政府的看法有所不同。摩尔指出，生态现代化理论否认"政府在环境改革中发挥中心作用"这一传统观点，批判极端官僚主义政府在生产与消费的重新导向过程中所扮演的角色，但它并不否认政府在环境管理中的不可或缺性。在生态现代化的实现过程中，政府在环境政策决策方面所发挥的作用要发生变化，或者说不得不发生变化。因为环境政策决策的性质需要从"治疗性"和"反应性"向"预防性"和"超前性"转变，从"封闭性"向"广泛参与性"，从"中心化"向"多极化"趋势发展，并且环境政策制定要从依靠国家计划经济向依据实际社会背景进行筹划的方向转化。另外，环境重建的某些任务、责任的规定者和动机的产生来源也从政府转向市场，私有经营者也开始参与环境改革。通过实行环境质量认证和环境稽查，刺激私有经营者在环境行为方面展开竞争，从而创建生态市场（ecological market）。这样，生态现代化就可以使中央政府制定环境政策的任务降到最低限度，改变政府与社会及经济间的相互关系，防止政府成为环境极权主义（Environmental Leviathan）的化身。

　　最后摩尔指出，生态现代化理论中政府与市场的重新定向改变了公众社会运动在生态转型过程中的地位及其所发挥的作用。70 年代的环境运动所取得的主要成绩是把环境问题推向公众并列入政治议程，并且对技术经济发展的有限理性提出质疑。摩尔认识到，随着环境问题在政府、市场和科学技术发展中的系统化，环境运动的角色慢慢从社会发展之外的批评者转向社会内部，并逐渐涉及生态转型的独立参与者。环境运动中所产生的替代和创新思想通过在消费者群体中的广泛传播，起到了将公众支持或反对意见组织起来的作用，日益成为对现代社会进行生态重建的社会支持力量。这一点正是生态现代化所极力推崇的模式特征之一，也是西方发达国家现行的弱化生态现代化（weak ecological modernization）或技术组合主义生态现代化（techno — corporatist modernization）所缺乏的要素。

　　以上是摩尔对生态现代化作为一种社会变革理论所具备的若干特点的总结。此外，他还从工业社会转型的角度，对生态现代化的实践模式进行了剖析，向人们展示了一个西方发达国家生态现代化的现实实践模型①。这个模型主要以 20 世纪 80 年代西方发达国家的化学工业为例，对生态现代化所倡导的社会生态重建过程进行了描述。

　　3. 综合性新政策论。综合性新政策论者哈杰认为，生态现代化是指为加速环境良性发展而对资本主义政治经济结构进行调整的过程。这里可以明显看出，哈杰将环境恶化定义为一种社会结构性问题，这一点表明他是从另一出发点构建生态现代化思想体系的。哈杰认为，只有对资本主义内部不合理的结构进行充分调整，才能达到环境良性发展的目的。但是他认为，可以在现行的基本的政治经济制度下达到这一目的。在哈杰的论述中，生态现代化在很大程度上体现为一种综合了其他社会要素的政治概念。他认为，生态现代化寻求社会各要素之间结构的良性整合。哈杰在他的《环境政治学论说》中对生态现代化的理论内涵进行了总结性的概括②。

---

　　① Arth P. J. Mol, The Environmental Movement in An Area of Ecological Modernisation. Ceofonm, 2000, (31).

　　② Hajer, The Politics of Environment Discourse Ecological Modernisation and Police Process. Oxford University Press, 1995.

第一，哈杰认为，生态现代化最主要的内涵体现在政策制定策略的转变上。生态现代化要求将整合主义纳入到政策制定策略的总则当中，因而可以称其为一种综合性的新政策论说。哈杰分析了这种策略转变的必然性。在20世纪70年代，传统的司法行政机构主要以"应付治疗"的补救策略为指导来制定环境政策及法律规范。随着跨国界污染的频繁发生，人们开始认识到原有的社会结构存在功能缺陷。以"管末控制"为特征的污染治理模式越来越受到来自社会各界的批评。人们日益要求环境问题从根源上、整体上得到解决。在这里，哈杰强调要认识自然的更大价值，并且坚持预防性原则。

第二，哈杰认为，科学在环境政策制定方面所扮演的角色发生了积极转变，这一点是生态现代化的重要内涵之一。哈杰指出："过去科学的主要任务是为环境的破坏性后果提供证据，而今却日益成为政策决策过程的中心。其中，生态科学尤其是系统生态学开始发挥越来越重要的作用。科学家承担起决定自然所承载的污染等级的任务，科学的发展趋势也从本体论与认识论开始向整体论的生态自然观方向转移。"[1]

第三，哈杰指出，在微观经济层次上，生态现代化思想包含着商业利润。在生态现代化思想中，"环境保护只会增加成本"这一传统意识已让位于"防止污染有回报"这一理念。伴随20世纪70年代早期能源危机的发生，大量有深远影响的有关环境论说的出版物发行，为这一转变奠定了基础。80年代中期，整个欧美的管理实践中所采取的政策决策开始向促进"低废"和"无废"技术的开发倾斜，并且引导产生"多价值审核"的观念，即衡量某一企业的成功不仅是以金钱的多少为依据，还要将能量与资源的利用率考虑进去。这样一来，用于研发预防性技术措施的投资就取代了用于"管末治理"[2]技术的开发及推广的投资。哈杰指出，生态现代化思想在微观经济层次上对企业形成了一种直接的约束力。

第四，哈杰又在宏观经济层次上提出，自然应被定义为一种公共商品

---

[1]　Hajer，The Politice of Environment Discourse Eeological Modernisation and Police Process. Oxford University Press，1995. p. 25.

[2]　管末治理也叫末端治理或末端处理，是指污染物产生以后，在其直接或间接排到环境之前，进行处理以减轻环境危害的治理方式。

或资源，而不是将其视为一种免费商品，可以被任意当作"污水槽"使用。在这一层次上，生态现代化寻求制止商家的经济成本对环境或第三方的外在化，也就是说，要使"外部成本"内在化。外部成本是指商家将污染排放出去，自己不支付治理的费用，从而导致外部的社会为此付出代价。如果政府通过收取排污许可费或要求对污染物进行某种处理措施使商家为污染付出代价，则是使商家的"外部成本"内在化。

第五，环境政治学中的法规论说特征也发生了改变。其中最显著的特征之一就是举证责任（the burden of proof）发生了转移。生态现代化论说主张，涉嫌的个体污染企业应该承担举证责任，而不是由受污染方或控诉方来承担这个责任。

第六，哈杰提出，生态现代化寻求消除政府与环境运动之间存在的激烈的敌对性争论，从而避免引发根本性的社会冲突。哈杰不主张改变资本主义制度，他认为，生态现代化思想明确拒斥一些批判性社会运动论说中的"反现代"情绪。他认为，生态现代化是基于对现代技术与社会规划有能力解决所存在问题的信任的基础之上的一种政策论说。

从上述哈杰所阐述的生态现代化理论内涵中，我们可以看到，这一生态现代化模式的实现是设定在一种"技术组合主义"政体之下，即由政府、商人、改革派环境主义者和科学家组合而成的多方联合作为国家极权指挥中心，参与政策制定，并且由科学家对政策决策的依据作出权威性说明。哈杰将这种生态现代化定义为"技术组合主义"生态现代化。

与此相对，哈杰还设想了一种"反省式"生态现代化（reflexive ecological modernization）的理想模式①。他指出，反省式生态现代化是一种社会选择的民主进程，它集中于对社会秩序的讨论，并且从社会秩序的角度寻找造成环境污染的原因。反省式生态现代化模式不再以技术依据作为决策参考的权威性内容，而是要积极吸纳社会公众意见来决定采取什么样的行动和进行哪些社会实践。由此看来，反省式生态现代化主张公众参与社会政策决策讨论，并且使这一形式制度化。哈杰认为，如果要达到这一

---

① Hajer，the Politics of Environment Discourse Ecological Modernisation and Police Process. Oxford University Press，1995.

目的，需要一种新的制度安排，哈杰称其为"反省式制度安排"（reflex-ive institutionalarrangement）。哈杰在这里所说的"反省"（reflexive）并不带有反现代特征，而是指在批判的自我意识方面发展资本主义政治经济，这与贝克在"风险社会理论"中构思的"自反性"（reflexive）是不同的。贝克使用的"自反性"术语，代表了一种社会的自我对抗或自我威胁的含义①。而哈杰所谈到的"反省"实质上是一种理性概念，它是指对实践进行监督和评估，或者在已建立的制度常规中引入不同的意见，如公众意见。这样，我们就可以理解，反省式生态现代化实际上是"技术组合主义"生态现代化更进一步的发展形式。

4. 弱化与强化论。弱化与强化论者克里斯托弗认为，生态现代化的含义有多种解释，其中一种是狭义的、技术统治主义（techno cratic）的理解方式。在这种理解方式中，生态现代化要求采用清洁生产技术和预防性环保措施，这样就绝不会在保护环境的同时制约国际经济发展的动力。而且，恰恰可以通过采取这些行之有效的环境措施，帮助工业部门运用先进的技术提高效率和获取利润②。与此同时，也可以促进国际间管理体制的理性化，逐渐增加投资规划的稳定性，并且为国际间的市场渗透或控制提供便利条件。克里斯托弗将这种技术统治主义生态现代化定义为弱化的生态现代化，并且详细论述了弱化生态现代化的几个特点：一是弱化生态现代化强调用技术手段解决环境问题。二是采用技术组合主义政策制定模式，即由科学界、经济界与政界精英相互合作，参与政策制定并垄断决策权。三是弱化生态现代化只限于对发达国家的分析，发达国家可以通过实现生态现代化增强其经济优势，而贫穷国家仍处于艰难的经济和环境条件下，致使贫富差距越来越大。四是弱化生态现代化试图为发达国家的政治经济发展模式套上单一封闭的框架③。

---

① JohnS Dryzek the Politics of the Earth；Environmental Discuss. Oxfdrd University Press. 1997，pp. 144—145.

② Christoff，p.，1996，Ecological Modernization，Ecological Modernities，Discourese of the Errvironment，edited by Darier，Eric，Blackwell Publishers Ltd，Oxford UK，pp. 110—111.

③ Christoff，Ecological Modernisation，Ecoologicalmodemites，Envirormental Politics ，1995，（3）.

　　克里斯托弗指出，把生态现代化作为单纯技术概念的技术组合主义或弱化生态现代化的观点是不足取的，因为它丝毫未考虑到人类与生态系统间的相互作用。随后，克里斯托弗又描述了环境意识形态正在发生的转型，也可以说是生态现代化从弱化走向强化的趋势。他归纳出强化生态现代化（strong ecological modernization）的如下几个特征：一是社会机构组成与经济体制在广阔范围内变动，这有益于社会各界对生态的关注并迅速做出反应。二是采取开放、民主的政策决策模式，这样可以增加公民参与环境政策制定的机会，也能够增进各界参与者在环境方面进行真正意义上的较高水平的交流。三是强化生态现代化，对环境与发展问题给予全球性关注。四是对政治—经济—生态发展界定出一个更加广泛而不固定的概念。强化生态现代化并不限定唯一的理论框架，而是为自己提供多种可能的取向。可以看出，强化生态现代化超越了资本主义社会，将环境关注扩展至全球范围，这是克氏的一个突出贡献。有学者认为"至少把生态现代化观点的多种可能性限定在这两个极端之间的广阔范围之内"①。克氏所谓的强化生态现代化与哈杰的"反省式"生态现代化都强调公众参与的重要性。

　　在这里，克里斯托弗所划分的弱化和强化生态现代化实际上可以分别同哈杰所定义的技术组合主义和反省式生态现代化相对应。可以说，克里斯托弗恰好对哈杰的工作作了必要而有意义的补充，他的论述使哈杰所定义的"技术组合主义"生态现代化和"反省式"生态现代化的含义更加明晰。

　　以上是西方学术界关于生态现代化思想的几种代表性观点。这些观点之间有的彼此交叉，有的互相补充，总体而言，基本上反映了当代西方生态现代化思想的基本内涵。"我们可以看到西方学者既把生态现代化作为一种规划策略的概念来界定，强调其作为社会经济环境手段的作用，又把生态现代化构建成了一种社会理论"②。

　　生态现代化理论是非常有生命力的学术思潮。虽然它是在西欧政治政

---

　　①　李学丽：《生态现代化的哲学探讨》，《自然辩证法研究》1999 年第 4 期。
　　②　郭熙保、杨开泰：《生态现代化理论述评》，《教学与研究》2006 年第 4 期。

策讨论中孕育和发展起来的，但是当它的视角和影响不断扩大时，它的"存货"变得更加非正统了，像在西欧的新马克思主义①和绿色政治②那样的旧的划分正在受到新的环境和机遇的挑战。在努力扩展生态现代化理论以便去解释在欧洲和亚洲不同的社会政治条件下的生态环境变化时，生态现代化理论所表现出来的适应性，说明了它是动态的理论③。作为一门正在成长的年轻学科，生态现代化理论不断拓宽和探索那些被环境社会科学忽视的重要领域。

（三）生态现代化的基本特征

关于生态现代化的特征，也没有形成统一的认识。摩尔从环境社会学中制度和环境演变关系将生态现代化作为一种社会变革理论加以论述，指出生态现代化本质上不是物质提升，而是社会和制度的转型，这一转型则

---

① 西欧的新马克思主义以英国的新马克思主义为代表，是指 20 世纪 50 年代以后，在英国形成的一股新的研究马克思主义的思潮。其研究从 60 年代进入活跃期，逐渐产生了它的重要代表人物，并显示出其研究的基本方法和特色；70 年代以后，其基本的代表性著作先后出版，从而极大地推进了西方国家新马克思主义的研究。通过 70 年代至 80 年代具有重要意见的争论与发展，英国新马克思主义出现了一些相对稳定的学术思想倾向，形成较为丰富的新一轮的马克思主义研究热潮。参见《论英国新马克思主义的思想特征》，《理论探索》2006 年第 4 期。

② 绿色政治学是联邦德国绿党奉行的原则。它是绿党在建党以前，在反对环境污染的市民运动中逐渐形成的，这就是：人类是自然界之内而不是之外的一部分；我们绝对不能破坏自然界的平衡，否则就是自杀。在绿党总的指导思想中，系统论和生态学是理论基础。它把人类社会结构及自然的关系看作是一个复杂的生态网络，一个生命系统，割裂了它们之间有机联系，生命便不存在了。绿色政治学表示反对一切形式的剥削和暴力，提倡社会责任感、民主、非暴力、分散以及后家长制式的观点与精神。在经济上，他们全面地批判了现代经济学体系，认为不论是新古典学派、马克思主义学派、凯恩斯主义学派还是其他的形形色色的后凯恩斯主义学派，都普遍地缺乏一种生态观点，不能解释一个本质上是相互依存而资源又有限的经济现象；都把经济增长看得太重，过分强调"硬"技术、浪费性的消费和竞争性的开发自然资源，其结果不但使经济而且也使社会出现了深刻的结构性和方向性危机。解救的唯一办法，是承认经济系统的非线性，把它置于生态背景中，全面调整经济，从根本上重新确定生产目标，使之即有利于生产效率和生活质量的提高，又不破坏生态平衡。这就要求最终要建立一种合乎生态要求的、分散化的、公平的、灵活多样的、充满社会责任感的经济，也就是一种能够忍受的、健康的经济。为此，绿党提出了一系列具体的实施建议，如发展"软"能源、再循环无废品的生产，净化水源，推广生态农业，等等。在政治上，绿党主张和平，反对核军备，支持裁军，支持妇女为争取女权的斗争；主张用"生物区"代替民族国家。此外，他们在外交上和对社会问题的看法，都有一套独到的见解与主张。参见〔美〕弗·卡普拉、查·斯普雷纳克著，石音译：《绿色政治——全球的希望》，东方出版社 1988 年版。

③ 郭熙保、杨开泰：《生态现代化理论论评》，《教学与研究》2006 年第 4 期。

是生态现代化研究的核心，他认为，生态现代化研究的焦点是：环境引发的社会实践和制度的实际转型。它有五个特征[①]：

1. 改变科学和技术在环境退化改革中的作用。一是科学技术不仅是引发环境问题的原因，而且是治理和防止环境问题潜在的和实际的工具。二是传统的治理和恢复方法将被更强调预防的、社会的和技术的方法所替代，这种方法在技术创新的设计阶段就整合了环境意识。三是关于环境问题的定义、诱因和解决办法的科学知识不确定性的增加，不会减弱科学技术在环境改革中的作用。"尽管关于环境问题的定义、诱因、解决问题的专业知识变得更加不确定且不能完全依赖科技的手段去解决，但是科学技术在社会发展进程中仍然具有很重要的地位"[②]。

2. 市场动态和经济主体（如生产者、客户、消费者、金融机构、保险公司、应用部门和商业协会等），作为生态重构、创新和改革的社会载体的重要性日益增加，它们与政府机构和新社会动力一起，共同改变了环境改革的政府与市场的关系。

3. 政府在环境改革中的传统核心地位发生多种变化。减少上下级命令和控制性的环境管制，采取更加分散、灵活、交互的行政模式。非政府机构更多地参与和代替政府的传统任务，超国家组织和国际组织在一定程度上淡化了国家在环境改革中的传统作用。

4. 在生态转型过程中社会动力的地位、作用和观念的修正。环境运动者，改变过去以反现代化理念为基础的、处于核心决策制度外围甚至被排除在决策机制以外的地位，更多地参与政府和市场的决策过程。与以往相比，社会运动的地位、角色就变得更加具有现实意义。

5. 改变盲目的实践，政治和社会议程出现新理念。完全忽视环境以及将环境和经济利益对立起来的观点已经被视为非常不合理的，不论是经济和环境利益的反对者，还是漠视环境意识的重要性的人，都被认为是不合法的。保护食物基础的代际团结，看来已经成为没有争议的核心的公共原则。

---

① 中国现代化战略研究课题、中国科学院中国现代化研究中心：《中国现代化报告2007——生态现代化研究》，北京大学出版社 2007 年版，第 99 页。

② 郭熙保、杨开泰：《生态现代化理论述评》，《教学与研究》2006 年第 4 期。

摩尔所讲的五个特征，其实是工业国家环境改革的新特征。这些特征，可能局部或全部地发生在某一个国家。

（四）生态现代化理论对我国现代化的启示

面对中国不断出现的环境挑战，以及由此带来的对政府和社会的压力，沿着生态的路线发展是可能的。生态现代化会带来完全不同于以往的经济发展，即经济发展可以在更强的环境保护框架内维持，可以与环境保护战略相结合，环境保护不再像以前那样是一个额外的负担。面对出现的环境挑战，经济快速增长，人民生活水平提高，同时伴随着环境保护提升的双赢模式成为可能，这对中国实施环境保护战略非常有意义。"我国现有的发展战略框架、政策、计划和管理体制难以满足可持续发展的要求，需要在制定总体发展战略、目标和采取重大行动中，充分体现可持续发展的思想，实现人口、经济、社会生态和环境的协调发展。"[1]

1. 生态现代化要求中国企业采取长期的发展战略，同时实施新的内部管理策略。迄今为止，中国的产业政策还没有专门针对环境的系统考虑，在我国经济结构的调整阶段，应淘汰和限制落后工艺，鼓励节能、清洁的工艺[2]。中国企业在沿着生态现代化路线前进的过程中，应当改变以往对自身环境职责的认识，采取中长期的发展计划，并将企业角色由单纯地对污染管制的依从转变为更加重视自身的环境职责，将环境的观点纳入到企业的整体规划中，调整管理方法、发展新工具、实施机构改革，以及改善运行环节以减少其对环境的不良影响，充分发挥企业在环境保护中的重要作用。

2. 生态现代化能促进中国政府合理地整合环境与经济政策，创建新的政策工具。只有企业采取行动是不够的，中国政府也应当改变其关于环境保护的措施，使环境问题的考虑在政府制定政策中由以往的附属地位向政策的核心地位靠近，切实将经济、产业政策与环境政策结合起来，将环境问题放到产业、能源、交通和贸易等政策的制定过程中去。同时，政府

---

①《中国21世纪议程——中国21世纪人口、环境与发展白皮书》，中国环境科学出版社1994年版。

② 何晋勇、吴仁梅：《生态现代化理论与中国当前的环境决策》，《中国人口·资源与环境》2001年第4期。

也可以运用新的方法和手段去贯彻其政策，改变以往政府习惯于采取管制性命令的方法，即政府建立一个标准去限制企业污染环境。生态现代化的目的也在于促使政府发现新的途径去弥补这种手段的缺陷。一个简单的案例就是向企业征收环境税，如垃圾税等。它可以有效激励企业减少废弃物并促进再利用方法的发现。另外，许多新工具的出现也帮助政策制定者将环境问题考虑在内，例如建立预普系统、环境影响评估、环境风险评估等。

3. 生态现代化使得非政府组织和学者在政策制定过程中更多地参与，并影响政策的制定。生态现代化是一个更强的参与过程。非政府组织和学者在政策制定过程中发挥积极的作用，参与寻找解决环境问题的方法的过程中去。在开放的政策网络中，政府、各类组织及学者们应当共同寻求环境问题的解决之道。生态现代化理论发展是一种合作的框架，暗示着一种伙伴关系，即政府、企业、环境工作者以及科学家共同合作去重建经济。生态现代化理论还为私人部门能够影响政策制定创造了新的机会。政府的政策制定应该将私人部门的观点考虑在内。应建立让社会公众参与环境决策的有效机制，政府在决策前应主动征求相关公众的意见，充分调动专家学者、科研机构、大专院校和民间环保团体参与环境和发展问题决策咨询的积极性，广开言路，集思广益，并在实践中摸索出一套行之有效的参与机制和监督机制[①]。

4. 生态现代化更加重视科学技术的重要作用。科学技术在生态现代化过程中扮演着更重要、更核心的角色。对中国经济发展而言，应将重点放在如何利用先进的科技减少经济活动对环境的影响上。非政府组织也将加强与科学家的联系作为它们要求企业采用新环保技术的"斗争"的重要部分。监管部门和政策制定者在制定政策时也要依赖科学技术对环境影响的分析、对河流承载量的估算，以及对工业的监控，等等。

5. 生态现代化为我们提供了新的经济增长模式。生态现代化的目标是建立一个更加有利于环境的发展方式来维持经济增长。这种增长方式并

---

① 莫创荣：《生态现代化理论与中国的环境与发展决策》，《经济与社会发展》2005 年第 10 期。

不是传统的原材料的投入和产品的产出，也不是单纯的达到稳态的经济增长，而是在此基础上将能源的损耗以及废弃物的产生等环境因素考虑在内的综合模式。生态现代化理论关心的经济增长是在创造就业、提高经济福利的同时，能够减少资源耗费和废弃物产生的增长模式。生态现代化比可持续发展更加严格地强调了环境和经济之间的关系，它不仅要求为将来的经济发展创造可持续的环境条件，而且更加强调环境保护和环境的质量。我们应提倡生态现代化理论中蕴含的"防止污染有回报"这一理念，从补救性策略向预防性策略转变，使用于研发预防性技术措施的投资取代用于"末端治理"技术开发及推广的投资①。

总体来看，虽然生态现代化理论客观上还存在一些不足之处，但它所包含的积极成分足以供我们借鉴，例如：摒弃传统现代化观念中单纯追求工业化、城市化和高福利的不合理因素；追求工业生态化、城市生态化和可持续发展的现代化；对待环境问题采取科学分析的态度，并主张从根源上消除环境恶化，以"预防性"策略代替"补救性"策略；肯定政府的宏观调控和公众参与的重要性，以及科学技术在生态改革中可以发挥的关键作用等等。所有这些积极因素正是我国现代化进程中要达到环境与经济协调发展这一目标所应借鉴的要素②。

（五）中国生态现代化的国际比较

在中国现代化战略研究课题组、中国科学院中国现代化研究中心发布的《中国现代化报告2007——生态现代化研究》一书中，课题组从3个方面对中外的生态现代化进行了比较③。

1. 中国121个生态指标与世界水平的比较。2001年中国人均草地面积、环保投入比例等15个指标与发达国家大体相当；中国城市安全饮水比例等13个指标与世界平均水平大体相当；2001年中国国土生产率和城

---

① 莫创荣：《生态现代化理论与中国的环境与发展决策》，《经济与社会发展》2005年第10期。

② 黄英娜、叶平：《20世纪末西方生态现代化思想述评》，《国外社会科学》2001年第4期。

③ 中国现代化战略研究课题组、中国科学院中国现代化研究中心：《中国现代化报告2007——生态现代化研究》，北京大学出版社2007年版，综述。

市空气污染等 40 个指标与发达国家水平的相对差距超过 5 倍；工业能耗密度和农村卫生设施普及率等 26 个指标与发达国家水平的相对差距超过了 2 倍；城市废物处理率等 40 个指标与发达国家水平的相对差距小于2 倍。

2. 中国 24 个主要生态指标与主要国家的比较。目前，中国与主要发达国家的最大相对差距，自然资源消耗比例等 3 个指标超过 100 倍，淡水生产率等 5 个指标超过 50 倍，工业废物密度等 4 个指标超过 10 倍，农业化肥密度等 11 个指标超过 2 倍。例如，2003 年中国自然资源消耗比例，大约是日本、法国和韩国的 100 多倍，是德国、意大利和瑞典的 30 多倍，是美国和英国的 2 倍多；2002 年中国工业废物密度大约是德国的 20 倍、意大利的 18 倍、韩国和英国的 12 倍、日本的 11 倍、法国和瑞典的 4 倍；2002 年中国城市空气污染程度，大约是法国、加拿大和瑞典的 7 倍多，是美国、英国和澳大利亚的 4 倍多，是日本、德国、意大利、韩国和巴西的 2 倍多。中国农牧业造成的生态退化也远远超过发达国家。从这些指标的对比中，可以看出我国在资源利用、污染防治等方面与发达国家之间存在的巨大差距，以及经济快速发展所付出的沉重资源环境代价。生态现代化水平的高低实际上是发展观念、环境意识、科技水平以及经济增长方式等方面差距的真实反映。

3. 中国生态现代化指数的国际比较。生态现代化指数是生态进步、生态经济和生态社会的 30 个生态指标的综合评价结果，可以大致反映国家生态现代化的相对水平。2004 年，中国处于生态现代化的起步期，中国生态现代化指数为 42 分，排在世界 98 个主要国家的第 84 位，排在全部 118 个国家中的第 100 位。2004 年中国生态现代化指数与高收入国家平均值相比，绝对差距为 57 分。与此不同的是，2006 年我国国内生产总值以 20 多万亿元之巨排在世界第四位。经济总量与生态指数在世界排名的巨大反差，反映了经济增长与环境保护之间的深刻矛盾。它给我们的警示是，如果不改变目前粗放型的发展方式，那么增长速度越快，我们离现代化的目标就越来越远①。

---

①　《与经济排名反差大　生态现代化排名落后》，《中国环境报》2007 年 2 月 6 日。

上述可知，中国的生态指标以及生态现代化指数等排名均靠后，与发达国家相比有巨大差距，有待迎头赶上。鉴于我国严峻的资源环境形势和世界现代化进入生态转型期的趋势，污染加剧、生态恶化得不到遏制，不但难以保障我国现有的经济发展成果，而且还会延缓我国现代化进程，进一步拉大与发达国家的差距，在国际竞争中处于落后地位。因此，在我国的现代化进程中，导入生态现代化理念和评价指标相当重要。我们不可能等到实现了第一次现代化之后再启动生态现代化进程，而必须同步推进，努力促进从物质经济向生态经济、物质社会向生态社会、物质文明向生态文明的转变，推进生态现代化建设[①]。

第二节　海南现代化理论研究的基础和研究前沿

1988 年建省前后，海南就如何实现现代化问题展开了 10 余年的探索和争论，各级领导人和学术界提出过多种模式和发展战略，如 20 世纪 80 年代初，中央召开的关于海南岛发展问题的 3 次座谈会所形成的具有战略指导性的《纪要》[②]、日本国际协力事业团于 1988 年向中国政府提交的 11 卷近百万字的《海南综合开发计划调查》最终报告书[③]、华南师范大学经

[①]　《与经济排名反差大　生态现代化排名落后》，《中国环境报》2007 年 2 月 6 日。

[②]　这三个《纪要》分别是：（1）国务院批转的《海南岛问题座谈会纪要》，国发〔1980〕202 号，海南省档案馆档案；52—2—4；（2）中共中央、国务院批转的《加快海南岛开发建设问题讨论纪要》，中发〔1983〕11 号，海南省档案馆档案：52—4—6；（3）国务院批转的《关于海南岛进一步对外开放加快经济开发建设的座谈会纪要》，国发〔1988〕24 号，海南省档案馆档案：15—55—16。

[③]　1986 年 3 月到 1988 年 5 月，应中国政府的邀请，日本国际协力事业集团在日本国际开发中心和太平洋国际咨询公司的协助下，派遣 22 名日本专家对海南岛开展了 17 个月的实地区域综合调查，以期提出一个可以作为海南岛开发主导方针的综合规划，并且以这次调查为范例，向中国政府传授科学地制订国土开发规划的方法。其间，中方北京、广东和海南岛的 41 名专家和官员也参加了这次大规模的调研。经过中日专家的共同努力，在提交了《着手报告书》、《中间报告书》和三次实地报告书以及两次相当规模的研讨以后，在 1988 年 5 月，日本国际协力事业团和海南中日合作计划办公室向中国政府提交了 11 卷近百万字的《海南岛综合开发计划调查》最终报告书。海南省档案馆资料：80—11—10。

济研究所所长黄家驹教授[1]于 1989 年 9 月出版的《海南特区发展战略研究》[2] 等不下 10 种发展战略模式[3]，其中由海南省委、省政府正式确定并大力实施的则是如下三个发展战略：一是以工业为主导、工农贸旅并举、三大产业协调发展的战略。二是"一省两地"的产业发展战略。三是生态省建设（后文有专门介绍，在此不赘述）。

在先后制定和实施上述战略的过程中，海南还曾提出把海南建设成为自由贸易区，或称建立海南特别关税区战略。如果单独从理论上来看，或者单独从海南如何才能以最快的速度发展经济来看，这三大战略构想无疑是有一定道理和十分诱人的。但从可行性来看，它却未能立得住，事实上也从来没有付诸实施。于是，请求中央给海南以比现有特区更特的政策以加速海南经济发展的呼声仍然不绝于耳。特别关税区战略等构想，完全依靠外力才能启动和实施。在外部条件不允许的情况下，只能是流于空想。

仔细分析上面提到的战略，可以看出，海南所实施的现代化发展战略基本上是经济发展战略，而不是同时包括经济社会和生态环境在内的海南整体发展战略。而且在经济战略中，重点放在产业发展战略和经济的数量增长上，都不是体现海南现代化建设的总战略。

近些年来，又有一些专家、学者及研究机构、部门对海南现代化问题进行了研究，如曹锡仁、詹长智、张一平、肖义旺合著的《进步与缺憾：海南特区现代化问题研究》[4]，以社会学的角度，侧重从特区的体制、机制方面对海南现代化问题进行研究；黄德明著《海南产业发展论——兼论

---

① 黄家驹，男，1931 年 10 月生，广东佛山人，教授，北京大学经济系研究生，曾任华南师范大学经济研究所所长，广东省社会科学联合会副主席，全国马克思主义经济史研究会副会长，全国社会主义政治经济学史研究会会长，长期从事高校政治经济学及学说史的教学和研究工作。着重研究社会主义经济理论与社会主义经济思想史及广东经济发展战略等问题。编著有《海南特区发展战略研究》（主编）、《湛江农村经济研究》（合作）、《社会主义工业化理论和实践研究》（主编）等，另外还先后发表有学术论文 60 多篇。

② 黄家驹：《海南特区发展战略研究》，电子工业出版社 1989 年版。

③ 1988 年 11 月，海南省委政策研究室曾经对若干海南经济发展的战略进行综述和比较。1989 年 11 月，海南省经济发展研究中心梁涛先生也曾经将海南发展战略模式归纳为 10 种。参见《海南发展战略模式的比较研究》，《海南特区报》1989 年 11 月 8 日。

④ 曹锡仁、詹长智、张一平、肖义旺合著：《进步与缺憾：海南特区现代化问题研究》，中国经济出版社 1999 年版。

开放条件下多元经济社会的产业发展》① 主要从产业结构方面对海南的现代化问题进行研究；李克等著《海南经济特区定位研究》② 主要从资源（海洋资源）角度来论述海南发展战略；李仁君主编的《海南区域经济发展研究》③ 侧重于从区位、区域来谈如何加快海南的发展；中国（海南）改革发展研究院课题组撰写的《海南距现代化有多远》从工业化、社会保障、医疗、卫生、教育等方面研究，寻找海南与现代化程度较高的国家相比所存在的差距；省邮政局专题调研组撰写的《海南加快邮政现代化进程研究》，则只提出了海南邮政现代化的设想和实现内容。

应该说，近10年来关于海南现代化问题的研究取得了不少成果。但遗憾的是，这些关于海南现代化问题的研究都是研究单个方面的、局部的为多，都不是全面的、系统的。专题对海南现代化发展战略形成演变的历史过程进行研究的还没有，因此，很有必要对那些零散的学术成果进行整合、补充、完善。

第三节 海南现代化研究中存在的主要问题

海南建省办经济特区以来，众多学者和有关研究机构对海南的发展给予了极大关注，并为海南的发展提出了许多好的建议和思路，其中包括海南的现代化发展问题。但回顾比较这些研究成果后发现，还是存在很多局限性，缺乏与时俱进的突破。

一、理论和观点比较陈旧，不太注意可持续发展和生态建设

这类理论和观点缺乏对海南现代化现状的深入了解和研究，缺乏创新性，都是从常识出发，强调充分利用海南现有的资源优势和产业优势，主要依托国内市场的拉动，从最有竞争实力的农业和农产品加工起步，同时发展潜力巨大的旅游业，挖掘内部潜力，循序渐进，实现富岛富民。摆在

---

① 黄德明：《海南产业发展论——兼论开放条件下多元经济社会的产业发展》，南海出版社1995年版。

② 李克等：《海南经济特区定位研究》，海南出版社2000年版。

③ 李仁君：《海南区域经济发展研究》，中国文史出版社2004年版。

第一位的仍然是经济发展规划，第二位的才是生态环境的保护与建设规划，而且二者之间是外在的拼接，不是内在的融合。

　　甚至还有学者以第三产业比重较大为由，忽视了海南第三产业存在着总量滞后、结构性滞后和增长速度滞后等矛盾，认为海南是跨越了工业化阶段，从低层次开发阶段直接升级到高层次服务化阶段，实现了跨越式发展。

二、视角太狭窄，过分强调工业现代化，不太强调环境保护和资源保护

　　这些研究对海南所属时代特征和国内外环境缺乏全面了解，所进行的研究缺乏全局性和长远性的认识。对促进现代化过程中起重要作用的农业、工业、海洋业、旅游业和信息等产业的发展没有放到更大范围进行系统性的认识和比较，对存在的问题和原因缺乏科学认识，总认为要实现现代化，就不得不采用传统工业化时代形成的那种"先污染、后治理"的发展模式，或者"先保护、后发展"的模式。前者必然破坏整体生态系统，使发展难以为继；后者则是作茧自缚，使海南迈不开发展的脚步。这两种发展观看似相互对立，其实都是把经济发展与生态保护割裂开来、对立起来。

三、没有以人为中心，特别是以人的全面发展为中心，不太注意人和自然之间及其内部的协调发展

　　随着时代的发展和人类文明的进步，现代化的理想目的和终极目标应该是以人为本，以人为中心，可持续发展的现代化；是以人的健康为中心，以现代人本身要求的更健康、更安全的现代化；是强调人与自然更协调发展的现代化；也是比科学发展、可持续发展更高层次的现代化。海南这些年来提出的现代化发展战略，理论比较滞后，没有与时俱进，没有考虑到经济与生态的统一，没有把社会和文化纳入现代化发展之中，忽视全面提升本区域竞争力和可持续发展能力，没有以资源与环境高效利用为前提，以生态优化为主导，以科技进步为动力，拉动经济快速发展、社会全面进步、环境稳步改善，实现经济、社会与环境效益的共赢。

四、没有从海南特色优势出发，把海南现代化的生态指标作为研究的重要内容，海南现代化的生态指标研究还是一个空白

世界生态现代化评价面临许多问题，其中的一个突出问题是生态指标的统计数据缺乏，特别是发展中国家的环境统计数据非常少。海南之前虽然也建立了为数不多的现代化指标体系，如海南省委办公厅调研组（1997年）建立的"海南生活质量指标"①、海南大学学者张继军（2003年）模仿英格尔斯体系②建立的"海南现代化综合评价指标"等，但这些指标体系内涵单调，没有全面体现以人为本和可持续全面发展的理念。大多数研究者缺乏创新性和前瞻性，对海南生态化指标的基础数据没有系统的收集、统计和分类，使得海南生态现代化评价面临着统计数据缺乏的问题。另外，对海南现代化的生态指标没有一个科学的指导方向和量化指标，使得海南生态现代化进程没有一个科学的判断。

第四节　海南现代化进程中经济活动对生态系统的影响

海南岛作为地球生态系统中一个特殊的地理单元，是为数不多的，自然生态环境保存完好的地区之一，与之大致相同纬度上其他国家和地区的生态环境则极其脆弱和恶劣，要么饱受风暴、海潮侵蚀，要么困于干旱、荒漠。海南岛自成一个独立的生态系统，对外界干扰和破坏的承受能力有

---

① 1997年，在当时省委书记阮崇武的提议下，海南省委办公厅课题组提出了一套含有19个单项指标的生活质量体系，而且按照这个体系具体分析了1995年海南的生活质量在全国地区的位次。这19个指标分别为：人均GDP，人均消费水平，恩格尔系数，人均居住面积，每万人拥有机动车数量，每万人拥有电话数量，人均生活用电，人均储蓄存款，人均娱乐、教育、文化消费支出，每百户电视机拥有量，每百人报纸、报刊发行量，9年制基础教育普及率，每万人拥有商业餐饮网点数量，每万人拥有医生数量，社会治安指数，环境质量指数，森林覆盖率，社会保障人口覆盖率，平均预期寿命。参见夏鲁平：《选择绿色发展之路》，南海出版社2004年版，第63、65、66页。

② 英格尔斯体系：美国社会学家英格尔斯提出了发展中国家实现现代化的10项指标，影响较大，具有代表性。这10项指标是：（1）人均GDP 3000美元以上；（2）第一产业增加值在国民生产总值中所占比重至少达到12%～15%；（3）第三产业增加值在国民生产总值中所占比重超过45%；（4）非农业就业人口在总就业人口中所占比重超70%；（5）成人识字率超过80%；（6）大学普及率为10%～15%；（7）人口城市化水平为50%以上；（8）每千人口拥有的医生数为2人以上；（9）出生时预期寿命为70岁；（10）人口自然增长率1%以上。

限，自我调节恢复的功能较为脆弱，对人们的生产、生活、活动比较敏感，尤其是对产业结构、生产方式和工艺流程都有严格的客观要求。

历史上，由于海南岛具有的民族政治背景和孤悬南海交通不便的特殊地理情况，从汉、唐起一直到新中国成立初期都处于封闭、半封闭的自给自足的自然经济状态，社会经济发展一直相对滞后。新中国成立后至海南建省办经济大特区之前，依然是传统农业为主、落后工业为辅的一种半封闭局面，其间经济作物主要是橡胶、咖啡、椰子等品种，其开发种植和粗加工均取得了初步成就，形成了局部的热带作物种植和加工业，经济活动有所活跃。1988年后的十几年间，海南实施大规模开发建设，推动了本岛经济的快速增长。新中国成立以来的几次大规模的开发建设活动，对自然生态环境施加了局部浅层次干扰性影响，加上岛民世居生活的客观需要，一些原始植被遭到破坏，相当一部分原始热带雨林被砍伐，野生动植物物种和数量因生存环境的恶化而锐减。据统计，在1939年日本人入侵海南岛以前，原始森林的覆盖率为46％，到1994年就下降到1.89％，竟比1938年下降了24倍多！如果加上后来封山育林恢复的天然林，现在天然林的总和也只有4％左右。与此同时，红树林面积、珊瑚礁分布面积和岸礁长度均减少了一半以上[1]。"海南森林大面积消失，其原因复杂多样，但毁林开荒，耕地上山是主因。"[2]

图绪—1 被砍伐殆尽的海南白沙县九架岭

（资料来源：海南省林业局提供）

---

① 柳树滋等：《海南发展的绿色道路》，海南出版社2001年版，第18页。
② 司徒纪尚：《海南岛历史上土地开发的研究》，《文献》1987年第1期。

就目前情况看，经济总量小，产业结构不尽合理，经济增长的科技贡献率较低，传统的粗放型增长方式尚未根本上转变为现代的集约型增长方式，一些高能耗、高物耗、低产出的污染性工艺和企业尚未被低能耗、低物耗、高产出的低排放工艺和企业所取代。同时，海南中西部山区，少数民族市县脱贫任务较重，这些区域人口文化素质较低，计划生育难度较大，传统生活方式仍占主要地位，对自然生态环境和资源的持续发展构成一定压力。

海南的产业发展对资源利用和环境保护方面面临的严峻形势突出表现在以下方面：

1. 生物多样性不断减少。过去 50 年，有 200 多个物种濒临灭绝，少数物种已经绝迹。沿岸近海 14 种经济鱼类资源都不同程度出现衰减和消失，多种传统经济鱼类难以形成渔汛[1]。

2. "三废"污染程度随经济发展而有所增加。工业废水处理率和处理达标率在全国处于平均水平以下，工业固体废弃物累计堆存量达 $2106 \times 104t$，生活垃圾产生量逐步上升，局部区域的环境质量有所下降[2]。

3. 生态公益林遭到破坏，生态服务功能不断下降。原始林覆盖率从 1950 年的 35% 下降到 1987 年的 7.2%，现在仅有 4% 左右。58% 的天然林郁闭度从 50 年代的 0.8 下降到现在的 0.4～0.5。海防林带遭到破坏，曾出现 90 公里长的缺口。生态公益林的防风固沙、保持水土、涵养水源、保护生态多样性的生态功能已经降低[3]。

4. 土地退化。大部分地区土壤有机质含量不足 1%，70% 的农田缺氮、磷、钾，土地贫瘠化现象比较普遍。

5. 海岸带和近海资源屡遭破坏。海岸森林包括热带天然林（红树林、原始森林、灌木林等）和人工林（沿海防护林带）。湿地则包括漫滩、泥滩、海岸泻湖、河口、珊瑚礁泻湖。红树林是最独特的重要生态系统和资源，它具有保护海岸，为鱼虾提供觅食和繁殖的场所以及提供木材等物质

---

[1] 参见海南省海洋渔业厅：《2002 年海南省海洋环境状况公报》。

[2] 参见海南省国土环境资源厅：《2002 年海南省环境状况公报》。

[3] 参见海南省国土环境资源厅：《2002 年海南省环境状况公报》。

的功能。历史上海南岛曾为红树林所包围，人类活动的不断加剧破坏使其不断缩小。1956 年还有 $10 \times 10^4 \mathrm{hm}^2$，但 1958 年后砍树造田、盐田等造成红树林面积锐减，质量下降。现在海南红树林面积只剩下 $4958\mathrm{hm}^2$，而且许多还是残次林，唯有东寨港和清澜港两块自然保护区还比较完好。恢复和重建沿海生态系统任务十分艰巨。近 50 年来，红树林面积已减少一半多，珊瑚礁分布面积和岸礁长度分别新减少了 55.5％和 59.1％[①]。

6. 近海重捕轻养，渔业资源衰退。近海的 14 个主要经济鱼类品种的产量，同 1978 年相比，下降 70％～90％的有 7 个品种，下降 50％～60％的有 4 个品种，下降 40％的有一个品种。目前，近海 40 米深的海域的鱼类资源过度捕捞，特别是底层鱼类资源破坏严重，造成近海鱼类资源衰退的主要原因是重捕轻养和不可持续的捕捞方式[②]。

7. 海洋污染加重。近海海域的污染逐渐加重，主要污染源为工业企业、农业的种养殖业和交通航运业。

8. 水资源短缺加剧，缺水已成为海南农业发展的重要制约因素。其主要问题体现在以下几个方面：

（1）季节性缺水。降水时间分布极不均匀，再加上光、热、地形等综合作用，雨水很难储存而直流入海，致使 5—10 月雨季的雨水利用率很低，11 月至次年 4 月干季就显得更加干旱，相当多的耕地因干旱而无法耕种，或勉强耕种而品种劣、产量低。

（2）地域性缺水。降水量的地区差异是地域性缺水的重要原因，中东部地区降水充沛，随之降雨量向西北、西南部地区递减，形成昌江、东方、儋州、乐东沿海的缺水区，使大片土地沦为荒地而不能利用。

（3）工程性缺水。20 世纪 50 年代以来，海南虽然修建了许多水利工程，但数量有限，加上地势中高周低，河流短，大量雨水从河流直入大海，可蓄水量不多，而遇旱年河流、水库同时干涸，抗旱救灾能力低。工程性缺水也是制约海南农业持续发展的重要因素之一。

---

① 王如松、林顺坤、欧阳志云：《海南生态省建设的理论与实践》，化学工业出版社 2004 年版，第 182 页。

② 参见海南省海洋渔业厅：《2002 年海南省海洋环境状况公报》。

（4）农业用水方式不合理，耗水率高、利用率低。尽管海南近年提倡节水农业，引进以色列滴灌技术，但还处于摸索试点阶段，99％以上的农业生产用水均采用传统的漫灌方式，再加上多数引水工程年久失修，渗漏严重，致使林、牧、渔耗水率达到63.4％，农田灌溉率达到52.4％，农业用水利用率更低。据近几年的资料分析，每立方米农业用地用水生产0.69kg粮食、0.12kg水果、0.03kg淡水产品，均远远低于全国和发达国家水平①。

9. 热带作物资源利用率低下。海南发展热带作物因其资源条件的优越性而十分有利，但在资源开发利用过程中，存在着一些不利于持续发展的问题，从而影响到海南热作产业的健康、稳定发展。

以上阐述告诉我们，生态现代化要求经济增长与环境退化脱钩、人类与自然互利共生。生态现代化是现代化与自然环境的一种相互作用，是世界现代化的生态转型，涉及经济、社会和生活环境的相关关系的变化。生态现代化的一个重要内容是生态经济，生态经济是经济发展模式的生态转型，它要求实现经济的非物化、绿色化、生态化、经济增长与环境退化脱钩等。生态经济包括生态农业、生态工业、绿色服务、循环经济和绿色经济等。循环经济是生态经济的一个重要方面。当前，生态现代化已成一种世界潮流，是一种历史必然。在资源压力、能源压力和环境压力日益增大的时候，生态现代化为海南解决资源环境与经济发展的矛盾提供了一种新的选择。但是，发达国家的成功经验，包括生态现代化的成功经验，是人类文明的共同财富，可以为海南所借鉴，却不可能重复发达国家走过的老路。海南需要走一条既尊重世界现代化的客观规律，又充分考虑所属的国际和国内条件，同时又比较科学合理的新的发展道路。海南现代化的新路径，应该集成发达国家的成功经验和自己的路径创新。当然，把现代化和生态化结合起来，走生态现代化之路，这对海南来说还是一个具有战略性、全局性和长期性的宏伟命题，值得我们从理论到实践进行认真、深入和不懈的探求。

---

① 参见海南省国土环境资源厅：《2002年海南省环境状况公报》。

第一章　海南前现代开发的历史回顾

对海南现代化路径选择历史过程进行研究，特别是生态现代化方面的研究，首先必须建立在对海南所处的自然环境和社会经济发展概况充分了解的基础上，只有这样才能在研究的过程中做到客观并有所侧重，避免研究的盲目性和主观性。因此，本书的第一章主要是对海南的地理环境和经济发展进程进行简要介绍。

第一节　海南自然条件与人口

海南岛是我国第二大岛，汉朝称珠崖。三国时代，"海南"一名曾用以泛指南海南部沿海各地，到了宋代始渐用以专指该岛，一直相沿至今。明朝为琼州府，清朝设琼崖道。新中国成立后设海南行政区[①]。1988 年 4 月 13 日全国人民代表大会第一次会议通过：撤销广东省海南行政区，设立海南省，辖海口市、三亚市、通什市、琼山县、琼海县、文昌县、万宁县、屯昌县、定安县、澄迈县、临高县、儋县、保亭黎族苗族自治县、琼中黎族苗族自治县、白沙黎族自治县、陵水黎族自治县、昌江黎族自治县、乐东黎族自治县、东方黎族自治县和西沙群岛、南沙群岛、中沙群岛的岛礁及其海域[②]。

宋代以来，海南人才辈出，其代表人物有宋代的画家、书法家、诗人

---

① 广东省统计局编印：《广东省地市县概况》，1983 年编，第 320 页。
② 《关于设立海南省的决定》（1988 年 4 月 13 日），海南省档案馆资料：15—52—9。

白玉蟾①；明代名医、经济思想家丘浚；著名清官海瑞②；清代探花布政使张岳崧③；著名的辛亥革命活动家林文英④。在现代史上海南出了 100 多位将军，著名的有中国人民解放军大将张云逸、上将周仕第、中将庄田等；海南革命领导人杨善集、王文明、冯白驹和黎族领袖王国兴等。

一、位置与疆域

海南省位于中国最南端，北以琼州海峡与广东划界，西临北部湾与越南民主共和国相对，东濒南海与台湾省相望，东南和南边在南海中与菲律宾、文莱和马来西亚为邻。海南省的行政区域包括海南岛、西沙群岛、中沙群岛、南沙群岛的岛礁及其海域。全省陆地（主要包括海南岛和西沙、中沙、南沙群岛）总面积为 3.54 万平方公里，海域面积约为 200 万平方公里。

海南岛形似一个呈东北至西南向的椭圆形大雪梨，东北至西南长约 290 公里，西北至东南宽约 180 公里，是我国仅次于台湾岛的第二大岛。

---

① 白玉蟾（公元 1194 年—?，现学界对其卒年尚有多种说法），本姓葛，名长庚，为白氏继子，故又名白玉蟾。字如晦、紫清、白叟，号海琼子、海南翁、武夷散人、神霄散吏。南宋时人，祖籍福建闽清，生于琼州（今海南琼山）人，一说福建闽清人。幼聪慧，谙九经，能诗赋，长于书画，曾举童子科。及长，因"任侠杀人，亡命至武夷"后出家为道士，师事陈楠九年，陈楠逝后，游历天下，后隐居著述，致力于传播丹道。白玉蟾为南宗第五代传人，即"南五祖"之五。"南宗"自他之后，始正式创建了内丹派南宗道教社团。飞升后封号为"紫清明道真人"，世称"紫清先生"。参见卿希泰主编：《中国道教》（第一卷），东方出版中心 1994 年版。

② 海瑞（公元 1514—1587 年）海南琼山人。明代名臣、政治家。曾任浙江淳安县知县、云南司主事、兵部武库司主事、右金都御史、应天巡抚等职，后辞官闲居。他一生刚直不阿，被称为"南包公""海青天"，史称海南四大才子之一。

③ 张岳崧（公元 1773—1842 年），字子骏，号觉庵，定安县水丰乡高林村人。清代名臣、文学家、书画家，是海南明、清两代唯一的探花郎。张岳崧博学多才，文章、书画、法律、经济、水利、军事、医学件件精通，与王佐、丘浚、海瑞合称"海南四绝"（即四大才子）。参见吴卓：《南溟奇笔亦妙绝——海南古代书法名家小记》，《海南日报》2007 年 1 月 8 日。

④ 林文英，原箱文昌县，1873 年出生于泰国，早年留学日本，毕业于日本法政大学政治系。他是海南参加辛亥革命的第一人，因宣传爱国思想，揭露袁世凯复辟帝制阴谋，于 1914 年被杀害。后来人们在府城为他建碑，孙中山亲自敬题碑文"烈上林文英之墓"。参见云浦生：《林文英——海南辛亥革命第一人》，《法制日报》2006 年 1 月 6 日。

海南省海岸线总长 1811 公里，其中环海南岛海岸线长 1528 公里[①]。

西沙群岛和中沙群岛在海南岛东南面约 300 多公里的南海海面上。中沙群岛大部分淹没于水下，仅黄岩岛露出水面。西沙群岛有岛屿 22 座，陆地面积 8 平方公里，其中永兴岛最大（1.8 平方公里）。南沙群岛位于南海的南部，是分布最广，暗礁、暗沙、暗滩最多的一组群岛，陆地面积仅为 2 平方公里，其中曾母暗沙是我国最南的领土[②]。

二、地形与地貌

海南岛四周低平，中间高耸，呈穹隆山地形，以五指山、鹦哥岭为隆起核心，向外围逐级下降，由山地、丘陵、台地、平原构成环形层状地貌，梯级结构明显。山地和丘陵占全岛面积的 38.7%。山地主要分布在岛中部偏南地区，山地中散布着丘陵性的盆地。丘陵主要分布在岛内陆和西北、西南部等地区。在山地丘陵周围，广泛分布着宽窄不一的台地和阶地，占全岛总面积的 49.5%。环岛多为滨海平原，占全岛总面积的 11.2%。海岸主要为火山玄武岩台地的海蚀堆积海岸、由溺谷演变而成的小港湾或堆积地貌海岸、沙堤围绕的海积阶地海岸。海岸生态以热带红树林海岸和珊瑚礁海岸为特点。西、南、中沙群岛地势较低平，一般在海拔 4～5 米，西沙群岛的石岛最高，海拔约为 14 米[③]。

三、山脉

海南岛的山脉多数在 500～800 米，属丘陵性低山地形。海拔超过 1000 米的山峰有 81 座，成为绵延起伏在低丘陵之上的长垣。海拔超过 1500 米的山峰有五指山、鹦哥岭、俄鬃岭、猴猕岭、雅加大岭、吊罗山等。这些大山大体上分三大山脉。五指山山脉：位于岛中部，主峰海拔 1867.1 米，是海南岛最高的山峰。鹦哥岭山脉：位于五指山西北，主峰

---

① 王如松、林顺坤、欧阳志云：《海南省生态省建设的理论与实践》，化学工业出版社 2004 年版，第 49 页。

② 许士杰主编：《当代中国的海南》（上），当代中国出版社 1993 年版，第 3 页。

③ 许士杰主编：《当代中国的海南》（上），当代中国出版社 1993 年版，第 4 页。

海拔 1811.6 米。雅加大岭山脉：位于岛西部，主峰海拔 1519.1 米①。

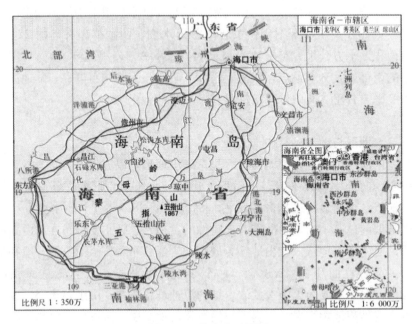

图 1—1　海南省政区图

四、河流水系

海南岛地势中部高四周低，比较大的河流大都发源于中部山区，组成辐射状水系。全岛独流入海的河流共 154 条，其中集水面积超过 100 平方公里的有 38 条。南渡江、昌化江、万泉河为海南岛三大河流，集水面积均超过 3000 平方公里，3 条大河流域面积占全岛面积的 47%。南渡江：发源于白沙南峰山，斜贯岛北部，流经白沙、琼中、儋州、澄迈、屯昌、定安、琼山区至海口入海，全长 311 公里，流域面积为 7176.5 平方公里。昌化江：发源于琼中空禾岭，横贯岛西部，流经琼中、保亭、乐东、东方至昌化港入海，全长 230 公里，流域面积为 5070 平方公里。万泉河：上游分南北两支，分别发源于琼中五指山和风门岭，两支流经琼中、万宁、

---

① 参见王如松、林顺坤、欧阳志云：《海南省生态省建设的理论与实践》，化学工业出版社 2004 年版，第 41 页。

屯昌至琼海龙江河口合流，至博鳌港入海，主流全长 163 公里，总集水面积为 3693 平方公里[①]。

五、人口

据人口抽样调查，2004 年末海南省总人口为 817.83 万人。当年人口出生率 14.77‰，死亡率 5.79‰，自然增长率 8.98‰。2004 年海南省户籍人口为 805.88 万人。其中，男性为 422.7 万人，女性为 383.18 万人；非农业人口为 304.53 万人，农业人口为 501.15 万人[②]。

六、民族

海南省汉族、黎族、苗族、回族是世居民族。黎族是海南岛上最早的居民。世居的黎、苗、回族，大多数聚居在中部、南部的琼中、保亭、白沙、陵水、昌江等县和三亚市、通什市；汉族人口主要聚集在东北部、北部和沿海地区。根据 2004 年户籍人口数，汉族占总人口的 82.7%，少数民族占 17.3%[③]。

七、方言

主要有 10 种方言。（1）海南话：狭义的海南方言，属汉藏语系汉语闽南方言。全省有 500 多万居民通用海南话，主要分布在海口、文昌、琼海、万宁、定安、屯昌、澄迈等市县的大部分地区和陵水、乐东、东方、昌江、三亚等市县的沿海一带地区。一般以文昌人的语音为标准口音。（2）黎话：属汉藏语系壮侗语族黎语系，有本地、美孚、加茂等 5 种方言。全省黎族人民使用，主要分布在琼中、保亭、陵水、白沙、东方、乐东、昌江等自治县和三亚市、通什市。（3）临高话：属汉藏语系壮侗语族壮傣语支，比较接近壮语。约 50 万居民使用，主要分布在临高县境内和海口市郊西部的长流、荣山、新海、秀英等地区。（4）儋州话：属汉藏语

---

① 参见王如松、林顺坤、欧阳志云：《海南省生态省建设的理论与实践》，化学工业出版社 2004 年版，第 41 页。
② 本组数据来源于海南省统计局主编：《海南统计年鉴——2005》，中国统计出版社 2005 年版。
③ 数据来源于海南省统计局主编：《海南统计年鉴——2005》，中国统计出版社 2005 年版。

系汉语粤语方言系统。40 多万人使用，主要分布在儋州、昌江、东方等市县的沿海一带地区。（5）军话：属汉藏语系汉语北方方言西南官话系统，是古代从大陆充军来海南岛的士兵和仕宦留下的语言。10 万多人使用，主要分布在昌江县、东方市、儋州市和三亚市的部分地区。（6）苗话：属汉藏语系苗瑶语族苗语支。主要在中部、南部地区各市县以及少数在其他县的约 5 万苗族居民中通用。（7）村话：属汉藏语系壮侗语。约 6 万人使用，主要分布在东方市、昌江县昌化江下游两岸。（8）回辉话：世居的回族居民约 6000 人使用，主要分布在三亚市回辉、回新两个村，白沙县、万市少数居民使用。（9）迈话：属粤语方言系统，比较接近广州话。是汉人使用的语言，但使用人数不多，分布不广泛，目前只有三亚市市郊的崖城和水南一带居民使用。（10）蛋家话：属粤语方言系统，仅三亚港附近的汉族居民使用。此外，还有三亚市、陵水县等沿海渔民使用船上话，港口、铁路、矿山、国有农场职工使用白话、客家话、潮州话、浙江话、云南话、福建话等①。

第二节　近代前海南经济发展的演进

历史上，由于海南岛孤悬南海中，远离中国大陆，很长一段时期处于极度封闭落后的原始状态，随着历史进程的不断推进，海南的经济社会才得到缓慢的发展。

一、远古时代

据史书记载和考古发现，证明海南岛及南海诸岛历来是中国的领土地，黎族是海南最早的居民，是中华大家庭中的一员，并最早揭开了开发海南的历史篇章②。

远古时代，海南是一个森林之岛，森林覆盖率达 90％，是一个资源

---

① 黎雄峰：《海南社会简史》，海南出版社 2003 年版，第 6 页。

② 大约在 3000 年前，古百越族的一支从两广大陆横渡琼州海峡到达海南岛，这就是今天黎族的祖先。最初黎族居住在靠近河流、港湾的山冈和台地上，后来逐步朝全岛各地扩散，又逐渐迁到山地丘陵地区。参见吴永章：《黎族史》，广东人民出版社 1997 年版。

富饶和环境严酷之地，黎族就生息于其中，至今已数千年。黎族属我国南方的百越支系一骆越发展而来，其先民以血缘关系组成民族部落，生产资源共同占有、集体劳动、平均分配产品，从事刀耕火种的农业、渔业、制陶和纺织等手工工业生产，从而拉开了开发海南的序幕①。

图1—2　海南黎族妇女

二、西汉至南北朝时期

汉武帝元鼎六年南越、元封元年置南海9郡，其中包括海南岛的珠崖和儋耳郡。这标志着海南岛正式纳入中国版图，置于中央封建王朝的直接管辖之下，同时也标志着中原封建势力的进入②。来自大陆的汉族移民也陆续迁入，带来了当时中原的先进经济、文化，与海南社会形态产生了尖锐的矛盾，岛上的黎族土著居民不断爆发对统治者的反抗。因而影响了中原封建文化、经济在海南的推广，也影响了封建王朝在海南的行政设置，汉朝开拓海南岛是从现在的文昌、海口、儋州海岸开始，然后向西部和南部推进的③。从西汉至南北朝约700年的时间里，王朝的势力所及主要在东北沿海地区的交通要冲、土肥水丰的河流冲积平原、沿海平原台地等处，这也推动了海南岛的土地开发，开始种植五谷、饲养六畜，某些野生

---

① 司徒纪尚、许贵灵：《海南黎族与台湾原住民族都是古越族后裔》，《寻根》2004年第2期。
② 海南特区经济年鉴编辑委员会编：《海南特区经济年鉴》1989（创刊号），新华出版社1989年版，第82页。
③ 海南特区经济年鉴编辑委员会编：《海南特区经济年鉴》1989（创刊号），新华出版社1989年版，第82页。

动物的驯化还早于大陆①。另外，移居到海南的汉人不时地与当地黎族居民进行通商贸易，海南出产的奇珠异宝，如珠矶、玳瑁、犀角、广幅布和各种热带水果不仅为"善人"（商人）所追逐，而且也为封建王朝所掠夺②。这一时期，随着汉族封建经济文化的影响在不断扩大和黎族内部生产力的发展，一方面加速了黎族原始社会的解体，另一方面又促进该地封建制度的出现，密切了海南与中原地区的联系，促进了黎汉人民之间的经济文化交流。但是所有这一切仅限于海南东北沿海局部地区，而岛内其他地区，仍维系着原始的生产方式，生产力水平极为低下，这就造成了海南开发的复杂性和差异性。

三、隋唐至南宋时期

这一时期，统治者加强了对海南的政治统治，海南岛的开疆拓土有了一定的进展，岛上汉族居民开始逐渐由岛北向岛南、岛西南等落后地区外围扩展，唐末设置了琼州、崖州、振州、澹州、万安州5州22县，成为以后历代行政建制沿革的基础③。

唐代海南的生产力水平有了明显提高。当时岛上汉族居民从原来岛北沿海开发较早烟瘴较少的地区，逐步向比较偏远、开发较迟、烟瘴较多的岛南、岛东南、西南地区扩展，带去的先进农业和耕作技术使沿海黎汉杂居的地方的农业和手工业生产较原先有显著的提高。如开宝年间，鉴真大师东渡日本到今三亚时，就看到当地已经是"十月种田，正月收栗、年养蚕八次、收稻两次"④了。当地出产的高良美、花缣文纱、盘班布、金糠香、益智子等土特产，也作为"贡品"或商品输入中原地区，在这一带还出现了专业的"商人阶层"。由于当时国际贸易频繁，使处于中国与南海上交通的海南岛，越来越受到中原地区的关注，许多海南出产的珍贵特

---

① 据汉代杨孚著《异物志》和宋代周志非著《岭外代答》记载，海南为我国最早植棉的地方之一。

② 参见《后汉书》卷八六《南蛮传》："武帝末，珠崖太守会稽孙幸调广幅布献之。"

③ 海南特区经济年鉴编辑委员会编：《海南特区经济年鉴》1989（创刊号），新华出版社1989年版，第87页。

④ 真人元开：《唐大和尚东征传》，中华书局1979年版，第69页。

产，如珍珠、玳瑁、香料、槟榔、荔枝、龙眼等，原来要从南海诸岛输入大陆，这时也由岛上以"土贡"①或商人贩运到大陆。另外，手工业也在沿海各地发达起来，此时能"织花文纱"，制角器，熔锻金银，用珍木造杂具和造大船远航广州②。随着生产力的提高，岛上沿海黎汉杂居地区的阶级分化也日益明显，出现了"以富为雄，豪富兼并。役属贫弱，俘掠不忌"③的局面，还出现一些独霸一方的豪强官吏和地方势力。

宋元时期，海南社会生产力进一步发展，封建化进一步加强。由于大陆战乱频繁，大批汉人不断南迁以避战乱之苦。南宋时期来海南的汉人约为10万人，元朝达17万之多，南下的汉人带来了中原的先进生产工具和技术，极大地刺激了海南社会经济的发展。农业生产力极大的提高④，"自宋播占域稻种，夏种秋收，今有三熟者"⑤。使用的生产工具有"钽"（锄）、"耦"（两人并耕）、"耕牛"等⑥。水利的修建也被注意和重视，如天宝八年，琼州地方开修渠堰，引灵塘水灌溉水田200多顷⑦。手工业也得到相应的发展，黎族妇女纺织的黎锦、黎单、黎幕"间似五彩、异纹炳然"⑧。多年生活于三亚的汉族妇女黄道婆，即把黎族的纺织技术带回故乡乌泥径（今上海泾镇），并加以改进，广为传播。本岛出产的海产品、热带作物和土特产品、优质木料等对海内外客商颇具吸引力，从而极大地

---

① 土贡，语出自《尚书·禹贡》孔安国序之"禹别九州，随山浚川，任土作贡"，相传夏禹根据各地物产不同规定不同的贡纳项目。在租税制度逐步健全以后，土贡并未消失，而成为赋税之外，臣属或藩君向君主的进献。其内容多为土产、珍宝、异物。

② 参见《太平广记》卷269记述：崖州琼山郡守韦公干私人作坊"有织花缣文纱者，有伸角为器者，有熔锻金银者，有攻珍木为什具者。其家如市"。

③ 杜佑：《通典·洲郡典》第一百八十四回。该书载天宝年间的300多府郡，按《禹贡》九州分区记叙，州末各记上一段风俗。

④ 陈铭枢修，曾塞纂，郑资约编：《海南岛志》，上海书店出版社2001年版，第65页。

⑤ 明《正德琼台志》卷七风俗条。

⑥ 北宋绍圣四年（公元1097年）至元符三年（公元1100年），苏东坡父子在儋州经历三年多的流放生活，"日与樵渔伍，日与雕题（指黎胞）亲。"见多识广的苏氏父子谪时咏当地农事活动的诗常有"锄"、"耜"、"耦"、"耕田"、"良田"、"田禾"、"箱降稻实"等词句，可见北宋时儋州的农业生产工具和技术（如牛耕等）已与发达地区习见无异。参见陈光良：《试论海南稻作历史的几个问题》，《农业考古》2003年第1期。

⑦ 顾祖禹：《读史方舆纪要》，卷105，《广东六》。

⑧ 周去非：《岭外代答》卷六吉贝条。

刺激了海南的贸易发展，国内各大港口的商船也不时往来，元代还为此设立了专管海外贸易的市舶司。另外，南下的汉人与黎族人民一起，开荒拓土，扩大耕地。据正德《琼台志》记载，元代列入税册的官民田塘共15519顷3亩（合103460.71公顷），还有屯亩292顷98亩（合1953.2公顷）[①]。可见宋元时期海南经济较唐代又有了进一步的发展。

这一时期，随着生产力的提高，沿海黎汉杂居的地方阶级分化明显，表明封建化的区域扩大。但是这一时期除岛北、岛西等沿海地区的农业生产技术和生产工具已接近中原地区外，作为岛上主要居民的黎族大部内陆地区仍处于未开化状态，不入州县统治的范围，通向封建社会的道路仍处于十分缓慢的进程中。贸易虽然活跃，但多为物物贸易。值得注意的是，这一时期，海南的文化开发建设方面，教育初兴，人才突起，这主要得益于封建统治者倡儒办学。唐宋以来被贬逐海南的官吏、知识分子甚多，如唐代宰相李德裕、宋代大文豪苏轼等名臣人家，对海南的文化开发建设产生了很大的影响。

图1—3　最早采用日晒的制盐场——有1200年历史的洋浦古盐田

---

① 唐胄：《正德琼台志》，上海古籍书店1982年版，第74页。

四、明清时期

明洪武二年（公元 1369 年），海南岛结束了历史上与大陆行政分离状态，第一次划归广东①。这一时期，海南社会进入一个全新的发展里程，是海南开发建设史上的转折时期。明朝中期以后行政机构设置已遍布全岛，封建政权的统治已逐渐深入"腹心之地"，并确立了统治地位，多数黎峒已成为封建政权的基建组织，编成都图②，若干图为一都，从而加强了封建王朝对整个海南的统治，同时也明确将西沙群岛和南沙群岛划归琼州府管辖。

明代海南封建经济文化较之前有了显著的发展，封建经济占主导地位在全岛绝大部分地区已确立并得到了较大的发展。首先，垦田殖地成倍增长。据《琼台志》《广东通志》记载，明代开垦田地较元代大幅增长，如洪武二十四年（1391 年）计 13.24 万公顷③，正德八年（1513 年）计 13.53 万公顷，万历四十三年（1615 年）计 25.57 万公顷。其次，水利的兴建颇见成效。明初至正德年间，全岛兴修水利设施 81 处，相当数量的农田得到了灌溉。如有些临近江河两岸的黎族地区，还掌握了"以竹筒装成天车，不用人力，日夜自动车水灌田"的先进灌溉方法④。最后，铁制农具的广泛使用，使生产力水平显著提高。在耕作手段上，已普遍使用铁质犁、锄、钩刀等；在耕作方法上，已普遍进行牛耕和施肥，使农作物产量大为提高；在耕作作物上，已从单一的水稻发展起了槟榔、椰子、棉花、烟草等经济作物，同时还举办了专业的渔盐业、冶炼业、手工业、商贸业等。正德年间，岛上的交通和贸易也日趋发达和繁荣。沿海新辟不少重要港口，作为地方性商业中心的墟市比过去也大为增加，分布也更加稠密，当时岛上出产的槟榔、椰子、香料和其他土特产，每年都有大量输入大陆。而牛税和槟榔税成为两大商税的来源，这说明当时海南的农副业和畜牧业生产有了很大的发展。汉族商人常深入到黎族腹地地区，带来盐、

---

① 参见万历《琼州府志》卷 2，《沿革志》，第 21 页。
② 为加强对黎族的管理和控制，明初朱元璋在黎区普遍推行都图制度，以若干峒为一图，若干图为一都，若干都为一乡，乡直隶州县。
③ 唐胄：《正德琼台志》，上海古籍书店 1982 年版，第 91 页。
④ 参见《正德凉台志》卷 7，水利。

布、铁器和其他生活用品交换黎族的土特产品。值得一提的是，明政府十分重视开启民智，培育人才，海南文化事业空前发展，官方和民间不断创办各种学校，最多时近200所，且遍布全岛。由此明代海南人才辈出，全岛中举人者达594人，进士达62人，出现了全国著名的人物丘浚[1]和海瑞。

清初至"乾隆盛世"，海南经济基础进一步发展。所辖人口增长数倍，开垦之耕地较明代大为增长，合计27.63万公顷。清代农业，手工业、渔盐业较明代又进一步发展，制糖业兴起后逐渐遍及全岛，采矿业开始出现。这一时期商业活动频繁，岛内贸易集墟达314处，较明代170处增长84%，对外贸易活跃，与日本、新加坡、暹办等国的贸易进一步发展[2]。

图1—4 明朝时的海南政区图

（资料来源：海南地图网）

这一时期的海南经济，虽较之以前有较大的发展，开始由沿海向内陆推进，但是其进程仍是缓慢的，且内部发展的不平衡性仍十分突出，总体来看，此间与大陆相比仍十分落后。

---

① 丘浚（公元1421—1495年），字仲深，号深庵、玉峰、琼山，别号海山老人，海南琼山人，是我国明代中叶的理学名臣、15世纪的杰出学者，他同海瑞被称"海南双璧"。生于永乐十八年（1421年）。幼年丧父靠母教养，勤奋攻读，聪敏过人，童年时就有诗名。明末清初大诗人钱谦益编《列朝诗集》，曾选入丘浚的诗，并在小传中说，丘浚"七八岁能诗，敏捷惊人……生平作诗几万首，口占信笔，不经持择，亦多"。

② 参见陈植撰：《海南岛新志》，商务印书馆1949年版。

第三节 近代海南经济发展概况

1840 年鸦片战争后，封建的中国社会逐步沦为半殖民地半封建社会。从此，至海南解放的百余年间，帝国主义列强入侵海南，进行掠夺性开发，从而构成海南近代初步开发的历史。

一、帝国主义列强的掠夺性开发

第二次鸦片战争后（1858 年），清政府被迫签订了中英、中法《天津条约》，实行"通商"，琼州（海口）被列为通商口岸之一，从此沦为英、法、美、德、丹、比、西、意、奥、日等帝国主义的半殖民地，闭锁的海南岛被侵略者的炮舰打开了门户①。

帝国主义列强将鸦片（"洋药"）、洋纱、洋油等大宗的洋货倾泻到海南岛。据统计，光绪十二年（1886 年）海南"进"洋药量高达 1916 担，价值白银 149 万多两，占当年进口货物总值的 64.72％，洋纱从 1876 年的 39 担增加到 1891 年的 1.72 万担，激增近 440 倍，洋油从 1882 年的 6980 加仑增加到 1890 年的 49.15 万加仑，超过 69 倍。帝国主义列强同时还廉价抢购岛上特产和工业原料，进行掠夺性的"贸易"，至光绪二十三年（1897 年）来往海口的外国商船达 428 艘，完全垄断了海南自身的对外贸易②。

日本在甲午中日战争后，不仅占领了台湾省，而且即把触角伸进海南，当年就派人员来海南进行"调查活动"。20 世纪初，日本总帮府派人来琼窃取情报；日本渔船不断深入海南海域捕捞海产，并在西沙群岛掠夺磷矿资源；东洋货源源不断进入本岛，把海南变成其商品倾销市场和原料供应地之一。1939 年 2 月，日本终于侵入海南，并把海南作为征服亚

① 1858 年（咸丰八年）6 月 26 日，清钦差大臣桂良、花沙纳与英国全权代表额尔金在天津签订《中英天津条约》，共 56 款，附有专条。1858 年（咸丰八年）6 月 27 日，清钦差大臣桂良、花沙纳与法国全权代表葛罗在天津签订《中法天津条约》，共 42 款。另订《和约章程补遗》六款。这两个不平等条约中均有增开琼州为通商口岸之内容。

② 参见陈植撰：《海南岛新志》，商务印书馆 1949 年版。

太地区的前沿基地，对岛上资源进行调查，指令筹办军事资源事业者进入海南。据统计，1939年至1940年期间到海南的商社包括：矿业、农林业、畜产业、渔业和其他事业在内共达75家[①]。

1939年至1945年日本政府和日本民间先后在海南投入的开发资金达6亿多日元，主要用于交通、邮电、矿业和农林业。日本国投资的45%以上集中于矿业，修建了环岛公路及海口、八所、榆林等地港口和200多公里长的西线铁路，完成了3000多公里的岛内有线通讯线，出于掠夺铁矿资源之需，于1942年在昌化江上游修建了装机容量7000千瓦的东方水电站，日本民间投资主要用于农业开发，投资方向主要集中于水利、种植业、林业、农产品加工和养殖业，从1941年至1945年开工水利62处，完成52处，受益农田24万亩，开垦农田24万亩；工业方面共开办工厂200多家，大部分为轻工、食品、制材、碾米、榨油、汽车和机械维修等，成为海南出现的第一批近代工业[②]。据《海南岛之产业》和《海南岛新志》记载，日军侵占海南时期，从东方石碌、三亚田独等地掠走战略物资—富铁矿石700万吨，水晶矿9万吨，木材23万立方米，稻谷300万石，砂矿67万担，原盐13万多吨，甘薯9亿斤，活牛25万头，生猪48万头，罐头100余万箱，另外还有大量的橡胶、椰子、咖啡、槟榔、牛皮、木板、纸张、水泥、布匹、卷烟、糖果、皮革等农林畜产品和工业产品，使海南遭受到历史上空前的浩劫，蒙受了巨大的损失，对岛上资源造成了破坏性后果[③]。

在海南处于半殖民地、半封建社会时期，一方面，资源受到国外列强的掠夺、市场被列强的商品充斥、本地农业和工商业受到摧残打击，如洋纱、洋油的进口，破坏了海南固有的手工业，使广大农村的土纱业和榨油业纷纷停产关闭，海棠油的产量大幅度下降；另一方面，列国对农业资源、热带资源、矿产资源的掠夺性开发，兴办织造业、食品、盐业、林矿业等实业及大力发展港口、铁路、公路、通信，在客观上也冲击了千年封

---

① 《日人占领海南岛时之建设概要》，海南省档案馆资料：DZ25—066。
② 苏智良等著：《日本对海南的侵略及其暴行》，上海辞书出版社2005年版，第97页。
③ 黄德明：《海南产业发展论——兼论开放条件下多元经济社会的产业发展》，南海出版社1995年版，第35页。

闭的自然经济，刺激了海南商品经济的发展，激发了爱国工商业者和华侨的开发热情，为后来海南的大发展创建了发展的基础。

二、国内有识之士筹划开发海南

资本主义列强对海南的疯狂经济基础掠夺，引起了国内对海南岛地位的重要性和开发海南岛的迫切性的关注。清末至中华民国年间，先有两广总督张之洞和总理衙门大臣曾纪泽，从其洋务派的主张出发，有过在海南"开辟道路以为各种建设之张本"等言论。光绪十三年（1887年），张之洞亲临海南提议将海南改设行省①。后有孙中山先生辛亥革命后多次提出海南建省的主张，并陈述其理由在于巩固海防、开发天然资源、振兴实业、方便行政等②。"海南岛因其甚富而未开发之地也，已耕作只有沿海一地，其中央犹茂密之林，黎人所居，其矿藏最富"③。在孙中山的一再倡导下，这一主张遂引起了国人的注意。海内外许多有识之士，官方的、民间的学者和华侨团体纷至沓来，对海南进行广泛的调查和考察，并发表了许多开发海南的有益言论。

三、爱国华侨及实业家的开发努力

随着帝国主义列强的入侵和政府官员对开发海南的言论的流行，本岛

---

① 清光绪初年，潘存（咸丰元年举人）向两广总督张之洞呈交《琼崖建省理由与建设方案》，申述了海南建省的必要。1887年，张之洞亲临海南岛视察，随后与人们商议海南建省事宜。然而，此举因未受到清政府的重视而搁浅。参见马大正：《海角寻古今》，新疆人民出版社2000年版，第93页。

② 孙中山先生从当时的历史条件考虑，多次提出海南改为行省，隶属中央：（1）1912年，孙中山先生辞去大总统之后，于同年8月18日自上海乘轮船经天津于24日到达北京。他日以继夜，一连同袁世凯会晤13次，工作十分紧张，仍然记挂着琼崖改省的事情。他邀集琼州人士陈发檀、陈发英等发将琼崖改为行省，颇引起人们的重视，后因宋教仁被刺影响时局搁浅。（2）1923年春，联军东下，驱逐陈炯明出广州，孙中山回粤组织帅府，担任陆海军大元帅，又重新提出海南改省的问题。当时，琼籍革命先驱徐成章与琼崖各界人士12人，因西沙岛问题当请愿代表，往帅府谒见孙中山先生。孙先生除了解西沙岛问题外，特别叫他们发起改省，并说："诸位是琼崖人，要图救琼崖，领先将琼崖改省，直隶于革命政府。"中山先生把改省作为救琼崖的良方，叫徐成章他们负起这个责任，要求徐成章发起组织建省大会，以促进琼崖改为行省。参见黄有光：《海口文史资料第3辑》，海南出版社1986年版，第56页。

③ 参见《建国方略》之《实业计划》，第227页。

自然经济受到不小冲击，商品经济逐渐活跃，刺激了商业资本的兴起，开始出现了办工商企业和搞开发性事业的新潮。光绪二十八年（1908 年），华侨曾金城在儋州试种从马来西亚移植的一批橡胶树苗，从而拉开了在海南兴办民族实业的序幕①。宣统二年（1910 年），华侨何麟书在定安县成立琼安公司，辟地 250 亩种植从南洋带回的 4000 株胶苗，第 11 年喜获丰收，并运销新加坡，从而使海内外实业界及华侨闻风而动②。1924 年全岛计有大小橡胶公司（胶团）49 家，胶园 30 多处，占地 705 公顷③。据琼崖实业局调查统计，1934 年全岛已有胶园 94 处，橡胶 246500 株④。热带作物和经济作物也逐渐兴旺。1908 年有华侨从马来西亚带回咖啡在儋州试种，1914 年后渐及全岛，1924 年全岛有咖啡园 14 家，共植咖啡 3 万株。另外椰子、槟榔、甘蔗等经济作物的种植也有了明显发展。到了 20 世纪初，全岛盐业公司已达 120 家，织造、制革、电力等工业也发展到 90 家⑤。

从古代到国民党时期，其经济发展是比较缓慢的，只是到了近现代和半殖民地时期以后，热带农业才逐渐开发，编织、食品、盐业、林矿业等实业才渐渐兴办，港口、铁路、公路等基础设施才缓慢修建，这一方面是由于帝国主义列强掠夺海南资源所害，另一方面在客观上又推动了海南的三大产业以及近现代经济的发展。

四、革命根据地建设和解放区的局部开发活动

1927 年大革命失败后，国民党恢复对全国的血腥统治，中国共产党组织被迫转入农村。但海南的革命斗争并没有停止，建立工农武装，发动

---

① 符泰光、李颜、赵德钦、彭智福：《海南现代经济发展史》，西南师范大学出版社 1999 年版，第 17 页。

② 参见海南特区经济年鉴编辑委员会编：《海南特区经济年鉴》1989（创刊号），新华出版社 1989 年版，第 84 页。

③ 王如松、林顺坤、欧阳志云：《海南省生态省建设的理论与实践》，化学工业出版社 2004 年版，第 41 页。

④ 参见许公武译：《海南岛》，新中国出版社 1948 年版。

⑤ 符泰光、李颜、赵德钦、彭智福：《海南现代经济发展史》，西南师范大学出版社 1999 年版，第 17 页。

全海南武装总暴动，建立了琼崖革命根据地，开展土地革命和根据地全面建设。在这个时期，琼崖革命根据地执行党中央决定，开展对敌斗争。抗日战争时期的 1941 年，成立琼崖东北抗日民主政府[①]，颁布了《施政纲领》《土地条例》《税收条例》等一系列法令[②]，响应毛泽东主席"自己动手、丰衣足食"[③]的号召，发动群众开展生产自救，使根据地的经济初步得到了恢复。解放战争时期的 1948 年 6 月建立起了面积 1 万多平方公里，人口达 30 多万人的五指山解放区。在根据地，普遍建立农会、民兵组织，进行减租减息、反奸反霸、土地改革等一系列斗争，领导军民开展生产自救运动，粉碎了国民党的经济封锁，使根据地进一步得到巩固，呈现出欣欣向荣的景象[④]。

1949 年 12 月海南解放前夕，琼崖区党委和琼崖临时人民政府组织各

---

① 在开展军事斗争的同时，中共广东琼崖特委积极开展根据地民主政权的建设工作。1940 年 10 月海南成立了第一个抗日民主政权——文昌县抗日民主政府。1941 年 5 月后，先后建立了琼山、琼东等县级政权。11 月 10 日，琼崖东北区抗日民主政府成立，冯白驹任主席。抗日民主政府不仅团结岛内倾向抗日的各民族、各阶层人士，还积极主动地争取海外爱国侨胞的支持和援助，感召他们为抗战服务，或从政参军，从而建众起史广泛的抗日民族统一战线。见《永远的丰碑·红色记忆》之《琼崖抗日根据地》，《人民日报》2007 年 5 月 31 日。

② 参见叶健升、辜春媚、陈超报道：《琼崖抗日进入新阶段》，《海南日报》2005 年 8 月 25 日。

③ 1939 年 2 月，毛泽东在延安生产动员大会上针对根据地日益严重的经济困难局面，提出了"自己动手"的口号。随后各根据地逐步开展了大生产运动。抗日战争进入最困难的时期后，1943 年 10 月 1 日，中共中央在《开展根据地的减租、生产和拥政爱民运动》的指示中，要求各根据地实行"自己动手、克服困难（除陕甘宁边区外，暂不提丰衣足食口号）的大规模生产运动"。之后，"自己动手，丰衣足食"的口号作为各根据地克服经济困难，实现生产自给的努力目标。这个口号在解放后，当全国或某个地区出现经济困难的时候，一直是党和政府鼓励人民生产自救的行动号令。参见《中共党史上的 80 句口号》（15），人民网 2001 年 6 月 27 日。

④ 1947 年春，琼崖特委在指挥琼崖纵队挫败敌人"清剿"计划的同时，决定抽调部分兵力，开辟以白沙、保亭、乐东为中心的五指山革命根据地，作为坚持琼岛斗争的巩固后方和战略基地。到 1948 年 6 月，白、保、乐解放区连成一片，期待已久的五指山革命根据地终于胜利建成。五指山革命根据地的建立，不仅使琼崖解放战争有了一个进可攻、退可守的后方基地，同时也使敌我力量对比发生了逆转，到 1948 年底，我党控制的解放区和游击区已占全岛面积的 1/5、人口的 3/5。在此形势下，琼崖区党委、琼纵总部不失时机地策划、发动了酣畅淋漓的三大攻势战役，书写了琼崖革命战争史上辉煌的一页。参见高虹、尹秋艳：《五指山：多少英雄事都付风雨中》，《海南日报》2006 年 6 月 26 日。

级解放区超额完成了发行 40 万元公债的任务，筹集了粮食 5 万多石，组织起了 6 万多人的支前队伍，从财力、物力和人力上保证了解放军渡海作战的需要①。在孤岛的革命斗争中，在经济十分落后、外援极为困难的情况下，中共海南地方党组织为了支持革命战争改善人民生活，始终把根据地的经济建设作为一项十分重要的工作，在进行革命斗争的同时，也从事农业开发和经济建设。"特别是五指山革命根据地，发动了大生产劳动，开发土地资源，引导黎、苗族同胞改刀耕火种的游耕农业为耕耘农业；开办铁器、军械、皮革、制鞋等小型工厂，生产各种生产工具、军用物资和日用品，供应军民需要；并先后组织数十个供销合作社和公司集市贸易，促进物资交流。"② 在根据地军民的共同努力下，经过土地革命，减租减息，大力发展生产，在一定程度上促进了山区经济面貌的改变，并为领导经济建设积累了许多宝贵经验。不过，总的说来，海南在解放前基本上还处于前现代化发展阶段。

纵观海南前现代开发的历史进程不难看出，与中原历史相比，海南的历史不仅并不厚重，而且经济历来落后，这有其深刻的历史根源。虽然海南自西汉设郡至今已有 2000 多年的历史，但由于她孤悬天涯海角，远离祖国政治、经济、文化中心，历代王朝把她看成"蛮荒之地"，当作放逐"叛逆"人士的流放场所，海南前现代的开发只是"涂鸦式"的，从开发的模式来说，是从渔业到盐业、农业、畜牧业等开发的；从开发的趋势来说，则是由环岛沿海向山区纵深推进，但成效都不大，生产方式还是极其落后，生活条件极其辛苦。可是历史的车轮依然滚滚向前，在漫长的历史潮流中，不同朝代对海南的开发还是取得了一些新突破，特别是近代，虽然也经历了战火的浩劫和洗礼，但客观上也在推动着海南各种资源的开发，并兴办了许多实业。另外，加上诸多有识之士的积极探索和海南人民的生产自救，推动着海南缓慢地不断前进，海南的发展有了一定的积淀。

---

① 符泰光、李颜、赵德钦、彭智福：《海南现代经济发展史》，西南师范大学出版社 1999 年版，第 18 页。

② 参见海南特区经济年鉴编辑委员会编：《海南特区经济年鉴》1989（创刊号），新华出版社 1989 年版，第 84 页。

第二章 海南现代化发展中几个重大事件的
思考和现代化实现程度

海南解放前，其优越的自然条件和富饶的资源并没有得到很好的利用，反而遭到极大破坏。直到海南解放后，当时中央政府对开发海南给予了高度关注和大力支持，海南才开始了真正意义上的现代化进程。回顾几十年来，在不断的争议和艰难的摸索过程中，海南的现代化进程非常缓慢，甚至停滞不前，其中几个重大事件在海南现代化发展进程中产生了重大影响。这不仅为海南曲折艰难的现代化发展道路积累了宝贵经验，而且为海南现代化路径的科学选择奠定了实践基础，才使得海南近年的现代化发展取得重大突破。

第一节 海南现代化发展中的几个重大事件

海南的现代化进程可以用大起大落来形容，对海南现代化路径选择的研究，以下几个典型重大事件不得不提。

一、1951 年中央访问团访问海南

新中国成立之初，党在民族地区的执政基础比较薄弱，少数民族对党的民族政策缺乏了解，特别是在一些地区，历史原因造成的民族隔阂还比较深。毛泽东就曾指出："历史上的反动统治者，主要是汉族的反动统治者，曾经在我们各民族中间制造种种隔阂，欺负少数民族"[①]。因此，"少

[①] 《毛泽东文集》第 5 卷，人民出版社 1996 年版，第 288 页。

数民族免不了带着怀疑的眼光看汉族"[1]。针对这种情况，中央决定着力疏通民族关系，加强同少数民族人民的联系。一项重大措施就是派出民族访问团。

1950年春，根据毛泽东的建议，中央决定向全国各民族地区派遣访问团。1950年6月，中央人民政府政务院决定派出中央民族访问团到各少数民族地区访问。1951年6月，由政务院文教委员会、财经委员会、政法委员会及民族事务委员会等部门抽调干部组成的中南访问团对中南少数民族地区进行访问[2]。其中，由李德全任团长、岑家梧（海南籍著名学者）[3] 任副团长的第二分团（广东分团）访问了海南岛。

访问团分东西两路前往三亚、乐东、保亭、白沙等县访问黎、苗、回少数民族，全国政协委员王国兴也参加该团工作。当时中央民族访问团的主要任务和活动是：对少数民族的上层人物或各界代表人物进行个别访问；根据不同地区、不同民族的具体情况，召开各种座谈会、各民族代表会或民族联谊会；召开群众大会，传达中央人民政府对各兄弟民族的深切关怀，宣传共同纲领的民族政策。根据任务要求，访问团共召开了7次慰问大会，到会的黎、苗、回各族人民约10万人。访问团代表人民政府给少数民族赠送了大批礼品，还有广东省主席叶剑英赠送给各少数民族的大批衣物、毛巾。访问团还深入到黎、苗、回各少数民族的村庄，了解有关政治、经济、文教等方面情况，研究各少数民族语言、音乐、舞蹈，收集民歌、民间故事。访问团在海南期间共召开38次民族代表大会，6次干部座谈会，了解各少数民族存在的困难、问题及对政府的要求和意见。访问团还演出歌舞16场次，放映电影18场，观众达10万多人，图片展览

---

① 《周恩来选集》下卷，人民出版社1984年版，第249页。

② 刘军：《毛泽东思想的伟大实践——建国初期中央民族访问团历史功绩述略》，《黑龙江民族丛刊》1996年第3期。

③ 岑家梧，海南澄迈人，20世纪中国著名的社会学家、民族学家、人类学家、历史学家和文艺学家，被学界称为"中国人类学、民族学的一代宗师"，他一生以研究学术为职志，在30余年的学术生涯辛勤耕耘，为后人留下了近200万字的珍贵文化遗产。20世纪30年代，他在留日三年间连续推出的《图腾艺术史》、《史前艺术史》和《史前史概论》三部专著，代表着一代人类学家的卓然自立，是我国人文社会科学领域作出卓越贡献的一代文化宗师，备受学界景仰。参见海南省文化历史研究会主编，王春燉、庞业明编选：《岑家梧学术论文选》，长江出版社2006年版。

3 次，观众近万人①。

中央民族访问团的访问工作，在海南各族人民中产生了相当广泛的影响，对传达党和国家对少数民族同胞的深切关怀，宣传《共同纲领》中的民族政策，贯彻党和国家的民族平等团结政策，密切党和人民政府与各族人民的鱼水情关系，强化少数民族对国家民族政策的充分信任，起到了重要作用，客观上也为海南现代化建设初步创造了有利的环境。

图 2—1　1951 年中央访问团访琼与海南党政军主要领导合影②

二、农垦大开发：大力发展战略物资——橡胶

海南农垦是 1952 年创立起来的，但农垦工作是从 1950 年 5 月海南全境解放就开始了③。中央把海南作为我国天然橡胶基地建设是重大的战略

---

① 参见中共海南省委党史研究室：《中共海南历史大事记》（1950.5—2004.12），海南省文化广电出版体育厅准内部印行，2005 年编，第 20、21 页。

② 海南省文化历史研究会主编，王春煜、庞业明编选：《岑家梧学术论文选》，长江出版社 2006 年版。

③ 1950 年 9 月 24 日，为了响应中央人民政府要求海南尽量发展橡胶业的号召，海南军政委员会农林处发出通知，要求海南现有橡胶从业者培育 600 万株橡胶苗，并帮助解决新胶园问题，政府以信用贷款协助私营橡胶园经营（海南省档案馆档案：131—1—3）。当月 28 日，军政委员会颁布《橡胶树育苗贷款办法》。同年 11 月 1 日，广东省人民政府发出处理海南橡胶业的决定（广东省档案馆档案：235—1—57—3）。同年 12 月 19 日，海南军政委员会发出布告，对适合于垦殖橡胶之林地，规定了暂行处理办法；当月 21 日，军政委员会发出《关于私营垦殖橡胶暂行办法与决定》（海南省档案馆档案：131—1—3）。这些措施客观上为筹建农垦作了重要准备，可视为农垦前期工作。

决策，它与我国国民经济建设事业和国际政治经济关系有着不可分割的联系。

1949 年底，我国绝大部分地区都已解放，但摆在我们面前的建设任务更加艰巨。由于长期的战争，工农业生产遭到极大的破坏，一方面，我们要巩固新生的革命政权，稳定民心，尽可能快地恢复生产与生活秩序；另一方面，物质财富的极度困难。就以重要的工业原料橡胶为例，解放后百业待兴、百废待举，每年橡胶需求量高达几千吨，而旧中国留下的胶园，年产干胶仅为 200 吨，远远满足不了国民经济建设和国防建设的需要。想通过国际市场购买，又没有足够的黄金外汇储备①，而且西方国家联手对中国进行封锁、禁运，我们建设国家、恢复经济、巩固国防所急需的橡胶这一重要的战略物资，在国际市场上无法买到，这就迫使我们走自力更生这条道路，决心加快在海南发展橡胶业，并把它作为一个政治任务去完成。

1951 年 8 月 31 日中央人民政府政务院第 100 次政务会议决定："为保证国防及工业建设的需要，必须争取橡胶自给"。1952 年 1 月 1 日华南垦殖局海南分局（现海南省农垦总局前身）正式成立，同年 7 月中国人民解放军组建林业工程部队第一师参加海南橡胶事业开发建设，并在同年 9 月与海南垦殖分局合编，从此揭开了在海南大规模垦荒种胶的序幕。海南农垦天然橡胶基地从创业开始，就得到党中央、国务院和国家有关部门的直接支持，投入大量的人力、物力和财力，使我国天然橡胶事业从无到有、从小到大，建成了全国最大的天然橡胶生产基地，创造了我国橡胶在北纬 18 度以北大面积种植成功的奇迹。目前，海南农垦干胶年生产能力23 万吨。海南农垦成立和发展的 50 多年中，共上缴税利 63.7 亿元，投资回收率为 143.9%，其中农业税占海南全省的 50% 以上；累计生产干胶460 万吨，替代进口节约外汇 40 亿美元②。海南农垦天然橡胶基地的建立和发展，为我国的经济建设和国防建设作出了重大贡献。

---

① 符泰光、李颜、赵德钦、彭智福：《海南现代经济发展史》，西南师范大学出版社 1999年版，第 235、236 页。

② 杨眉、张梅芳：《海南农垦大变革》，《中国经济周刊》2006 年第 27 期。

三、汽车事件

1984 年 6 月，海南行政区一行人参加深圳一个开发研讨会并且进行实地考察。7 月 2 日，回来的人向海南政府全体机关干部作报告，传授"深圳党政机关经商的先进经验"[①]。由此，在海南便刮起了党政机关做生意的狂潮，而当时属于紧缺物资的小汽车因其赢利丰富、快速自然排在了商品清单的前列。海南行政区直属的 94 个单位，有 88 个着了魔似的卷入了汽车狂潮中。在党政机关的影响下，全岛各行各业都气粗胆壮地做起汽车买卖。转眼间，全岛便出现了 872 家公司，专做汽车生意[②]。这个夏天，海南岛几乎人人都在谈论汽车。随便到哪间茶楼、饭馆、旅馆、商店、机关、工厂、学校、报社，直至幼儿园、托儿所，听得人头昏脑涨的一个词汇，就是"汽车"。不论男女老少，不分白天黑夜，一律唾沫横飞、高谈阔论着进口汽车。人们八仙过海，各显神通，目的只有一个，就是把汽车弄出岛去。按政策规定，新汽车不准出岛，于是就有人钻新与旧并没有一个法定标准这个空子，把新汽车从船上卸下来，在岛内跑几圈，就成了所谓的旧汽车，名正言顺地出岛了。当时甚至连部队也参与了运车出岛的大行动，据说海军动用军舰，以调防名义，把汽车全部换上军用车牌，到湛江卸船后，把军用车牌拆下，拿回海南继续运第二批。

当时，在倒卖汽车的浪潮下，海南的银行店门大开，各银行都紧急修改制度，只要汽车预计能成交，就可以大量向其发放贷款，造成了当时的信贷失控，把海南的经济秩序搞得天翻地覆。黑市外汇也由此变得公开化了，价格疯狂飙升，美元和人民币的比率成了 1∶4.4，甚至到了 1∶6。人们带着大包小包的人民币，涌到珠江三角洲换港币。一场史无前例的汽车大狂潮，席卷海南这个贫穷的孤岛。

当时，在海南岛内部，几乎所有的监督与职能部门在一定程度上都失去了职能，或改变了职能。工商局积极为来自全国各地的买家办理"罚款放行"手续，只要罚款四五千元，盖上一枚公章，这辆汽车就可以堂而皇

---

① 夏鲁平：《选择绿色发展之路——海南发展 20 年的回顾与反思》，南海出版公司 2004 年版，第 5 页。

② 参见吴晔、安哲、梁永琳编选：《爆炸！爆炸》《世界第一商品》，华岳文艺出版社 1988 年版，第 355 页。

之地装船出岛了。据事后统计，以这种形式出岛的汽车，达 5600 辆①。

据统计，从 1984 年 1 月 1 日至 1985 年 3 月 5 日的一年多时间里，海南采取炒买炒卖外汇和滥发烂借贷款等做法，先后批准进口 89000 辆汽车以及电视机、录像机、摩托车等大量物资，然后倒卖出岛。

海南倒买倒卖汽车的行为惊动了中央，1985 年初，由中纪委、中央军委、最高人民法院、最高人民检察院、国家审计署、海关总署、国务院特区办，以及广东省委、省政府等机构 102 人组成的庞大调查组进驻海南，做大规模的、地毯式的清查工作。经过两个多月的调查，于 1985 年 7 月 14 日提交了《关于广东省海南岛发生的大量进口和倒卖汽车等物资的严重违法乱纪事件的调查报告》。

震动全国的"海南汽车事件"，在计划经济色彩浓厚的时代下，其不仅违反了国家的有关规定，冲击了国家计划与市场，破坏了信贷政策，更直接的是使海南岛刚刚兴起的开发建设热潮受到了挫折。

四、海南建省办特区

"我们正在搞一个更大的经济特区，那就是海南岛经济特区。"② 邓小平的这句话告诉我们，海南岛在经过新中国成立 30 多年，特别是改革开放近 10 年的开发建设后，建省办大特区的条件已经具备，时机成熟了。

（一）海南省办经济大特区的提出

在近现代史上，海南曾 4 次被提议建省，均未成功。清朝光绪十三年（1887 年），洋务派大臣两广总督张之洞亲临海南，从其洋务派的主张出发，首次提出海南建省的主张，并陈述其理由在于：巩固海防、开发资源、振兴产业、方便行政等，该主张未引起清朝廷的重视③。从民国元年（1912 年）开始，孙中山先生也曾积极推动海南建省，数次提出海南改为行政省、隶属中央的主张，但因时局和其早逝而搁浅④。另外，国民党政

---

① 夏鲁平：《选择绿色发展之路——海南发展 20 年的回顾与反思》，南海出版公司 2004 年版，第 6 页。

② 《邓小平文选》第 3 卷，人民出版社 1993 年版，第 239 页。

③ 参见马大正：《海角寻古今》，新疆人民出版社 2000 年版，第 93 页。

④ 参见黄有光：《海口文史资料第 3 辑》，海南出版社 1986 年版，第 56 页。

府在 1949 年 4 月，也曾拟建海南省，并派员组成"海南省筹务委员会"，后因海南解放而不了了之①。海南岛解放后，琼崖纵队司令员兼政委冯白驹亦提出海南成立省的建议并着手筹备，然因历史原因这提议未能实现。

1978 年改革开放后，海南迎来了加快开发建设的历史机遇。随着"实践是检验真理的唯一标准"大讨论的深入②，首先在思想上拨乱反正，肃清"左"的影响，同时把工作转移到经济建设上来。与此相应，海南区经济管理权限也逐步扩大：

1980 年 6 月 30 日至 7 月 11 日，国务院在北京召开海南问题座谈会，中央允许海南对外经济活动可参照深圳、珠海的办法，扩大权限。外贸和其他外汇收入的增长部分，可给海南留成多些，并同时适当放宽财政权限③。

1982 年 11 月，中共中央政治局委员王震受国务院领导的委托，在广州召开关于海南开发建设问题讨论会。1983 年 4 月 1 日，中共中央、国务院以中发〔1983〕11 号批转了《加快海南岛开发建设问题讨论纪要》，提出海南的开发建设，必须立足岛内资源优势，充分挖掘内部潜力，讲求经济效益，逐步建立具有海南特色的经济结构。会议还提出中央和广东省

---

① 早年追随孙中山先生革命的国民党琼籍中委陈策，在 1947 年重提改省旧案，并得到于 1947 年 3 月 24 日在南京召开的国民党三中全会通过，次年立法院再通过案，咨行政院分理。至 1949 年 4 月 1 日，始明令海南暂先改为特别行政区，同时设筹备建省委员会。参见黄有光：《海口文史资料第 3 辑》，海南出版社 1986 年版，第 59 页。

② 1978 年 5 月 11 日，《光明日报》刊登题为《实践是检验真理的唯一标准》的特约评论员文章。当日，新华社转发了这篇文章。12 日，《人民日报》和《解放军报》同时转载。文章论述了马克思列宁主义的实践第一的观点，正确地指出任何理论都要接受实践的考验。这篇文章引发了关于实践是检验真理的唯一标准问题的讨论，从 6 月到 11 月，中央党政军各部门、全国绝大多数省、市、自治区和大"军区的主要负责同志都发表文章"或讲话，一致认为，"坚持实践是检验真理的唯一标准"这一马克思主义的原则，具有重大的现实意见。这一讨论为党的十一届三中全会的召开准备了思想条件。

③ 参加会议的有广东省、海南行署、海南黎族苗族自治州的负责人和海南农垦总局等有关负责人，国家民委、国家农委、农垦部、林业部、水利部、民政部、财政部、交通部等有关部门负责人。会议明确海南发展农业的方针，即以加速发展橡胶等作物为重点，大力营造热带林木，努力提高粮食产量，全面发展农林牧副渔各业生产，逐步建立适应海南特点的新的生态平衡和农业结构，使国营企业和农村社队共同富裕起来。1980 年 7 月 24 日，国务院以国发〔1980〕202 号批转《海南岛问题座谈会纪要》（海南省档案馆档案：52—2—24）。同年 8 月 9 日，《人民日报》发表评论员文章《发挥海南岛热带农业资源优势》，阐述国发〔1980〕202 号文的精神。

在计划财政、金融、劳动工资、税收等方面要对海南实行放宽权限的政策①。

1986 年 8 月 21 日，国家计委受国务院办公厅委托发出通知：从 1987 年起海南行政区在国家计划中单列户头，即：国家计委和国务院部门在下达各省长期计划和年度计划时，均将海南行政区计划指标单独列出，赋予海南行政区以相当于省一级的经济管理权限②。

海南随着全国的建设大潮，经过几年的改革开放之后，大规模开发建设，进一步扩大权限的时机已成熟。党中央、国务院决定海南建省办全国最大的经济特区。于是，1987 年 8 月 24 日国务院正式向全国人大常委会提出议案，建议撤销海南行政区，将海南行政区所辖区域从广东省划出，单独建立海南省；建议全国人大常委会在提请全国人民代表大会审议决定之前，授权国务院成立海南省筹备组，开展筹备工作③。

（二）海南省办经济大特区

1987 年 9 月 2 日，第六届全国人民代表大会常务委员会第二十二次会议审议《国务院关于提请审议设立海南省的议案》，决定提请第七届全国人民代表大会第一次会议审议批准，并授权国务院成立海南建省筹备组，开展筹备工作④。9 月 22 日，海南建省筹备组组长许士杰⑤、副组长梁湘⑥到达海南开展工作，海南建省筹备组正式运转。海南建省进入了实

---

① 夏鲁平：《选择绿色发展之路——海南发展 20 年的回顾与反思》，南海出版公司 2004 年版，第 41 页。

② 海南省档案馆档案：15—33—19。

③ 参见《在六届全国人大常委会第 22 次会议上崔乃夫就设立海南省议案作说明》，《人民日报》1987 年 8 月 29 日。

④ 《人大常委会委员同意设海南省将提请全国人大审议决定并授权国务院成立海南建省筹备组》，《人民日报》1987 年 9 月 2 日。

⑤ 许仕杰（1920—1991 年），广东澄海人。1938 年加入中国共产党。历任中共澄海县委书记、广东省委农村工作部副部长、海南行政区区委副书记、肇庆地委书记、广东省委常委、广州市委书记、广东省顾委副主任、中共海南省委书记、海南省第一届人大常委会主任。是中共十二大代表，第十三届中央委员，第六、七届全国人大代表。

⑥ 梁湘（1919 年 11 月—1998 年 12 月），1919 年 11 月出生，广东开平人，毕业于北京师范大学。曾任广州市副市长、韶关地委副书记、广东省常委、中共广州市委第二书记、深圳市委书记、市长、广东省顾问委员会副主任、海南省省委副书记、海南省第一任省长，第五至七届全国人大代表。

质性的前期准备阶段[1]。

1987 年 9 月 26 日，党中央、国务院下发了《关于建立海南省及其筹备工作的通知》（中发〔1987〕23 号）[2]。要求全国各省、市、自治区及中央和国家机关各部委要支持海南省筹备建设工作。同年 12 月 8 日至 11 日，经国务院同意，在海口召开了关于海南岛进一步对外开放加快经济开发建设的座谈会[3]。

党中央、国务院的这一系列举措，为海南省办经济大特区奠定了组织基础和政策基础。

海南筹备建省办大特区的消息传出后，国内外掀起了一股"海南热"：自 1987 年 10 月到 1988 年 2 月的短短四个月，海南区和海口市有关部门接待来琼考察和洽谈经济基础和技术合作的国内外各地考察团、代表团 1026 批共 5600 人次，且全岛有 150 家内联合企业和内资、独资企业被批准兴建，总投资达 4.5 亿元人民币，全国各地已有 163 家办事联络机构获准在海口市设立，霍英东率领香港体育人士、剑世仁率领的香港潮州商会工业访问团、日本国际贸易促进会访华团、香港美国商会访问团等先后抵琼访问考察[4]。

---

① 陈业轩、杨宗生：《登上开放、开发的更高梯度——访海南建省筹备组副组长梁湘》，《瞭望》1987 年第 46 期。

② 海南省档案馆档案：15—33—7。该通知主要内容有：（1）海南建省后，其地方行政体制的设置要从海南的实际情况出发，符合改革的要求；（2）中央和广东省在海南的企业、事业单位，原则上应下放给海南；（3）应按照兼顾海南、广东利益、不增加中央财政负担的原则划分财政基数；（4）建省后，各级机构的设置和人员编制的确定，要符合经济体制和政治体制改革的要求；（5）海南的开发建设，必须立足于海南的资源优势，充分挖掘内部潜力，同时大力引进外资，逐步建立具有海南特色的外向型经济结构；（6）成立海南筹备组。

③ 国务院 16 个部门、海南建省筹备组及广东省负责人参加了会议。1988 年 4 月 14 日，国务院发出《批转〈关于海南岛进一步对外开放加快经济开发建设的座谈会纪要〉的通知》国发〔1988〕24 号（海南省档案馆档案：15—55—16），明确指出，海南岛的开发建设，中央要给予特殊政策，但更重要的是靠海南广大干部、群众团结一致，艰苦创业；开发建设海南岛，要大力吸收外商投资，也要鼓励内地的企业去投资开发；开发工作要有规划、有步骤一片一片地进行，先搞两三个地方，决不可把摊子铺得太大；办各项事业都要精打细算，讲求经济和社会效益。

④ 参见《海南日报》1958 年 2 月 26 日相关报道。

图2—2 海南建省挂牌仪式

1988年4月13日上午，在北京出席第七届全国人民代表大会第一次会议的2900多名代表，以举手表决的方式，通过了国务院《关于设立海南省的议案》和《关于建立海南经济特区的决议》①。至此，海南省宣告诞生了，几代人的梦想终于实现了。4月26日，海南省人民政府正式挂牌。从此，海南的经济发展掀开了新的一页。

五、10万人才下海南

在中国的历史上，为避战乱，人们曾经大批迁徙过，为了政治需要，军垦也多次出现过，知识青年也大批上山下乡过，但是，那都是被动的迁徙，主动的迁徙中国历史上只有一次，那就是"10万人才下海南"。

1987年9月，中央发出海南省筹建工作的通知后，一封封来自全国各地要求来海南工作的求职信函，如雪片般飞向海南。至1988年7月底，不到一年的时间里，海南人才交流中心收到要求到海南工作的信函多达17万多封，海口市人才交流中心也有29148封②。在这近20万的求职者

---

① 王如松、林顺坤、欧阳志云：《海南省生态省建设的理论与实践》，化学工业出版社2004年版，第54页。

② 王绍兵：《百川归海十万人才下海南》，《海口晚报》2006年12月6日。

中，有的翘首以盼等待消息，更多的是带着梦想直接奔向海南，形成了一股汹涌澎湃的人才流动大潮。他们中有工程师、经济师、教授、作家、大学生，也有机关干部、技术工人，这股汹涌奔腾的人才潮，构成了中国改革开放的一大奇观。汹涌而至的人才大潮使国务院不得不发出通知，要求各地做好到海南求职人员的劝阻工作[①]。

然而刚刚建省的海南，落后的经济能够提供的就业机会非常有限，人们期待的大特区现代化建设，只是一张虚拟的蓝图，不可能一瞬间创造出容纳近 20 万人求职者施展才华的空间。因此，新成立的海南特区无法消化汹涌而来的人才，大量的求职者不得不滞留在海口，他们为了谋生，无奈卖起报纸，摆起地摊，开起"大学生饭馆"和"人才小吃店"，甚至抱着吉他到街上卖唱以等待机会。面对当时的就业困难，部分没有找到工作单位的闯海者选择了离去，但更多的还是坚持了下来，或打工或创业，继续描绘着自己梦想中的蓝图。

如今，当年选择扎根海南，与大特区同甘苦、共发展的闯海者已遍及海南的各行各业，有政府公务员、企业老总、作家、媒体工作者；部分在海南掘到第一桶金后选择北上的闯海者，已在国内的大中城市甚至海外大展拳脚。

回顾这次人才潮奇观，主要是因为 1988 年前后中国正处于经济体制改革的转折点，也是人们思想意识的转折点，在计划经济体制的束缚下，人们渴望自由，渴望体现自己的价值，渴望自由发挥自己的能力，海南岛建省办经济特区是计划经济体制和思想意识的转折点，"10 万人才下海南"，是计划经济体制压抑下思想意识火山的爆发。在当时，各阶层的人们激情澎湃，斗志昂扬，把海南当做是自己可以公平竞争的舞台，海南成了公平的化身，所以，"10 万人才下海南"意义深远，所造成的是人们思想意识的震撼。当时，还震撼了整个世界。

---

① 1988 年 2 月 4 日，国务院办公厅发出通知，要求各地做好到海南求职人员的劝阻工作。通知说，据海南筹备组反映，1987 年下半年以来，全国各地到海南求职的人员日益增多，这不仅给海南的接待工作造成了一定困难，而且因未能满足个人的要求，已造成了一些不良影响。因此要求各地方、各部门、各高校做好欲往海南求职人员的思想工作，劝阻他们不要盲目去海南。海南省档案馆档案：81—24—37。

图 2—3　大学生一边求职一边开餐馆谋生

（资料来源：《海口晚报》2006 年 12 月 6 日）

"10 万人才下海南"是海南省开发建设史上最蔚为壮观、最充满理想激情、最具有深远意义的事件，它大大推动了海南历史的发展进程，促进了海南文明程度的提高，推动了海南干部人事制度的改革。

六、开发区热

海南的开发区建设是从海口拉开大幕的[①]。随着海口的步伐，海南各市县纷纷"动"起来，临近海口的文昌县（现文昌市）1989 年在自己的清澜港周边划出 30 平方公里，建设清澜开发区。1988 年 8 月，海南省政府在自己提交省人代会的第一个《政府工作报告》中正式提出"将首先集中力量搞好洋浦开发区的建设"。熊谷组（香港）有限公司随即提出了承包成片开发洋浦 30 平方公里的规划。初期建设的工程项目有 130 万千瓦发电厂、45 万吨乙烯化工厂、300 万吨炼油厂、50 万吨化肥厂、5 万吨钛白粉厂等，预计投资 60 亿美元。开发区内的基础设施及地面建筑，约需

---

① 早在建省前夕，海日市就酝酿最先起步建设四大开发区。市政府专门成立了海口市城市建设开发总公司，负责开发 4.3 平方公里的金融贸易开发区；成立了海口市工业开发建设总公司，负责开发金盘工业开发区，首期征地 1.2 平方公里。同时，又大胆创新，授权海南国际投资有限公司开发面积 3.2 平方公里的港澳开发区；授权寰岛旅游房地产开发总公司开发面积 6.5 平方公里的海甸岛东部开发区。1988 年 3 月开始，上述 4 个开发区陆续开工，总面积 15.2 平方公里。远远超过深圳最初蛇口工业区加罗湖小区 2.94 平方公里的开发规模。参见夏鲁平：《选择绿色发展之路——海南发展 20 年的回顾与反思》，南海出版公司 2004 年版，第 14 页。

200亿元人民币①。当年12月31日，海南省政府向国务院呈报《关于让外商承包开发洋浦的请示》②。1992年3月，国务院正式批准设立海南洋浦经济开发区③。

截至1995年底，海南已经拥有开发区104个，总面积1130.8平方公里，有38个位于城市或与城市相连地区，占开发区的36.5%。在104个开发区中，经过国务院和省政府批准的经济开发区有24个，经省政府批准的风景名胜区24个，其他的均为市、县所批准设立的。无序的开发造成了开发区点多、面广、分散、选址随意、浪费土地和资金，留下很多半拉子工程。按照当时的情况，每平方公里土地的开发费用需要1.5亿～2亿元人民币，104个开发区若全部开发，仅土地开发投资就需要1700亿～2262亿元。若包括设备投资在内，则将要投资4275亿～6300亿元④。就算海南每年用于开发区的投资为100亿元，要全部把开发区建成也至少需要47—63年的时间，何况海南每年的固定资产投资少得可怜（1992年海南全社会固定资产投资总额仅为87亿元）。需求与投入的巨大反差，注定了海南大部分开发区是昙花一现，难以发挥其真正的功能。近年来，海南省有关部门对各类开发区进行了清理整顿，撤销了各市县未依法批准自行设立的67个开发区，撤并了15个省级开发区。到目前为止，海南省已通过国家审核并公告的省级以上开发区共有9个，其中包括国家级开发区4个，分别为海南洋浦经济开发区、海口保税区、海南三亚亚龙湾国家旅游度假区和海南国际科技工业园。

七、房地产泡沫

海南建省办特区后，房地产业骤然升温，得到了较快发展。但因建省

---

① 参见海南特区经济年鉴编辑委员会编：《海南特区经济年鉴》1989（创刊号），新华出版社1989年版，第423页。

② 海南省档案馆档案：132—1—2。

③ 《国务院关于海南省吸收外商投资开发洋浦地区的批复》（国函〔1992〕22号），海南省档案馆档案：16—13—58。吸收外商投资开发洋浦地区30平方公里土地，是海南经济特区建立以来，吸收外资规模最大的一个项目。1992年4月10日，海南省政府派出机构——洋浦经济开发区管理局挂牌成立；1993年9月9日，洋浦经济开发区正式封关运作。

④ 沈德理：《非均衡格局中的地方自主性——对海南经济特区（1998—2002）发展的实证研究》，中国社会科学出版社2004年版，第180页。

不久就出现了 1989 年的政治风波，房地产便随着人们对这个新的经济特区的前途被看淡而开始受到冷落，房价一度跌到 1000 元/m^2 左右。但海南的房地产并没有因为有人对它看淡而停止发展，邓小平南方谈话[1]发表前的 1991 年，海口市的房地产便再次开始升温，金贸区的高楼和海甸岛的别墅，都在短期得到了回报。"海南建省办经济特区与上海开埠一样，本质上是对外开放与工业化、城市化的开始。其地价在建省办经济特区前后发生了巨幅波动。同海南一样，深圳、珠海自创办特区以来，总体的土地价格也都上升了几十倍，甚至近百倍"[2]。只不过这还没有引起人们足够的重视。

1992 年 4 月，海南广厦房地产开发有限公司在海口市中心龙华路投资兴建的 25 层财盛大厦，刚建首层就被争购一空[3]。这无疑是一个信号，海南的房地产市场将大幅升温。事实也确实如此，据统计，海南房地产施工面积 1992 年是 1991 年的 2.68 倍，达到最高峰的 1994 年施工面积竟然是 1990 年的 9.5 倍。此时小小的海南岛一下子涌出 5000 多家房地产公司，占当时全国房地产公司的 10%，按照当时的人口计算，平均每 1750 人就拥有一个房地产公司，相当于全国水平的 10 倍[4]。一时间房地产投机形成狂潮，但这种投机是指购买土地和房屋的人，不是为了使用或当前使用，而是等待高价出售，以获取暴利。土地及在建房屋有时几天涨一次价，不少企业买卖土地就是为了转手高价卖出，不少楼房还只是设计图纸、一个广告宣传，很快就销售一空。这房地产热是批地、圈地、建别墅、高档写字楼，并不是真正在解决广大居民的住宅问题。有些公司和私人名为开发农业，参加圈占土地，甚至套取贷款，土地和贷款到手了却用

---

① 1992 年 1 月 18 日至 2 月 21 日，邓小平南巡武昌、深圳、珠海、上海等地，发表了重要谈话。强调改革开放的胆子要大一些，敢于试验，看准了的，就大胆地试，大胆地闯。邓小平的南方谈话对中国 90 年代的经济改革与社会进步起到了关键的推动作用。参见田炳信：《邓小平最后一次南巡》，广东旅游出版社 2004 年版，附录。

② 夏明文：《土地与经济发展——理论分析与中国实证》，复旦大学出版社 2000 年版，第 298、299 页。

③ 参见《海南日报》1992 年 4 月 13 日相关报道。

④ 夏鲁平：《选择绿色发展之路——海南发展 20 年的回顾与反思》，南海出版公司 2004 年版，第 15 页。

来炒房地产①。

据统计，1991 年至 1995 年，海南竣工房地产面积 878.24 万平方米，投入资金 177.02 亿元。同期，属于商品房开发性质的在建工程 328 个 188 万平方米，停建工程 806 个 647 万平方米，完成报建手续的 792 个 635 万平方米。但是，在已经竣工的 878.24 万平方米商品房中，截至 1998 年已经销售出去的只有 588 万平方米，占 66.89%，而且大部分还是在炒家手里，海南一次性空置的房地产数量占全国的 5.62%，而同期海南人口仅占全国人口的 0.58%，也就是说海南的空置房地产几乎是全国的 10 倍②。

1993 年 6 月 24 日，中共中央、国务院发出《关于当前经济情况和加强宏观调控的意见》，正式开始对全国经济迅速发展过程中的各种问题进行纠正，而且选择海南房地产作为突破口，控制和清理用于房地产和开发区建设的资金，致使大部分资金抽走，企业大批撤退，经济陷入低谷，房地产泡沫宣告破灭③。

地产泡沫破灭后，海南的房地产抵押物一直处于贬值和不确定状态，国家派出的清查组经过几年的处置，仅收回了少量维持费用。由于许多项目只是挖了一个大坑，银行得到的抵押楼层基本都是空中楼阁，更惨痛的是，这些概念中的楼层多数竟被抵押了数次，不同的银行在确定自己的债主身份时，悲哀地发现这个"大坑"还欠着施工队惊人的垫资款，即使把整个项目变现也不足以支付工程款。跳水的楼价和不对称的信息继续支配着新一轮不平衡的资源占有，房地产泡沫在无形中造成的对社会弱势群体的剥夺，给社会留下了更大的创伤。但更为致命的影响还发生在金融方面。"据中国人民银行总行调查，截至 1988 年底，海南房地产使用工商银行、农业银行、中国银行和建设银行 4 家国有银行资金 406.57 亿元，绝

① 参见晓剑、阿廖：《绝对陷阱——烂尾楼后面的故事》，长江文艺出版社 2002 年版。
② 夏鲁平：《选择绿色发展之路——海南发展 20 年的回顾与反思》，南海出版公司 2004 年版，第 16 页。
③ 沈德理：《非均衡格局中的地方自主性——对海南经济特区（1998—2002）发展的实证研究》，中国社会科学出版社 2004 年版，第 180 页。

大多数已成为不良资产"①。1987年，"汽车事件"压死海南银行界的资金是17亿元，而1992年、1993年"房地产热"压死的资金是250亿元，再加上各种利息，资金高达300亿元，把整个海南的金融压得喘不上气来。"房地产热"空前地恶化了金融环境，它必然要导致经济发展速度的急剧下降。其中最为典型的事例之一，就是海口连续两年经济负增长。由于它在全省经济所占的巨大比重，使得海南省经济也随之两年低速增长②。

第二节　海南现代化发展中的重大争议

任何历史的发展过程都伴随着不同的声音，海南的现代化发展也不例外。在加快实现海南现代化的共识下，如何科学地选择发展道路，加快海南现代化的发展进程，这个话题一直以来争论不休。海南的现代化之路始终就是在发展中争论，在争论中修正，在完善中加快发展。

一、海南现代化产业发展的争议和决策过程

（一）改革开放前海南现代化产业发展概况

从1950年5月海南岛解放，到1988年海南建省办经济特区，30多年中由于特殊的政治军事形势和特定的历史条件，海南岛一直处于国防前哨，国家对海南采取了"加强国防，准备打仗"的方针政策，中央明确海南的发展定位为"国防前哨"和"全国唯一的橡胶岛"③。在经济建设上，除了对橡胶等热作种植、采矿、制糖和盐业作了一些投资外，无所谓实行什么产业发展战略。要说有，也就是将海南定位为国防前哨和资源基地。总的来说，国家对海南投入的资金和人力很少，也没施行过系统的发展战

---

① 夏鲁平：《选择绿色发展之路——海南发展20年的回顾与反思》，南海出版公司2004年版，第17页。

② 廖逊、张金良：《走出泡沫——海南经济发展战略转折》，南海出版公司1996年版，第54页。

③ 王如松、林顺坤、欧阳志云：《海南省生态省建设的理论与实践》，化学工业出版社2004版，第53页。

略，使原本就边远落后的海南与内地的差距不断拉大。下面分别是海南改革开放前不同时期现代化产业发展概况：

1. 国民经济恢复时期。由于历史上经济社会发展比较落后，加之日本侵略者的掠夺和国民党溃退前的破坏，海南岛 1950 年 5 月解放前夕已陷入百业萧条、民不聊生境地，如 1950 年工农业总产值只有 2 亿元，粮食总产量仅 3.1 亿斤，工业仅有榨油、造纸、纺织、家具、制革、制盐、采矿、缝纫等门类的十几家小型工厂和一些手工作坊。设备和技术水平都十分原始和落后，生产能力低下。全海南工业总产值不超过 2500 万元（按 1957 年不变价计算），全岛只有等级外公路 1045 公里、港口停泊能力也很低，社会商品零售总额不超过 1 亿元，人均购买力仅为 50 元①。1950 年至 1952 年，是海南发展生产恢复经济和改善人民生活的时期，通过平衡物价，统一货币，加强管理，取缔投机等措施稳定了市场，实行"谁种谁收，合理负担"和发放贷款的新政策，以及组织军队进行垦殖事业等。一方面，尽力医治国民党政府遗留下来的各种创伤、稳定社会经济秩序；另一方面，努力恢复发展工农业生产和其他各行各业。经过三年的艰苦努力，顺利地完成了全面恢复国民经济的任务，1952 年工农业主要产品产量已超过了海南解放前的最高水平。粮食产量达到 12 亿斤，主要经济作物、热带作物和畜牧产品都比解放初期有较大增长，工业产值 6636 万元，比 1949 年增长了 1 倍以上②。

表 2—1 解放初期海南主要农产品产量统计

年份	粮食作物（万吨）	水稻（吨）	旱稻（吨）	番薯（吨）	大豆（吨）	花生（吨）	芝麻（吨）	糖蔗（万吨）	黄红麻（吨）
1949	37.99	29.68	0.79	7.52	685	5380	470	4.5	55
1950	38.10	30.11	0.89	7.52	795	750	500	5	
1952	56.92	46.63	1.41	3.88	1040	7390	6580	14.8	132

资料来源：《海南省况大全》，吉林人民出版社 1991 年版。

2. 第一个五年计划时期。1953 年，海南与全国一样，开始了农业、

① 参见符泰光、李颜、赵德钦、彭智福：《海南现代经济发展史》，西南师范大学出版社 1999 年版，第 20、21、22 页。

② 《海南岛农业生产调查报告》，（1954 年 7 月），广东省档案馆档案：204—3—47。

手工业和资本主义工商业的社会主义改造，开始了第一个五年计划建设时期。"三大改造"虽然较快地在农业生产者和手工业者中建立了集体合作组织和对工商业者实行了公私合营，但其"要求过急、工作过粗、改变过快、形式过于简单划一"①，超越了生产力发展阶段。1953 年 5 月，海南区党委召开扩大会议，根据华南分局扩大会议精神，结合海南的实际情况，提出了"胜利结束改革，全力转向生产建设作为今后压倒一切的中心任务，并在生产建设运动中继续动员和组织力量，保证国防垦殖计划，活跃城乡经济"② 的方针，要求干部群众提高认识，稳定现有生产关系，放手发展生产力。1954 年 2 月和 5 月，海南区党委先后两次召开扩大会议，贯彻过渡时期的总路线，强调和完善 1953 年 5 月确定的方针，会后发动干部做了许多工作，促成工作重心的迅速转变。

由于党政军民的共同努力，海南在第一个五年计划时期各方面都取得了很大成绩，推动了海南社会主义经济文化的全面发展。

表 2—2　1952 年和 1957 年海南主要农作物的产量

年份	粮食作物（万吨）	大豆（吨）	芝麻（吨）	糖蔗（万吨）	黄红麻（吨）	土烟（吨）
1952	56.92	1014	580	14.88	132	171
1957	81.88	2190	2655	36.65	137	322

资料来源：《海南省况大全》农业概述，吉林人民出版社 1991 年版。

从表 2—2 可以看出，粮食产量 1957 年比 1952 年增产 24.96 万吨，增长 43.85％；糖蔗产量 1957 年为 1952 年的 2.46 倍。其他主要农作物，如黄红麻、土烟等都有较大幅度的增长，基本保证了当时国民经济发展的需求，城乡人民生活有了较大改善。

海南的工业在第一个五年计划时期也有很大的发展。1957 年全岛工业总产值 1.3345 亿元（按 1970 年不变价计算），比 1952 年增长 2 倍。值得一提的是，第一个五年计划期间海南公有制经济有了迅速发展，1957

---

① 参见《人民日报》1981 年 7 月 1 日《关于建国以来党的若干历史问题的决议》（1981 年 6 月 27 日中国共产党十一届六中全会通过）。

② 许士杰主编：《当代中国的海南》（上），当代中国出版社 1993 年版，第 101 页。

年全民所有制工业产值达 1.0203 亿元，比 1952 年增长 11.8 倍①。

表 2—3　1952 年和 1957 年海南主要工业品增长情况

年份	发电量 （千度）	农具 （件）	锯木 （立方米）	水产 （吨）	铁矿石 （吨）	原盐 （吨）	糖 （吨）	花生油 （吨）
1952 年	1325	77864	1893	30664	21878	60568	8109	34
1957 年	7467	168226	11629	67341	673929	68777	15500	1197
比率	4.5 倍	1.16 倍	5.14 倍	1.2 倍	29 倍	13.3%	91%	34.2 倍

资料来源：根据海南行政公署计划委员会编《1952—1957 年海南区工业发展情况》有关数据编制。

　　3."大跃进"与国民经济调整时期。第一个五年计划的顺利完成，使海南经济发展出现了良好的势头。然而在"左"倾错误进一步发展的情况下，海南经济的发展自 1957 年以后受到政治运动的左右，开始了曲折的历程。从"反右"斗争②到反地方主义③等，错误地打击了一批干部，伤害了一些少数民族干部。

　　与此同时，在经济建设上也开始了全民性的"大跃进"运动，大办工业、大炼钢铁、大力推行农村人民公社化运动，盲目追求高速度、高指标，"跑步进入共产主义"等。在国民经济"大跃进"和人民公社化运动

---

　　①　《海南轻工业简史》，海南轻工业处，1959 年 4 月，广东省档案馆档案：219—2—242。

　　②　斗争是 1957 年春夏之交在全国开始的一场大规模的反击右派分子进攻的群众性的政治运动。1957 年 6 月 8 日，党中央发出《组织力量反击右派分子的猖狂进攻》（《毛泽东选集》第 5 卷，人民出版社 1977 年版，第 431—433 页），在全国开展斗争。1957 年 7 月，海南军区师以上机关进行斗争，12 人被错划为"右派分子"，这可视为海南斗争的开始，1957 年 8 月，海南一级机关和海口市机关开始开展"反右派"斗争。随后各县也开展这一运动。当年寒假期间，海南全区的中小学教师亦投入这一斗争。和全国一样，由于反右斗争被严重地扩大化了，海南的建设受到了很大的冲击和干扰。

　　③　1957 年 2 月 5 日至 15 日，广东省委在广州召开一届四次全体（扩大）会议，着重讨论农业生产、合作社、粮食工作及广东党内思想情况问题，并研究海南遗留的问题。会议第三天，省委书记冯白驹受到错误批判，要他交代"反党信件"的问题（即 1956 年 10 月 14 日林克泽关于要他回海南当行署主任问题给冯白驹的信）。会议作出关于"海南问题"的结论。自此之后冯白驹就作为"地方主义、反党集团头子"受到大小会议和报章批判。广东省反地方主义运动也自此全面展开，海南的反地方主义也以此全面开始，海南籍领导人冯白驹被撤职，黄康、陈说（区党委书记）、马白山（区党委常委）等一批海南籍干部分别受到开除党籍、撤销职务、留党察看等错误处分，海南政局陷入人心惶惶之中，经济建设也顿遭挫折。

期间，海南工业生产特别是重工业生产有较快发展，在此期间，海南进行了较大规模的基本建设。在交通运输、邮电通信、水利设施等方面，为以后经济的发展奠定了一定基础，但其同时也造成了国民经济比例的大失调，农业生产和生态环境的严重破坏，资源的巨大浪费，以及市场商品匮乏，人民生活水平下降等后果，代价十分惨重。其时，在合作化运动已经冒进的基础上，人民公社化又仓促强行合并农业合作社，建立政社合一、无所不包的行政经济社会组织，大搞强迫命令、大刮"浮夸风""共产风"，取消自留地和家庭副业，关闭农业贸易集市等，破坏了现存的生产关系和生产力，给农村经济发展带来了灾难性的后果。

1961 年初，针对国民经济比例严重失调，工农业生产和人民生活不断下降的后果，开始了历时五年的国民经济再调整。在农村，重新以生产队为基本核算单位，纠正平调，恢复自留地，集市贸易和家庭副业，刹住"浮夸风""共产风"等。在城镇整顿和关停了一些工业企业和"小土群"，注重发展山区和民族工业，缩小工业基本建设战线，削减城镇人口和压缩基建规模等。经过两年调整，初步扭转了经济下降局面，国民经济开始走出低谷。1962 年海南行政区全区工农业总产值达 3.93 亿元（按 1957 年不变价计算），比 1961 年下降 0.2%，下降幅度大大减小（1961 年的下降幅度是 10.99%）。其中 1962 年的农业总产值 2.47 亿元，增长 18.04%。随着工农业生产发展，地方财政收入大幅度增加，市场供应逐渐恢复正常[1]。

4. 十年"文化大革命"时期。经过国民经济调整，海南经济得到全面恢复，为重新制定中长期国民经济计划和按比例均衡发展打下基础。但 1964 年美国发动侵越战争，海南因其特殊地理位置，确定的第三个五年计划是从准备战争和应付战争的指导思想出发，农业主要以粮食和橡胶为主，工业加速"小三线"建设和大力发展支农工业，定下了海南作为国防前沿的格局。就在 1966 年 5 月第三个五年计划刚开始执行之际，十年"文化大革命"爆发了。随之而来的政治动乱和一系列"左"的错误泛滥，

---

① 参见符泰光、李颜、赵德钦、彭智福：《海南现代经济发展史》，西南师范大学出版社1999 年版，第 102 页。

使刚刚走上正轨的经济发展又遭受了严重挫折，它不仅使第三个五年计划半途而废，第四个五年计划也难以执行。"三五"时期，经济发展不断受到严重破坏。在国民经济计划中则过分突出国防和"三线"建设①，过急过快进行了战略布局的大变化，也造成了项目设计不合理，生产条件不配套等后果，工农业生产大幅下降。

表2—4　1966—1968年海南工农业总产值（按1970年不变价计算）

时间	工农业总产值		工业总产值		农业总产值	
	数额（亿元）	指数以1960年为100	数额（亿元）	指数以1960年为100	数额（亿元）	指数以1960年为100
1966年	9.24	100	4.06	100	5.17	100
1967年	9.26	100.2	4.2	10345	5.05	9768
1968年	8.41	91.01	3.46	85.22	4.94	95.55

资料来源：根据《新海南纪事1950—1992》，中共党史出版社1993年版，第336、337、339、357页编制。

表2—4表明，1967年海南工农业总产值和工业总产值虽然略比1966年增长，但农业总产值却低于1966年。1968年工农业总产值和工业总产值全面下降，分别是1966年的91.01％、85.22％、95.55％。

第四个五年计划时期，海南仍受到各种政治运动的干扰，在"左"的错误影响下，海南经济建设不讲经济效益，片面追求调速度，致使原本就不合理的农业的内部结构更趋不合理，全区经济、热作种植面积中，供本地区生活消费的作物面积少，作为工业原料和调出区外的作物面积多；农田基础设施差，抗灾能力不强和机械化水平低，粮食不能自给；多种经营步子缓慢，部分经济作物、热带作物产量逐年减少，或产品增长速度赶不

---

① 三线建设是指从20世纪60年代中期到80年代初期在中国三线地区开展的一场以备战为中心，以军工为主体的经济建设运动。三线地区是针对一、二线地区而言。一线指沿海地区，二线指中部地区，三线地区包括两部分：一是包括云、贵、川的全部或部分及湘西、鄂西地区的西南三线；二是包括陕、甘、宁、青四省区的全部或部分及豫西、晋西地区的西北三线。三线又有大、小之分；西南、西北为大三线，中部及沿海地区、省区的腹地为小三线。三线建设在相当长的时期内是我国基本建设的主要任务和核心内容，规模之大、持续时间之长在我国基本建设史上是空前的。参见高扬文：《三线建设回顾》，《百年潮》2006年第6期。

上城乡居民消费需求增长。工业上靠大量增加基建投资和新建"五小"工厂①维持高速度，造成了巨大浪费。同时，由于工业布局不合理，造成轻重工业比例严重失调，"四五"时期海南农业总产值占工业总产值的比重从"三五"时期的 56.5％ 上升到 60.6％，工业则从 43.5％ 下降到 39.4％②。

5. 实行战略转移和进入改革开放时期。1976 年 10 月粉碎"四人帮"和党的十一届三中全会的召开，宣告十年"文化大革命"结束。在经过"实践是检验真理的唯一标准"的大讨论和批判了"两个凡是"的僵化思想后，人们在指导思想上开始转变。海南同全国一样，拨乱反正，向以经济建设为中心的艰难战略转移。但是，由于海南长期在"加强防卫、巩固海南"的战略思想指导下形成了独有的经济格局，即在投资结构上工农业比例失衡，在工业建设上比例失调和以农业经济为主体（1975 年农业产值占 60.6％）的产业结构等。1977 年海南的国民经济得到了不同程度的恢复，但是从 1978 年起到 1980 年海南经济连续三年滑坡，全区工农业总产值平均递减率达 2.76％，其中工业总产值平均递减率为 5.85％，农业为 0.48％③。

针对上述严重情况，1979 年 7 月海南行政区根据中央"调整、改革、巩固、提高"的方针，提出了《关于调整海南经济建设的意见》，"集中力量发展农业特别是粮食生产、围绕农业发展需要发展地方工业；大力发展交通运输业；广开就业门路；利用外资加快海南发展"④。同年 11 月召开的行政区工作会议则确定了发展海南工业的总的指导思想："发挥海南优势，充分利用本地资源，以制糖业、橡胶业和其他热带作物加工业为重点，加强支农工业，加强盐化工和日用轻化工，相应发展原材料工业和动

---

① 小煤矿、小钢铁厂、小化肥厂、小水泥和小机械厂，简称"五小"工业。参见《第四个五年计划（1971—1975）纲要草案》。

② 参见符泰光、李颜、赵德钦、彭智福：《海南现代经济发展史》，西南师范大学出版社 1999 年版，第 136 页。

③ 参见符泰光、李颜、赵德钦、彭智福：《海南现代经济发展史》，西南师范大学出版社 1999 年版，第 145 页。

④ 参见《关于调整海南经济建设的意见》，海南省档案馆档案：15—22—200—0001～0004。

力工业。"① 海南，在经历了长时期的艰难曲折之后，正等待着加快发展的历史契机。

（二）改革开放初期至建省前海南现代化产业的发展战略选择

1988年11月，海南省委政策研究室曾经对改革开放初期至建省前海南若干不同的经济发展战略进行过综述和比较。简单来说，海南的现代化产业发展战略可分为常规发展战略和超常规发展战略两大类。

1. 常规发展战略。1978年底召开的中共中央十一届三中全会，确定了把全党工作的重心转到社会主义现代化建设上来的指导方针，加快海南岛建设的问题开始为中央政府所重视。20世纪80年代，中央召开的关于海南岛发展问题的座谈会就有3次之多。

1980年6月30日到7月11日，国务院在北京召开海南岛问题座谈会，并于7月24日形成《海南岛问题座谈会纪要》（以下简称《纪要》）（国发〔1980〕202号）②。《纪要》指出："鉴于海南的特殊地位，中央和广东省决定要对海南岛的经济建设给予大力支持。"同时，对海南开发建设的重大问题提出了具体要求：明确调整了发展农业的方针，即以发展橡胶等热带作物为重点，大力营造热带林木，努力提高粮食产量，全面发展农林牧副渔各业的生产，逐步建立起适应海南特色的新的生态平衡和农业结构；强调了放宽政策把经济搞活的要求，包括在进出口贸易、粮食征购任务、农产品派购、银行贷款、中央和省属企业利润留成、财政体制等八个方面给予海南以特殊的政策。

1980年8月12—18日，广东省委、省政府在广州召开贯彻落实国务院批转《海南岛问题座谈会纪要》的会议③。同年8月26日海南行政区发出《关于认真学习贯彻国务院、省委的指示加速海南建设的通知》④，

---

① 许士杰主编：《当代中国的海南》，当代中国出版社1993年版，第134页。

② 许士杰主编：《当代中国的海南》，当代中国出版社1993年版，第134页。

③ 海南省档案馆档案：52—2—4。

④ 参加会议的有省委常委、省政府负责人，海南区党委、行署和海南黎族苗族自治州的负责人，省农垦总局以及省直机关部、委、办、厅、局负责人。会上，广东省政府召集有关部门就财力物力上支持海南的问题作了专门研究，解决了海南行政区公署和自治州要求解决的一批具体问题。会议就外贸、粮食、财政等方面的许多具体政策进行了研究，并作出了规定。9月30日，广东省委、省政府下发了《关于贯彻国务院批转〈海南岛问题座谈会纪要〉的决定》（粤发〔1980〕96号）。海南省档案馆档案：80—11—76。

要求充分认识、贯彻和执行中央精神。海南行政区党委也于 8 月 30 日—9 月 6 日召开常委扩大会议，认真学习和贯彻国务院关于加速海南建设的决定，并发出《关于认真学习贯彻国务院、省委的指示加速海南建设的通知》①。1981 年 11 月，广东省委、省政府作出了《关于加快海南岛开发建设几个问题的决定》（粤发〔1981〕71 号）②，在一系列方面运用特殊政策和灵活措施，海南成了"不是特区的特区"，实行对内放宽和对外开放政策。在农业方面加强和完善生产责任制，在工业方面探索扩大企业自主权，进一步搞活企业，在对外经济活动方面，下放更多的自主权和审批权限，在利益分成中给予企业更大的比例等等，农村的经营管理体制改革在逐步进行，城市经济体制改革也在探索中前进③。

1982 年 11 月，王震同志受国务院领导的委托，在广州召开了加快海南岛开发建设问题的座谈会，第一次提出了海南岛应该贯彻"开放促开发"的方针④。1983 年 4 月 1 日，中共中央、国务院以中发〔1983〕11 号文件转批了《加快海南岛开发建设问题讨论纪要》，提出"海南的开发建设，必须立足岛内资源优势，充分挖掘内部潜力，讲求经济效益，逐步建立具有海南特色的经济结构"。这是中央第一次明确提出了海南的发展方针。该文件还提出要逐步建立起以加工本岛资源为主的工业结构，提出要积极兴办旅游事业、把海南逐步建成国际旅游避寒胜地⑤。

1983 年，中共中央总书记胡耀邦视察海南岛，再次强调"海南岛要以开放促进开发，以开发促进开放"。他还特别指出："海南岛的最基本的优势是湿热带，能够种植橡胶、咖啡、可可、椰子等热带和亚热带经济作物。全国 960 万平方公里国土，只有 5 万平方公里属于湿热带，一块是西

---

① 海南省档案馆档案：52—2—5。
② 海南省档案馆档案：52—2—5。
③ 海南省档案馆档案：131—2—6。
④ 许士杰主编：《当代中国的海南》，当代中国出版社 1993 年版，第 136、137 页。
⑤ 1982 年 11 月 3 日，王震受国务院总理赵紫阳的委托，在广州就加快海南岛开发建设问题召开座谈会。参加会议的有广东省、海南行政区、海南黎族苗族自治区的负责人和省农垦总局等有关部门负责人。通过讨论，座谈会对开发建设海南岛必须采取的方针政策取得了一致意见。参见中共中央、国务院批转的《加快海南岛开发建设问题讨论纪要》，中发〔1983〕11 号，海南省档案馆档案：52—4—6。

双版纳，一块是海南岛。这里出产的许多东西全国其他地方都没有。"[①]

1981 年 3—4 月和 11—12 月，中国林学会、中国生态学会、中国地理学会、中国植物学会、中国热作学会等 16 个学会 66 名专家和海南岛的科学家一道，对海南进行了多学科的综合考察，并且于 1983 年 5 月 26 日到 6 月 1 日在广州召开了"中国海南岛大农业建设与生态平衡学术研讨会"。研讨会紧密围绕发挥海南岛自然和经济的优势，进一步加快合理开发我国这一宝岛的主题，以自然科学与社会经济学科相结合，以全面的、生态的、经济的和发展的观点，就海南岛的自然地理特点、自然资源状况、30 年来的大农业建设的经验教训、生态平衡的评价、大农业发展的战略方向、大农业结构优化模型及多方案比较等方面进行了综合论证。科学家在 20 世纪 80 年代初期就十分强调发展大农业必须注意处理生态平衡的原则是颇有远见的，已经成为今天海南生态省建设的宝贵思想财富[②]。

1984 年下半年开始，华南师范大学经济研究所所长黄家驹教授牵头组织 7 位广东和海南的理论工作者系统研究海南的发展问题。1986 年他们的初步研究成果《海南经济发展战略的若干问题》问世，提出了海南与深圳不同，应该选择双向型发展模式，"以国内资金与市场为依托，以逐步开拓商品的国际市场为奋斗目标，充分利用国内和国际两个市场两种资金和技术，以加速本岛经济发展"。因为海南不可能像深圳那样做到"利用外资为主，发展有竞争力的工业为主，产品以外销为主"，因此近期和中期应该抓好热带资源、海洋资源和旅游资源的开发。该文章强调湿热带大农业、以本岛农副产品和矿产资源为原料的加工业和旅游业应该是海南近期发展的重点[③]。

1985 年 3 月到 1987 年 5 月，应中国政府的请求，日本国际协力事业团在日本国际开发中心和太平洋国际咨询公司的协助下，派遣 22 名日本

---

① 夏鲁平：《选择绿色发展之路——海南发展 20 年的回顾与反思》，南海出版公司 2004 年版，第 41 页。

② 中共海南省委党史研究室：《海南改革开放二十年纪事》，海南出版社 1999 年版，第 97、98 页。

③ 参见马世骏主编：《中国海南岛大农业建设与生态平衡论文选集》，科学出版社 1987 版，序。

专家对海南岛开展了 17 个月的实地区域综合调查，北京、广东和海南岛的 41 名专家和官员也参加了这次大规模的调研。经过中日专家的共同努力，在提交了《着手报告书》①、《中间报告书》② 和三次《实地报告书》以及两次相当规模的研讨以后，1987 年 5 月日本国际协力事业团和海南中日合作计划办公室向中国政府提交了 11 卷近百万字的《中华人民共和国海南岛综合开发计划》最终报告书③。

最终报告书④提出了海南岛 20 年的发展目标（1985—2005 年）：工农业总产值增长近 5 倍，达到全国平均水平。为了实现海南 20 年发展目标，报告书提出了在三个方面必须实施的基本开发战略：（1）生产部门的开发战略：通过振兴工业、旅游为主的第三产业，使偏向农业的产业结构向高度化发展；（2）空间开发的基本战略：在开放的市场经济条件下，变封闭的均等的分散型开发为据点型开发，努力促成跨地区经济片的形成；（3）基础设施的基本战略：建设与产业结构高度化以及开发据点、大经济片的形成相适应的基础设施。

该报告书也特别强调了"农业部门在开发前期的战略地位是整个经济的主导部门"的观点，指出"充分调动尚未利用的资源振兴产业，是海南岛经济发展的基础，没有这个基础，就不能维持经济高度增长。为达到产业结构高度化，需要相当长的准备期"，"在开发前期农业将在带动整个经济方面起很大的作用"。

该报告书认为开发前期的重点是：从利用资源的角度开发耕地，扩大种植面积。为振兴调入和进口的替代性生产，积极发展热作、反季节瓜菜以及水产养殖等，开拓港澳和大陆市场，使农业成为提供开发资金和获得外汇的最主要部门。而开发工业的人才、技术、资金、能源以及一般社会资本短缺的问题在短期内解决是很困难的。开发前期工业重点是：结合农业开发的成果，发展已经有一定基础的农产品加工业，并且对现有工业进

① 黄家驹、许德镇：《海南经济发展战略的若干问题》，《华南师范大学学报》〔L〕（社科版）1986 年第 4 期。

② 海南省档案馆资料：80—11—10—1。

③ 海南省档案馆资料：80—11—10—95。

④ 李华杰、朱乃有：《海南岛建立自由港初探》，《国际贸易》1986 年第 6 期。

行技术改造，更新管理，此外还要开发面向本地市场的工业。从利用资源的角度，振兴金属、非金属矿产以及木材资源为原料的基础工业。

上述文件、指示和研究报告都是从常识出发，强调充分利用海南现有的资源优势和产业优势，主要依托国内市场的拉动，从最有竞争实力的农业和农产品加工起步，同时发展潜力巨大的旅游业，挖掘内部潜力，循序渐进，实现富岛富民。他们还强调了海南要坚持可持续发展、注意保护生态环境。

2. 超常规发展战略。1986 年李华杰、朱乃有发表文章《海南岛建立自由港初探》，提出了海南岛的"清澜港发展为自由港将更加适宜"[1]。这是首次提出在海南岛划出一个港口搞自由港的设想。

1988 年 3 月，中国人民大学书报资料中心出版了《海南岛——发展战略研究资料集》，作为《开放——参与国际大循环经济发展研究资料丛刊》的一份资料。时任海南省省长的梁湘欣然为该杂志题词："创造良好投资环境，走国际大循环的道路，大力发展外向型经济，实现海南的发展战略。"[2] 梁湘在这里把走国际大循环的道路和发展外向型经济紧密联系在一起，表达了移植深圳模式到海南的强烈愿望。在这里外向型经济的概念就是面向国际市场。

1988 年钟业昌在广州发表了《关于海南"第二关税区"的构想》[3]，此后海南省体制改革办公室和中国（海南）改革发展研究院在迟福林的主持下，相继完成了关于建立海南特别关税区的多项研究报告，全面提出了将海南岛全部划为"自由港"的方案。

1988 年中国社会科学院海南调研组完成了《海南发展战略研究报告》。该报告为海南设计的发展战略目标是：坚持以开放、改革促开发的方针，实行社会主义的有指导的市场经济，最终建成以工业为主导、工农贸旅并举、三大产业协调发展的、外向型的、综合型的经济特区，力争用 20 年左右的时间，达到人均国民生产总值 2000 美元以上，相当于台湾 20

① 中国人民大学书报资料中心：《海南岛——发展战略研究资料集》，扉页 3。

② 参见《亚太经济时报》1988 年 1 月 24 日报道。

③ 参见海南特区经济年鉴编辑委员会编：《海南特区经济年鉴》1989（创刊号），新华出版社 1989 年版，第 99—105 页。

世纪 80 年代的发展水平①。

1988 年 4 月 14 日，国务院正式批转了《关于海南岛进一步对外开放加快经济开发建设的座谈会纪要》（国发〔1988〕24 号），提出了海南发展的新方针："必须立足海南的资源优势，充分挖掘内部潜力，同时大力吸引外资，特别要注意引进港澳资金，逐步建立具有海南特色的外向型经济结构"②。该纪要和 1983 年《加快海南岛开发建设问题讨论纪要》比较，新增加了大力吸引外资特别是港澳资金的建立外向型经济结构的提法，引人注目。

以上发展思路和战略体现了海南加快发展的急迫性，思路比较前卫和大胆，具有开拓性和创新性，目的只有一个，那就是实现海南的超常规发展。

（三）建省后至 20 世纪 90 年代中期海南现代化产业发展战略

1. 全面发展外向型经济。1991 年海南省社会经济发展研究中心梁涛主持完成了国家"七五"重点科研课题《中国地区发展和产业政策》海南部分的研究，研究报告在海南产业结构转换与主导产业选择问题上提出了产业结构转换的 5 条基本原则：因地制宜，充分发挥地区比较优势的原则；基础设施超前发展的原则；以外向型经济为主的原则；实现贸工农旅并重，三次产业协调发展的原则；超常规的产业转换原则。

关于外向型经济为主的原则，该报告称："海南的产业结构，必须放眼国际市场，面向亚太地区，在国际国内产业分工和经济大循环中寻找海南的最佳区位和最佳角色。"

与建省前的超常规发展战略一样，梁涛的《中国地区发展和产业政策》也为海南设计了发展外向型经济，融入国际市场的发展路径，明显参照了深圳的模式。他们都乐观地预测，如果该战略得以实施，海南完全有可能实现经济超越常规的跳跃性发展。他们的方案都使用了"国际大循环"的概念。

1988 年 1 月，国家计委的研究人员王建在《经济日报》发表文章《选择正确的发展战略——"关于国际大循环"经济发展战略的构想》③，提出

---

① 海南省档案馆档案：15—55—16。

② 参见《经济日报》1988 年 1 月 5 日。

③ 数据由《海南年鉴》（1996 年版）及《广东经济统计年鉴》（1980 年版、1986 年版、1988 年版）整理计算而得。

了利用中国丰富的劳动力资源，发展劳动密集型产业，同时在原材料和市场上与国际接轨，参与国际分工。出口劳动密集型产品创汇，再购买先进的设备，改造我们的重工业。实现国内的产业升级。这个思想为中央制定沿海地区扩大开放，发展外向型经济的政策提供了理论基础，也是当时最时髦的理论与口号。地处沿海地区又冠以最大经济特区头衔的海南省对此自然情有独钟。"国际大循环"理论的构想十分诱人，深圳等地的实践也证实了这个战略可能催生经济奇迹，但是海南能否有条件实现这种设计，顺利地加入"国际大循环"，在短时间里建立起外向型经济呢？实践给出了无情的答案：虽然海南千方百计发展面向国际市场的外向型经济，但直到 20 世纪 90 年代中期，经济的外向依存度在国内沿海省、直辖市中仍然是比较低的，也低于全国平均水平，建省以后的经济发展主要依靠大陆市场的拉动。

表 2—5　1995 年沿海部分省、直辖市出口依存度对照表

项目 地区	出口额 （亿元）	生产总值 （亿元）	出口依存度 （％）	排名
上海	110326	246257	4480	2
江苏	84521	515526	1640	7
浙江	69543	352479	1973	6
福建	68095	216052	3152	4
山东	75851	500243	1516	8
广东	496004	538172	9216	1
天津	37270	92011	4050	3
海南	4044	36417	1110	9

资料来源：根据《中国统计年鉴》1996 年版、《中国外贸统计年鉴》1996 年版有关数据编制。

2. 发展路径与发展目标的调整。

（1）发展路径的调整。1993 年 1 月，阮崇武就任海南省委书记兼省长，当时海南的现实情况是：1995 年同 1987 年相比，8 年时间第二产业比重从 19.01％上升到 21.59％，仅仅增长了 1.58 个百分点，其中工业在 GDP 中的比重从 13.42％居然降低到 11.57％，减少了 1.85 个百分点，而同期第三产业比重从 30.94％上升到 42.48％，增长了 11.54 个百分点。

对比深圳，1985 年与 1979 年比较，6 年时间第二产业比重从 20.5％上升到 41.9％，增长了 21.4 个百分点①。严酷的现实要求人们调整对于海南发展路径的认识。

在 1993 年 2 月 10 日召开的海南省政府全体（扩大）会议上，阮崇武首次提出，根据 5 年来的实践、海南的实际和未来国际国内经济和社会发展的趋势，有必要突出和强调旅游业在海南经济发展中的地位，使之成为全省经济发展的龙头。

在 1996 年 1 月的全省计划会议上海南省政府提出，"九五"期间海南产业发展的方针是：以农业为基础，加强和提高第一产业；以工业为主导，加速发展第二产业；以旅游业为龙头，积极发展第三产业。此提法与建省之初"以工业为主导、工农贸旅并举"的口号相比有很大的变化，农业和旅游业的分量明显加强，初步确立了"一省两地"的产业发展新框架。

1996 年 2 月，海南提出："发挥海南的特殊优势，依托国内大市场的需求，以农业为基础，加强和提高第一产业；以工业为主导，加速发展第二产业；以旅游业为龙头，积极发展第三产业。发展热带高效农业，以带动农村经济全面发展，增加农民收入；发展现代工业，以增强全省整体经济实力；发展旅游业和其他第三产业，以推动经济社会的繁荣进步。努力把海南建设成为中国的新兴工业省、中国热带高效农业基地和中国度假休闲胜地，新兴工业、热带农业和旅游业将成为我省三足鼎立的产业基石，实现兴岛富民。"②

时任海南省委常委王厚宏总结了这次对于发展方针的修改："对于海南产业发展方针问题，建省以后，多年争论不休，举棋不定，房地产的骤然降温，使人们在惶然之后清醒地认识到，海南要持续快速发展，没有实业不行；发展实业，脱离海南的自身优势不行；实现优势，背离国内和国际大市场的需求不行。一省两地，三足鼎立的产业发展方针正是在大起大

---

① 参见《海南省国民经济和社会发展九五计划和 2010 年远景目标纲要》，海南省一届人大四次会议 1996 年 2 月 10 日通过。

② 王厚宏：《90 年代海南发展之简析》，《海南日报》1997 年 4 月 14 日。

落的发展过程中，由正反两方面经验凝结而成的宝贵结论。"①

阮崇武 1993 年上任以后还把海南的环境保护提到了很高的位置。7 月 21 日，他在省环境资源厅调研时强调："环境保护对于海南来说是生存的问题，生死攸关的问题，保护环境就是保护海南人民的饭碗。"在 1997 年 1 月全省理论研讨会上，阮崇武又在《海南要争创全国第一流的生活质量》的发言中强调："海南有着全国不可多得的自然环境，也是一块净土。如果把海南的自然环境破坏了，就把海南的资源破坏了，也就把海南赖以生存的饭碗砸了。"②

但对于上述的这些调整也有不同的声音。例如，杉柯先生对海南新提出的"一省两地"的发展方针提出不同的看法，认为新方针三次产业并列，没有重点，没有主导。海南的经济陷入低谷后，首先复苏的产业是农业，接着是旅游业，然后是工业，出现了三足鼎立的局面这只不过是暂时的现象，把一种暂时的过渡现象当做一个时期经济发展所追求的目标，显然不妥。文章指出，1988 年初中国社会科学院专家组编制的《海南经济发展战略》，代表了当时我国发展经济学和区域经济研究的最高水平，对于海南主导产业的选择有准确、严谨、科学的表述：以工业为主导，工农贸旅并举，三次产业协调发展。然而建省以来，贸易主导、房地产为主导、旅游为主导、第三产业为主导的理论不断干扰正确主导产业的选择，至今以工业为主导的战略仍没有确立。海南经济出现的问题，在很大程度上正是因为背离了中国社科院制定的战略所造成的。文章还指出，与中国社科院的发展战略比较，海南产业发展方针目前的流行提法缺少一个"贸"字，强调贸易并非是要在海南建立一个庞大的贸易产业，而是要求整个经济以市场为导向，紧紧抓住销售这个环节。目前制约海南经济发展的最大障碍，就是市场狭小流通不畅。但是经济发展的指导方针中又忽略了贸易，这不能不说是一个重大失误。最后文章疾呼，当务之急是尽快回

---

① 中共海南省委宣传部理论处：《1997 海南省理论研讨会论文集》，海南出版社 1997 年版，第 3 页。

② 参见杉柯：《回到"巨人"肩膀上》，《商旅报》1997 年 10 月 7 日。

到中国社科院制定的海南经济发展战略上来，不能再犹豫彷徨，一误再误①。

（2）发展目标的调整。从 20 世纪 80 年代初期提出 20 年"与台湾的经济并驾齐驱"，到 1988 年中国社会科学院《海南经济发展战略研究报告》提出力争用 20 年时间使得海南的人均 GDP 达到 2000 美元，赶上台湾 20 世纪 80 年代初期的水平。高速经济增长一直是海南的中心任务和主要目标。在 1997 年初的全省理论研讨会上，阮崇武对于这个目标也作出大胆调整。他提出：生活质量是全面反映居民生活需要实现程度的概念，既反映了人们的物质生活状况，又反映人们的社会和精神生活状况。它最全面地体现了人类经济和社会发展的最终目标。"我们提出了争创全国一流生活质量的发展目标，并已列入《海南省国民经济和社会发展九五计划和 2010 年远景目标纲要》。这个目标的实现，将使海南的老百姓获得最大的实惠"②。

当时在杜青林的提议下，海南省提出了一套含有 19 个单项指标的生活质量指标体系，而且按照这个体系具体分析了 1995 年海南的生活质量在全国各省、直辖市、自治区居第 11 位的情况和与先进地区的差距。为此，制定了创造全国一流的生活质量要注重的三个方面：一是要注重可持续发展，包括资源、环境、人口等问题；二是要注重社会问题，包括教育、医疗卫生、福利和公共安全；三是要注重新技术的应用，包括信息产业等新技术的普及。

从单纯追求经济增长到坚持以人为本的全面的发展，海南在 20 世纪 90 年代中期对发展目标的调整顺应了时代潮流，在全国也是领先的③。

（四）"一省两地"战略的正式形成和延伸

1. "一省两地"产业发展战略决策的形成过程。海南建省办特区之初，中央对海南提出了"三五年内赶上全国平均水平，到 20 世纪末达到

---

① 中共海南省委宣传部理论处：《1997 海南省理论研讨会论文集》，海南出版社 1997 年版，第 1 页。

② 参见夏鲁平：《选择绿色发展之路——海南发展 20 年的回顾与反思》，南海出版公司 2004 年版，第 63、65、66 页。

③ 参见《关于海南岛进一步对外开放加快经济开发建设的座谈会纪要》（国发〔1988〕24号）第二条，海南省档案馆档案：15—55—16。

国内发达地区水平，进而为赶上东南亚经济发达国家和地区的水平而努力"的发展目标①。在海南这样一个国民整体素质不高、经济实力比较薄弱的省份，要加快发展，实现中央提出的发展要求，沿袭常规的发展模式和发展思路，或将经济的加快发展更大程度地依赖于国家的支持，显然是不行的。正确认识省情，发挥自身优势，面向国内外市场，找准海南在全国发展大格局中的位置，是确定海南未来发展道路的基本出发点。海南有着十分丰富的热带自然资源、海洋资源、矿产资源和旅游资源，区位条件和政策条件也十分有利，尤其是热带农业资源和旅游资源特色突出，是其他省份难以比拟的。因此，在产业发展方向的选择上，在重点行业和重点产品的选择上，海南应该充分地发挥这些优势，扬长避短，选择一条与其他省份不尽相同而具有自己特点的产业发展道路。

海南的学者和研究人员在吸收以往规划成果的基础上，汲取海南经济发展正反两方面的经验，基于对海南产业发展比较优势的分析，在制定"九五"计划的过程中，逐步形成了海南产业发展战略的大体轮廓。当时对海南产业发展的提法是："积极调整产业结构。加强和提高第一产业，加速发展第二产业，积极发展第三产业。培育和发展新的支柱产业，逐步建立起资源型和加工型相结合，以外向型为特征，以热带高效农业、旅游业和资金技术密集型重化工业为基础的支柱产业群，奠定现代大工业基础。"② 上述提法总的方向突出了工业的主导地位和农业的特点以及旅游业在经济发展中的特殊作用。

为了进一步理清思路，统一认识，1995 年 11 月 29 日，时任海南省常务副省长的汪啸风同志主持召开了有省委办公厅、省政府办公厅及其他有关厅局和有关研究单位参加的一次小范围的会议。这次会议主要是对已经过多次讨论并形成文稿的"九五"计划进行修改，特别是在如何确定海南的定位、发展目标、产业发展的基本方针和产业发展战略等重大问题上展开讨论，进一步统一思想。关于海南产业发展战略选择的问题，汪啸风同志在这次会上说："如何确定海南产业发展的基本方针，这是一个很重

---

① 参见《海南年鉴》1998 年版专文：《海南省产业发展战略选择的回顾》。
② 参见《海南年鉴》1998 年版专文：《海南省产业发展战略选择的回顾》。

要的问题，而且还存在分歧；在海南三次产业的关系中，农、工、旅的位置怎么摆，这三个产业是海南产业的主体，重点讨论的问题是工业在海南经济发展中的位置，我的想法是海南必须加快工业化进程，突出工业的主导地位。"在谈到对海南产业发展战略的想法时，汪啸风同志总结为：从现在起，用 15 年的时间，把海南建设成为中国沿海的新兴工业省、热带高效农业基地和旅游度假胜地，这可以概括成为"一省两地"。经过与会者两天的讨论，对海南产业发展战略形成了较为一致的看法。"一省两地"产业发展战略的提出，很快得到全省上下的一致认同①。1996 年 2 月 10 日，海南省一届人大四次会议第三次全体会议通过决议，批准《海南省国民经济和社会发展"九五"计划和 2010 年远景目标纲要》（以下简称《纲要》），《纲要》提出的"一省两地"产业发展战略得到正式确认。

另外，在《海南省国民经济和社会发展"九五"计划和 2010 年远景目标纲要》起草时，原来有"逐步建立大进大出的开放型经济体系"，后来修改时去掉了。通过的《纲要》中的提法是"发挥海南的特殊优势，依托国内大市场的需求，以农业为基础，加强和提高第一产业；以工业为主导，加速发展第二产业；以旅游业为龙头，积极发展第三产业"②。

2."一省两地"产业发展战略决策的延伸——"大企业进入、大项目带动"。作为"一省两地"产业发展战略决策的延伸，2003 年 12 月海南在全省经济工作会议上提出实行的"大企业进入、大项目带动"战略，主要基于以下考虑：

（1）海南持续发展不能破坏良好的生态环境。得天独厚的生态环境是支撑海南可持续发展最重要的资本和最大的特色，但同时海南又是一个热带岛屿省份，由于特殊的地理位置和独立的地理单元，海南的生态系统具有明显的脆弱性，一旦遭受破坏将难以恢复。海南的这一特点决定，在开发建设过程中，必须十分重视生态环境的保护和建设。建省之初，海南就提出要走经济建设和环境保护协调发展的道路。后来又先后提出"保护生

---

① 鲁冰、徐冰：《中国大特区十年变革》，中共中央党校出版社 1998 年版，第 185 页。
② 参见海南特区经济年鉴编辑委员会编：《海南特区经济年鉴》（1993），新华出版社 1993 年版。

态环境就是保护海南人民的饭碗","保护生态环境与资源就是保护生产力、改善生态环境与资源就是发展生产力、破坏生态环境与资源就是破坏生产力"等科学判断。经过建省后多年的实践,海南认识到,生态环境是海南最大的资本,最大的生产力,最大的竞争力,最大的可持续发展动力,海南不能走其他地区"先污染、后治理"的发展路子。

(2)海南的快速发展离不开现代工业的支撑。工业的水平是一个国家或地区经济实力和技术进步程度的重要标志,国际上经济发达的国家都是工业高度发达的国家,国内经济比较先进的地区也都具有比较雄厚的工业实力。要增强海南的经济实力,不搞工业是不行的。但是,海南的工业化又不能重复国内一些省区走过的老路。这是因为,海南原有的工业基础十分薄弱,加之岛内市场小,工业生产用原料和产品进出岛都增加了生产成本,而且在一般中小型加工业的发展方面,海南已经起步较晚,如果再搞别人搞过的东西没有新的特点,海南的工业适应不了日趋激烈的市场竞争。要具有较强的竞争能力,从发展方向上看,海南必须具备一批现代化的大工业,利用海南的比较优势,上一批高技术、高水平、达到合理经济规模的项目。

(3)培育一批支柱产业是支撑海南长远发展的坚实基础。产业的成长和壮大是推进一个国家和地区长远发展的内在动力。没有产业的支撑和带动,表面一时的繁荣只能是昙花一现;有了一批支柱产业,经济增长的内在活力就会不断地被激发,遇到一些风险也能有效抵御。1992年海南曾经创造了GDP增速40.2%的神话[①],但由于缺少一批支柱产业支撑,到了1995年迅速跌入了低谷。从产业成长的进程来看,往往一个产业主要依靠一个或几个大项目支撑。大型工业项目具有投资大、产值高、产业链条长、对地方经济社会发展拉动力强等特点,成功实施了一个或几个大的项目,就可以带动一个行业、一个产业的发展。大项目建设还可以有效带动一批中小型配套企业的发展,带动上下游产业链条上的中小项目的建设。以大项目支撑大产业、以大产业扩张海南经济总量和提升质量,推进

---

① 海南省政府研究室:《大企业进入大项目带动是符合海南发展的模式》,《海南日报》2006年10月23日。

产业结构的优化升级，是海南加快发展的最佳路径选择。

事实证明，大企业和大项目能迅速提升海南工业比重和工业发展水平，也只有大企业和大项目有能力保证海南良好的生态环境。大企业进入、大项目带动可以有效防止走"家家点火、村村冒烟、处处污染"的老路。800 万吨的炼油厂环保预算 20 多亿元，气体有害物全部回收，排水可用于农田灌溉。投入 104 亿元的金海浆纸厂，其中 24 亿元是用于环保处理①。海南"大企业进入、大项目带动"战略是在实践中坚持不污染环境、不破坏资源、不搞低水平重复建设的"三不原则"的理想选择，也是落实科学发展观的最佳途径。

（五）划时代的发展战略——建设生态省

1. "生态省"和"健康岛"观点的提出。建省伊始，省委、省政府就确立了经济建设与环境保护协调发展的战略方针，强调绝不以牺牲环境质量为代价发展经济。阮崇武时期的海南省委、省政府曾明确指出："优美的环境是海南人民的饭碗。保护环境就是保护海南人民的饭碗。破坏环境就是砸了海南人民的饭碗。"所有这些，都是基于要在保护好环境的前提下，充分发挥海南独特的环境资源优势来发展社会经济，实现可持续发展。在此时期，海南经济取得了较快发展，环境保护也取得了较大成效，为下一步的发展打下了基础。但是，也应该看到，在海南基本发展战略和发展方向的确立上，一直是模糊不清、摇摆不定的，没有明确的发展思路。海南经济经历了大起大落的发展过程，出现了较大的反复。特别是 20 世纪 90 年代初期出现的房地产热引起的"泡沫经济"② 遗留下一系列问题，使海南经济发展背上了沉重的包袱，影响了海南社会经济快速健康持续发展。

---

① 权威经济学家给泡沫经济的定义是："泡沫状态这个名词，随便一点说，就是一种或一系列资产在一个连续过程中陡然涨价的预期，于是又吸引了新的买主——这些人一般只是想通过买卖牟取利润，而对这些资产本身的使用和产生盈利的能力是不感兴趣的。随着涨价常常是预期的逆转，接着就是价格暴跌，最后以金融危机告终。通常繁荣的时间要比泡沫状态长些，价格、生产和利润的上升也比较温和一些。以后也许接着以暴跌（或恐慌）形式出现了危机，或者以繁荣的逐渐消退告终而不发生危机。"参见徐滇庆、于宗先、王金利：《泡沫经济与金融危机》，中国人民大学出版社 2000 年版，第 5 页。

② 比如《海南日报》6 月 30 日推出了 15 万份 12 个版的《海南岛健康岛》专版，从阳光、空气、绿色等十大方面宣传"健康岛"品牌，并免费向各地游客派送。

海南省委、省政府认真总结经济发展成功取得的经验和挫折带来的教训，结合海南的实际，确立了"一省两地"的产业发展战略，锁定了海南经济发展的主攻方向，并先后作出了"环境就是资源"、"保护生态环境与资源就是保护生产力，改善生态环境与资源就是发展生产力，破坏生态环境与资源就是破坏生产力"等一系列重要论述，为后来确立建设生态省的基本战略打下了坚实的思想理论基础。

1999 年 2 月 6 日，海南省第二届人民代表大会第二次会议通过《关于建设生态省的决定》；3 月 30 日，国家环保总局正式批准海南省为我国第一个生态示范省；7 月 30 日，海南省人民代表大会常务委员会第八次会议批准《海南生态省建设规划纲要》，赋予了建设生态省的法律地位。这既是对海南跨世纪可持续发展战略的充实和完善，也可以说是海南成为经济特区 11 年来不懈探索的必然选择。

而"健康岛"概念则始于 2003 年突如其来的"非典"灾难。2003 年"非典"期间，海南成功抗击"非典"，海南省旅游局提出，要大力打造"健康岛"品牌，并正式启动旅游市场，推出健康旅游。

2003 年 6 月 17 日，时任海南省委书记、省长汪啸风肯定了旅游业"健康岛"概念，并明确提出海南要打造"健康岛"品牌。尔后，各大媒体不遗余力宣传"健康岛"[①]。省旅游局策划和推行"健康岛旅游计划"，当年就实施了几十项活动，如邀请北京百名抗非功臣免费体验海南健康游，在香港举办"健康岛旅游推介会"等；各行各业开始用"健康岛"品牌进行对外宣传和推广，如房地产业、医药业、农业等。自此，健康岛概念深入人心。

2. 海南生态省的内涵与核心思想。建设生态省，就是运用生态学原理和系统工程方法，遵循生态规律和经济发展规律，以保持海南环境资源独特优势、实现可持续发展为前提，把环境保护、资源合理开发利用、高效生态产业发展与弘扬生态文明有机结合起来，促进全省国民经济持续快速健康发展和社会文明进步。生态省的经济发展，要跨越"高消耗、高污染"的传统工业化发展阶段，突破"先污染后治理""先破坏后恢复"的传统经

---

① 李仁君主编：《海南区域经济发展研究》，中国文史出版社 2004 年版，第 141 页。

济发展模式，运用现代科学技术和管理方法，利用优美的生态环境，发展高效的生态型经济。生态省建设将以生态合理性为准则，鼓励有利于资源和生态环境保护的思想观念和社会经济活动，摒弃破坏资源和生态环境的观念和行为，最终实现经济效益、资源效益、社会效益与环境效益的统一。

因此，海南生态省建设的内容涵盖了社会经济发展的各个方面，不单纯是传统意义上的环境保护与生态建设。从决策高度上看，建设生态省不仅是贯彻执行环境保护的基本国策，而且是实施可持续发展战略的具体体现，是一项具有前瞻性、开拓性和综合性的系统工程。海南将建设生态省确定为社会经济发展的基本战略，对海南经济、社会和生态环境保护具有决定性、全局性和长远性的影响。从内容来看，环境保护和生态建设仅是生态省建设的基本内容之一，生态省建设内容涵盖了环境污染防治、生态保护和建设、生态产业发展、人居环境建设、生态文化建设 5 个主要方面，范围涉及人口、环境、资源、经济、科技、教育、文化等自然科学和社会科学等诸多领域，以及工业、农业、林业、水利、建设等诸多行业；从对策和措施来看，生态省建设中解决环境问题不再只是传统的被动式地采取行政、法律、经济和科技手段治理末端污染，而是采取积极主动的对策和措施，由治到防，由单一治理到综合防治，由局部治理到区域规划防治。通过产业区域性和结构性调整，在现有的社会经济技术条件下，推行清洁生产，改造传统产业，促进产业升级，促使各类产业向资源利用合理化、废物产生减量化、对环境无污染或少污染的方向发展。强调在产业结构调整中把生态产业列入优先发展领域，培育生态产业，发展生态经济，实现在经济发展中消化或减少对环境的不利影响。因此，不能将生态省建设仅仅理解为环境保护和生态建设。生态省建设的核心思想符合可持续发展的基本思想，只有把可持续发展思想贯彻落实到经济建设和社会发展各个领域和各个方面，才能摆脱单纯追求 GDP 增长的发展模式，实现经济、社会和生态环境的协调发展。

二、创建洋浦经济开发区的争论和决策过程

（一）洋浦的地理位置和发展规划

洋浦经济开发区位于海南省西北部的洋浦半岛上，东经 109°11′，北

纬 19°43′，占地面积为 30 平方公里。三面环海，海岸线长为 24 公里。属热带岛屿季风气候，常年风向为东风和东北风，6 级以上的大风率仅为 0.06%。区内年均降雨量约为 1100 毫米。相对湿度介于 82%（夏季）与 26%（冬季）之间。气候温和，年平均气温 24.7℃。

洋浦海域面积辽阔，且水域较深，分布着大小 20 多个海湾。洋浦湾内可建 20 多个万吨级泊位，最大泊位可达 10 万吨级。湾内水深平均 11 米，最深处达 24.6 米。3 万吨级船舶可不受潮水影响自由进出。

洋浦港是天然避风良港，属国家一类对外开放口岸，年吞吐量 250 万吨，拥有海南唯一的标准化集装箱码头，已开通到香港、天津、大连等地的航班。

洋浦开发区内已完成 100 公里的道路网，海口至洋浦 128 公里高速公路已全线贯通。

由海口经琼州海峡火车轮渡与广东省铁路衔接的粤海铁路通道已经建成。根据国家的安排，粤海铁路将直接通到洋浦。届时，开发区物资进出可由铁路直接与大陆各地联运。

现已探明的南海天然气资源主要分布在莺歌海盆地，距洋浦 200～300 公里，发展潜力巨大。

（二）创建洋浦经济开发区的主要争议

洋浦是一块不寻常的土地，洋浦开发也走过了不寻常的道路。1989 年初，海南省政府在调查研究、反复论证的基础上，提出了由外商承包成片开发洋浦的方案。拟定在洋浦半岛有偿出让 30 平方公里土地的使用权，期限为 70 年，由外商投资进行基础设施建设，然后招商引资，发展加工业和进口贸易，以洋浦的发展带动海南经济的腾飞[①]。然而，要雕琢洋浦这块"璞玉"，又谈何容易！仅洋浦开发区中的"七通一平"就需要 100 多亿元的投资，而海南 1988 年财政收入才 4.2 亿元，国家一年给予海南的低息贷款也只有 2 亿元。怎么办？出路就是吸引外资！于是产生了经济特区中的洋浦开发模式，即"引进外资成片承包，系统开发，综合补偿"的利用外资进行开发的方式。1988 年 6 月，海南省政府与熊谷组（香港）

---

① 海南省档案馆档案：132—1—2。

有限公司达成开发洋浦的初步协议，1988 年 12 月 31 日，省政府向国务院呈报了《关于让外商承包成片开发洋浦的请示》①。由外商承包开发洋浦是一个令人瞩目的举动，立即在国内产生强烈反响，并引发了 1989 年初的"洋浦风波"。

1989 年 3 月，五名全国政协委员在全国政协七届二次大会上联合发言，提出海南省拟将洋浦港中心地区 30 平方公里的土地，以每亩 2000 元人民币的低价租给日本企业熊谷组，期限长达 70 年，此举欠妥。随即，200 多位政协委员也就这个问题分别联名递交了提案，在国内外激起强烈反响，外商观望，国内一些不明真相的学生甚至上街游行，贴出了"声讨海南卖国"的标语口号②。

面对这种指责和"声讨"，海南省主要领导人一面立即就洋浦开发问题发表讲话，说明实情，澄清误解；一面上书党中央、国务院，指出一些人对洋浦开发的指责"完全是离开时间、地点、条件看对外开放政策"③。

正在国内外舆论沸沸扬扬之际，4 月 28 日，邓小平审阅中共海南省委书记许士杰、省长梁湘 3 月 31 日写给他和杨尚昆的《关于海南省设立洋浦经济开发区的汇报》，作出批示："我最近了解情况后，认为海南省委的决策是正确的，机会难得，不宜拖延，但须向党外不同意者说清楚。手续要迅速周全。"④ 这 48 个字的重要批示，坚持实事求是的思想路线，包含着极其丰富的内容："决策是正确的"，这是对海南省委勇于走改革开放之路的鲜明支持。"机会难得，不宜拖延"，体现了强烈的时不我待的机遇意识。"须向党外不同意者说清楚"，展示了这位伟人的宽广胸怀。同年 5 月，全国政协经济委员会派出以经叔平任组长的调查组，到海南进行调查和考察，对洋浦开发作出了公正评价。"手续要迅速周全"，这是对加快海南发展的嘱托。

---

① 参见李梁、苏永通：《邓小平五大未了心愿》，《南方周末》2004 年 8 月 19 日。

② 参见《关于海南省设立洋浦经济开发区问题的汇报》，海南省档案馆档案：131—1—5。

③ 参见《海南省人民政府重要情况通报》，海南省人民政府办公厅 1989 年 4 月 29 日，海南省档案馆档案：164—13。

④ 参见中共海南省委党史研究室：《海南改革开放二十年纪事》，海南出版社 1999 年版，第 292 页。

1990 年 5 月 16 日，江泽民亲临海南洋浦视察工作，针对洋浦开发问题，明确指出："海南在洋浦划出一块地方来搞成片开发吸引外商投资，这是一件好事，引进外资成片开发的形式，不少国家都采用了。这种开发形式纯属商业行为，不存在损害中国主权的问题。"[①] 从而进一步明确了洋浦开发的性质。邓小平的批示和江泽民的讲话，表明了两代领导集体核心对洋浦的关怀和厚爱，消除了洋浦开发的种种疑虑，驱散了洋浦上空的层层迷雾，为洋浦的发展指明了正确的方向。

1992 年初，邓小平在视察南方时发表了重要谈话。谈话明确提出了我国改革开放得失成败的"三个有利于"[②] 的判断标准，主张在改革开放中要"敢于试验"，在实践中不断总结经验。这个谈话对于冲破姓"资"姓"社"的传统观念的束缚起到了巨大的思想解放作用，极大地促进了我国的改革开放事业，也直接推动了洋浦的开发进程。邓小平南方谈话不久，国务院召开专门会议审议设立洋浦经济开发区的方案，1992 年 3 月 9 日，正式下达了《关于海南省吸收外商投资开发洋浦地区的批复》[③]，同意洋浦经济开发区吸引外资成片开发建设洋浦的方案。3 月 14 日，《人民日报》头版头条发表新华社电讯，向全世界公布这一消息。国内外新闻媒体也纷纷对此予以宣传报道。8 月 18 日，海南省人民政府与熊谷组（香港）有限公司举行了《洋浦地区 30 平方公里土地使用权协议》签字仪式。从此拉开了洋浦全面开发建设的序幕。随后在开发区内进行征地、居民安置、海关隔离设施建设等一系列工作。1992 年 9 月 9 日，洋浦开发区正式封关运作。

（三）创建洋浦经济开发区的战略决策和战略意义

洋浦经济开发区成立伊始，就按照全新的市场经济体制运作，实行

---

① 参见中共海南省委党史研究室：《海南改革开放二十年纪事》，海南出版社 1999 年版，第 292 页。

② 1992 年初，邓小平在视察南方时，针对一段时期以来，党内和国内不少人在改革开放问题上迈不开步子，不敢闯，以及理论界对改革开放性质的争论，指出："要害是姓'资'还是姓'社'的问题。判断的标准，应该主要看是否有利于发展社会主义社会的生产力，是否有利于增强社会主义国家的综合国力，是否有利于提高人民的生活水平。"参见《邓小平文选》第 3 卷，人民出版社 1993 年版，第 372 页。

③ 海南省档案馆档案：16—13—58。

"小政府、大社会"①，给企业最小的经济干预和最大的经济自由。管理局设立了法定机构，公务员实行主办制，政府机关按照精干、高效、廉洁、权威的原则有序运作。从这个意义上讲，洋浦是市场经济的综合实验田。洋浦不仅具有优良的港口和半岛的资源，而且还具有优越的地缘优势。洋浦位于北部湾中心地带，紧邻台湾、香港、澳门。而北部湾地处东南亚之间，是重要的海上交通要道。随着世界经济区域化的加强，亚太地区特别是东亚、东南亚地区的经济保持了强劲的发展势头。随着经济合作的加强和产业结构的转移，北部湾必将成为经济发展的热点地区。因此，洋浦正面临着一个新的发展机遇。如果能够紧紧抓住这一历史性机遇，洋浦就会成为环北部湾地区的新的增长极，实现经济和社会的超常规发展。洋浦开发区既不同于我国现有的经济特区，也不同于我国现有的保税区，而是一个全新的模式，标志着我国改革开放已经进入一个新的历史时期。洋浦上马，必将有力地推动海南发展外向型经济，加速改革开放进程，为我国利用外资开辟一条新路。而洋浦的发展，不仅可以通过其辐射作用推动海南的发展，即洋浦作为海南西部工业走廊的龙头带动海南尽快实现工业的现代化，而且更重要的是，洋浦通过加强同周边国家和地区的经济往来，使海南在区域经济中占有重要地位，对于实现和平统一祖国的伟大构想具有积极作用。

　　特别值得一提的是，在本文即将完成的时刻，洋浦开发传来佳音：2007 年 9 月 24 日，国务院以《国务院关于设立海南洋浦保税港区的批复》（国函〔2007〕93 号）批准洋浦经济开发区在区内设立海南洋浦保税

---

　　① 海南在建省之初就以"小政府、大社会"的构想，在全国率先着手建立适应社会主义市场经济体制需要的行政管理体制，推行依法行政，使政府与企业彻底脱钩，大力发展社会中介组织，把应该由企业和社会中介组织管的事，交给企业和社会中介组织。在行政管理体制和社会体制改革过程中，对地方国家权力机关和司法工作也相应地进行了改革、改进和加强。参见吴珺：《"小政府大社会"的理论与实践——中国社科院关于海南省机构改革研究报告（热点透视）》，《人民日报》1998 年 4 月 11 日。

港区①。这是我国迄今为止设立的第四个保税港区②。洋浦设立保税港区，是继续办好海南经济特区、保持洋浦"特中之特"优势地位的必然选择，有利于拓展洋浦开发区的功能，全面提升洋浦核心竞争力，将洋浦建设成为具有一定国际竞争优势的石油化工基地、石油商业储备基地、石油战略储备基地、林浆纸一体化产业基地，实现几代人以洋浦开发带动海南的梦想。

第三节　盘点反思海南发展战略历程

从 1950 年海南解放到现在，海南自身的面貌发生了巨大的变化，社会经济取得巨大的进步。但是，与全国许多省份相比，特别是与全国其他的经济地区相比，存在着很大的差距。海南的社会经济发展缓慢，人民生活水平处于较低水平。思路决定出路，对以前所走过的路径进行盘点和反思，有助于我们不再走弯路、不再走险道。

一、对大力发展橡胶的思考

海南岛是我国第二大岛，自古以来是"南疆之重镇，两广之门户"③。但在历史上未能得到很好的开发，经济基础较差。解放后，海南地处国防前线，国家把海南发展定位为"国防前哨"，长期以来以国家安全统率一切经济活动，国家不把这里作为投资建设的重点，没有进行大规模的经济投入和生态补偿，长期以来只强调海南对内地的支援，而忽视其自身的建设，基本上不搞大中型项目，1951—1986 年底，累计全民所有制单位固

---

① 马应珊、罗昌爱：《国务院批准设立海南洋浦保税港区》，《人民日报》2007 年 10 月 12 日。

② 保税港区是指经国务院批准，设立在国家对外开放的口岸港区和与之相连的特定区域内，具有口岸、物流、加工等功能的海关特殊监管区域。保税港区叠加了目前保税、出口加工区、保税物流园区乃至港口码头通关的所有政策和功能，实现"功能整合，政策叠加"，是目前我国政策最优、功能最强、层次最高、手续最简化的海关特殊监管区域。在洋浦保税港区之前我国已经设立了上海洋山、天津东疆、大连大窑湾三个保税港区。

③ 马大正：《海角寻古今》，新疆人民出版社 2000 年版，第 93 页。

定资产投资仅 89 亿元①。由于只片面强调橡胶种植，只是把初级产品运往内地，着重发展橡胶和资源开采的第一产业，忽视了以橡胶为主导产业的多样化的相关产业的协调发展。结果是，国家把海南建设成为"橡胶岛"的发展战略也并没有得到全面实施，海南胶林如海，天然橡胶产量全国第一，却没有发达的橡胶及相关产品的加工业；海南生态资产丰富，海岸带绵长，景色优美，却没有成规模上档次的旅游休闲业；海南四面环海，拥有洋浦这样令人羡慕的优良深水港，又靠近国际海上航线，却没有一定规模的海港物流业和相关的海洋产业。加上过去长期实行闭关锁岛政策，与海内外甚至东南亚邻近地区的经济技术交流和协作渠道不畅通，形成了一个封闭性的环境。

二、对"以对外开放促进开发"的思考

从 1978 年改革开放至 1988 年海南建省，海南的发展战略是："以对外开放促进开发"②，从封闭的半自然经济转向开放的外向型经济。海南的开发，有赖于开放，也有赖于改革。就是要改变长期以来的闭岛自守，积极参与国际市场的分工，发展外向型经济，加快和深化改革。正如邓小平所说："改革是全面的改革，包括经济体制改革、政治体制改革和相应的其他各个领域的改革。开放是对世界所有国家的开放，对各种类型的国家开放。"③ 因此，这一发展战略对促进海南的经济发展和社会全面进步起着非常积极的促进作用，使海南从封闭走向开放，产业从单一走向多样化，经济逐步发展，人民生活不断改善。

但是，这一战略只强调把经济搞上去，没有统筹兼顾的发展目标，对改革、开放、建设的成败缺乏衡量标准。在改革开放的方向上，也出现一些失误，导致 1985 年发生"海南汽车事件"，既冲击了国内汽车市场的正常秩序，也严重影响了海南经济的发展。环境保护也仅限于污染治理，对保护生态环

---

① 海南特区经济年鉴编辑委员会编：《海南特区经济年鉴》1989（创刊号），新华出版社 1989 年版，第 85、86 页。
② 参见《赵紫阳胡启立田纪云勉励海南干部群众振作精神坚持开放搞活改革加快海南开发建设》，《人民日报》1986 年 2 月 20 日。
③ 《邓小平文选》第 3 卷，人民出版社 1993 年版，第 237 页。

境没有足够的认识和重视，造成在开发过程中出现严重的生态破坏。

三、对"超常规发展"的思考

从 1988 年 4 月海南建省到 1999 年 2 月建设海南生态省，海南的发展战略是建设海南经济特区。为实现这个战略目标，海南进行了经济发展战略的转换，这就是：从主要作为国防前哨转向同时作为建设前沿；从单纯强调为国家作出贡献转向同时着重于海南本身的开发和振兴；从与港台和东南亚隔绝转向相互补充、协作；从封闭的半自然经济转向开放的市场经济。在建设海南经济特区战略思想指导下，全省各族人民坚持以经济建设为中心，以扩大开放为主题，深化改革，促进发展，抓住机遇，开拓前进，经济、社会和人民生活发生了历史性的巨变。全省综合经济实力显著增强，经济结构调整取得重大的进展，能源、交通、运输、邮电、道路等基础产业、基础设施取得长足发展，体制改革不断深入，初步建立了社会主义市场经济体制的基本框架，科技、文化、教育、卫生、环保等各项社会事业不断发展，人民生活水平明显提高。将建省办经济特区前的 1987 年与 1997 年比较，全省国内生产总值由 57.3 亿元增加到 418 亿元（以可比价格计，下同），年均递增 12.6%，比同期全国平均水平高 2.9 个百分点；全省人均国内生产总值由 939 元增加到 5816 元，年均递增 10.7%；地方财政收入由 2.96 亿元增加到 31.54 亿元，增长 9.7 倍，年均递增 26.7%；城镇居民人均可支配收入由 986 元增加到 4850 元，增长 3.9 倍，年均递增 17.3%；农民人均纯收入由 502 元增加到 2382 元，增长 3.7 倍，年均递增 16.8%；贫困人口由 202 万人减少到 29 万人[①]。

1993 年 4 月，江泽民出席海南建省办经济特区 5 周年庆祝大会并发表重要讲话。他指出："创办经济特区，是小平同志亲自倡导、设计并始终关注和支持的一项崭新事业，是我们党和国家的一个重大决策。经济特区作为对外开放的'窗口'，为全国改革开放一直发挥着试验、探路和积极推动的作用，并以自己的宝贵经验为丰富建设有中国特色社会主义的理

---

① 根据《海南特区经济年鉴》、《海南统计年鉴》1987 年及 1997 年海南国民经济主要统计数据整理计算。

论做出了贡献。在我国现代化建设事业波澜壮阔的发展进程中，经济特区的'排头兵'作用，将会不断地以其特有的光芒闪耀史册。"他充分肯定了海南建省以来所取得的成就，并要求"经济特区办得更活、更实、更富生机、更有成效，继续发挥四个窗口的作用，继续走在全国改革开放和经济发展的前列"。这一切是对海南人民办经济特区的巨大支持和鼓舞。

因此，这一阶段的发展战略总的来说有其成功之处，主要包括：海南改革开放的步子更大，政治体制和经济体制进行了成功改革，建立了社会主义的市场经济，经济社会全面发展，人民生活得到较大提高，坚持经济建设与环境保护协调发展。然而，在经济发展速度、质量和发展结果方面都远不如我国其他几个经济特区和广东省等省份。结果是特区不"特"，同时，这一战略确定了过高的经济增长速度，导致建省后的前几年，由于只注重经济发展的速度和数量，忽视经济的质量和效益，导致房地产热、开发区热，出现泡沫经济，给国民经济和生态环境造成较大影响。

但总的来看，建省以来，海南基本上能坚持经济建设与环境保护协调发展的方针，坚持环境保护的基本国策，坚持科教兴琼，坚持探索可持续发展的道路，为创建生态省铺平了道路，也为海南实现生态现代化奠定了基础。

四、对"生态省"建设不同模式的思考

建设生态省无疑是海南可持续发展的正确选择，但人们对生态建设的内涵和实施途径却有着不同的理解，下面分别是对"生态省"建设的不同观点和认识：

1. 生态奢侈论。生态是后工业化社会回归自然的奢侈型或富裕型发展模式，或社会发展的高级阶段，是阳春白雪，不适合海南省情，海南现阶段存在的是脱贫致富、积累资本的问题，只有当人均国内生产总值超过3000美元以后才谈得上生态省建设，绝不能跨过初级阶段超越发展。

2. 生态优先论。优美的生态景观和优良的环境质量是海南最大的物质财富，也是全国最后一块省级自然净土，环境保护和生态建设是海南发展中压倒一切的任务，必须先生态后经济，经济给生态让路。生态良好地

区经济滞后是必然的，应牺牲一部分经济利益换取生态效益。国家对海南的生态服务必须给予生态补偿和政策倾斜，以确保生态省建设战略的顺利实施。

3. 经济优先论。先污染、后治理是工业化、现代化的必由之路，不能跨越。发展是硬道理，机不可失，应抓紧时机引进一切可能引进的产业，特别是大规模的加工工业。应牺牲一部分环境质量以快速实现资本的原始积累，为海南岛未来生态建设打下雄厚的物质基础。

4. 文化优先论。海南发展的瓶颈是人，是决策、规划、管理、建设人员以及普通公民的素质、能力、观念、伦理、道德和社会风尚。人的素质提高了、人类与生态关系理顺了，社会经济和自然生态建设自然会顺利发展。因此，生态省建设压倒一切的首要任务是能力建设，要动员国内外一切力量尽快将海南的人口素质提高一个数量级。

5. 生态经济整合论。同以上生态经济分离论不同，生态经济整合论以环境为体、经济为用、生态为纲、文化为常，强调经济、环境和人的全面、协调、持续发展。经济建设是社会赖以生存的物质活动，文化建设是社会赖以生存的精神活动，而环境建设则是社会赖以生存的基础条件，三者性质不同，但缺一不可，难分先后。而生态只是一种走向可持续发展的手段、机制和过程，是一种调节这些活动的哲学观念、科学方法和美学艺术。主张生态搭台、经济唱戏、文化指路，实现财富、健康、文明的"三赢"，而不是厚此薄彼、先此后彼或顾此失彼。在这个问题上，任何保守的、冒进的、单目标的发展战略都是不切实际的。

由于对生态省内涵和技术路线的理解不同，以上几种观点长时间争论不休，急需在全省范围内研究、诱导、普及和落实生态省的科学内涵，将海南城乡建设的方方面面整合到生态建设的大盘中来，真正将生态省建设作为海南社会经济转型和超常规发展的重要契机。

海南生态省建设的生态既不是回归自然的原始生态，也不是人间仙境式的理想生态，更不是掠夺式的开拓生态，而是积极意义上的社会—经济—自然复合生态，追求高的社会效益、经济效益和环境效益，追求快速发展基础上的保护和生态承载能力基础上的发展，将环境保护的负效益变成经济建设和社会发展的正效益。

总之，海南现代化发展战略以对环境保护的认识为界。1988年建省以前，生态环境保护意识淡薄，因此大力发展森工产业和大面积砍伐天然林改种经济林、商品林，尤其是实施建设橡胶岛计划，导致破坏生物多样性的后果和其他生态问题。但这样大的生态环境代价，并没有给海南带来大的发展，也没有使海南从此繁荣富强。1988年建省以后，环境保护屡受重视，但从"协调论"、"饭碗论"、"生产力论"到建设生态省，同样经历过两个极端的认识阶段，一种是建省办特区开始时急功近利的提法，也就是所谓的"超常规发展"，实际上是想重复发达国家"先污染、后治理"，只片面追求经济速度，不顾环境保护，结果经济没有起飞，生态资产还贴进去了。另一种提法是在"饭碗论"时期比较风行的，即"宁可放慢经济发展速度也要保住海南这块中国唯一未被污染的净土"①，对经济发展未给予其应有的地位。这两种极端认识，直接导致经济发展与环境保护这对对立统一体的矛盾不断激化，以至有时到了难以调和的地步。事实证明，认识到环境保护的重要性，并非可以万事大吉，不论从右的还是"左"的方面去理解、推动环境保护，受损害的恰恰还是环境保护本身。对经济发展与环境保护这一对矛盾，只有运用生态整合思想和现代管理方法化解对立、强化统一、避开竞争、诱导互利共生，才可以实现把生态环境作为经济发展的资源、动力因素，寻求全面、协调、可持续的发展，探讨社会、经济、环境三赢的途径。

第四节　海南现代化实现程度

海南的现代化发展进程史证明这样一个真理：道路是曲折的，前途是光明的。海南解放后，特别是建省办经济特区以来，在国家的支持和自身的努力下，在加快发展的各种挑战中不断克服各种困难，各主要产业和综

---

① 《海南新型工业之路》，《海南日报》2006年7月24日。

合现代化程度不断深化，但同时也要清醒的看到存在的问题和差距。

一、经济发展水平分析

表 2—6　海南省 GDP 增长速度和全国其他省区的比较（单位：%）

地区＼年份	1993	1998	2001	2006
全国	13.1	7.8	7.3	10.7
北京	12.1	9.8	11	12
上海	14.9	10.1	10.2	12
广东	22.3	10.2	9.5	14.1
江苏	20.9	11.0	10.2	12.3
海南	20.9	8.3	8.9	12.5

资料来源：根据《中国统计年鉴》1994 年、1999 年、2002 年、2007 年版有关数据编制。

从表 2—6 中可看到，沿海发达省份的 GDP 年增长速度均高于全国平均水平 1%～4%。近几年，这些地区的增长趋势加快，沿海发达省份增长的累积效应会进一步放大。1998 年以来，海南经济终于走出低谷，实现了高出全国约 1.5 个百分点的增长，但由于基数过小，与全国发达省区的差距仍然很大，其产业基础还不尽牢固。

表 2—7　海南省 GDP 和全国其他省区的比较（单位：亿元）

地区＼年份	1993	1998	2001	2006
全国	34560.5	79395.7	95933	209407
北京	863.54	2011.31	2817.6	7720.3
上海	1511.61	3688.20	4950.84	10296.97
广东	3225.30	7919.2	10556.47	25968.55
江苏	2998.16	7199.95	9514.6	21548.36
海南	258.08	438.92	566.05	1052.43

资料来源：根据《中国统计年鉴》1994 年、1999 年、2002 年、2007 年版有关数据编制。

表 2—8　海南省经济增长速度与 GDP 占全国的比重

项目	1993 年	1998 年	2001 年	2006 年
GDP 增长速度（%）	20.9	8.3	8.9	12.5
GDP 总量（亿元）	258.08	438.92	566.05	1052.43
GDP 总量占全国的比重（%）	0.75	0.55	0.59	0.50

资料来源：根据《中国统计年鉴》1994 年、1999 年、2002 年、2007 年版有关数据编制。

　　表 2—7 和表 2—8 反映了海南省 GDP 总量占全国 GDP 的比重小且逐年下降的事实。从 1993 年到 2006 年，海南 GDP 占全国 GDP 的比重分别为 0.75%、0.55%、0.59%、0.5%。这种下滑的趋势与 GDP 增长速度走出低谷形成的上行通道构成一种悖论。

　　人均 GDP 是衡量一个地区经济发展和福利水平最普通的标准。一般地说，较高的人均 GDP 对应于较高的经济福利水平。表 2—9 的数据一般地反映了海南人均 GDP 与全国平均水平及发达省区的差距。海南在全国的排名位次逐年下降。从 1996 年以来海南人均 GDP 低于全国平均水平，反映出海南经济发展状况处于全国中下游的情况。而且，更为严重的是，与 GDP 总量占全国比重的下行通道相对应，海南人均 GDP 与全国的差距，在 1995 年出现了一个由正转负，至 1998 年呈逐年扩大的趋势。表 2—10 清楚地显示了这一严峻的态势。

表 2—9　海南省人均 GDP 增长速度和全国其他省区的比较（单位：元）

年份 地区	1993	位次	1998	位次	2001	位次	2006	位次
全国	2939		6392		7516		15931	
北京	8240	2	18482	2	25300	2	48832	2
上海	11700	1	25253	1	37305	1	56733	1
广东	4938	5	11143	4	13563	5	27911	6
海南	3815	8	6022	14	7115	12	12589	18

资料来源：根据《中国统计年鉴》1994 年、1999 年、2002 年、2007 年版有关数据编制。

表 2—10　海南省人均 GDP 与全国平均水平的差距及趋势（单位：元）

项目	1993 年	1998 年	2001 年	2006 年
全国人均 GDP	2939	6392	7516	15931
海南人均 GDP	3815	6022	7115	12589
差距	876	—370	—401	—3342

资料来源：根据《中国统计年鉴》1994 年、1999 年、2002 年、2007 年版有关数据编制。

由表 2—8 和表 2—10 所反映的两个增长悖论，或者说两个下滑通道对于海南中长期经济发展是十分不利的，形势也是十分严峻的。海南 GDP 增长速度与人均 GDP 在近些年不断得到改善，但以上两个下行通道清楚地反映了海南经济发展在全国经济中逐年恶化的情况。

二、农业现代化水平分析

建省 10 多年，海南农业取得了较大的发展，成为支撑全省国民经济增长的重要力量，2006 年对国民经济增长的贡献率为 24.4％。但由于海南地处祖国边陲，农业基础设施用农民生活水平与全国平均水平比，除个别指标外，仍然较为落后。

海南的农业现代化水平明显低于全国（如表 2—11 所示），6 项主要指标均低于全国平均水平，机耕比例低于全国 24.28 个百分点，机电灌比例低 16 个百分点，差距相当大。可见海南农业生产率极其落后。

从海南国民经济各行业固定资产投资情况（如表 2—12 所示）可以看出农业现代化水平较低的原因。1998 年，第一产业的固定资产投资额仅为总额的 7.8％，只占第二产业的 35％，第三产业的 11％。可见海南农业劳动投资的贡献率相当高。

表 2—11　海南省与全国农业现代化水平的比较（单位：％）

项目	机耕比例	机电灌比例	机播比例	农药施用面积比例	化肥施用面积比例	地膜覆盖比例
全国平均	26.17	18.16	13.70	67.54	87.29	2.80
海南	1.89	2.08	0.22	58.00	75.74	0.32
差距数值	24.28	16.08	13.48	9.54	11.55	2.48

资料来源：根据《海南统计年鉴》2001 年版、《中国统计年鉴》2001 年版、《海南农业基本省情省力的再认识》（夏鲁平、李建秀 1999 年）有关数据编制。

表 2—12　1998 年海南省国民经济各行业固定资产投资额及结构

指标	固定资产投资额（万元）	比重（%）
固定资产投资总额	1556359	100
第一产业	120909	7.8
农　业	61017	3.9
林　业	36316	2.3
畜牧业	5953	0.4
渔　业	12402	0.8
农林牧渔服务业	5221	0.4
第二产业	344278	22.1
制造业	216781	13.9
第三产业	1091172	70.1
交通运输仓储及邮电通信业	475451	30.5
房地产业	149660	9.6
社会服务业	193617	12.4
旅馆业	88180	5.7

资料来源：根据《海南统计年鉴》1999 年版有关数据编制。

在另外一些方面，比如农户家庭平均每户生产性固定资产（1996 年度）海南是 4454.8 元，比全国的 3605.07 元高出 849.7 元（如表 2—13 所示）；交通密度海南是 47.4 公里/平方公里，比全国平均 15.33 公里/平方公里高出了 32.07 公里/平方公里（如表 2—13 所示）。

表 2—13　2000 年海南省农业基础设施若干指标比较

项目	农民家庭每户生产性固定资产原值（元）					
	合计	役畜产品畜	大中型铁木农具	渔业机械	运输机械	其他
全国平均	3605.07	905.05	200.31	768.25	608.43	1123.03
海　南	4454.77	1680.96	124.03	771.71	735.76	691.96
海南比全国高	849.7	755.91	76.28	3.46	127.33	431.07
项目	交通密谋（铁路＋公路＋内河航道/地区面积）			三通占自治村总数		
				道路		通邮
全国平均	15.33 公里/平方公里					
海　南	47.4 公里/平方公里			96.6%		98.3%
海南比全国高	32.07 公里/平方公里			95.9%		

资料来源：根据《中国统计年鉴》2001 年版有关数据编制。

海南率先于全国建立了相对完整的社会主义市场经济体制框架，

加上得天独厚的热带农业资源条件和国内对热带农产品巨大需求的刺激，逐步形成了海南吸引岛外投资者及海南非农村住户类农业生产经营单位涌入海南农业的局面。到 2003 年为止，仅投资海南农业的台资企业就达 360 家，投资资金 2.85 亿美元，承包土地面积 20 余万亩①。另据《海南第一次农业普查简明资料》的统计，海南非农村住户类农业生产经营单位总数已达到 1964 个，从业人口 243392 人，经营农地面积总和已占海南农业用地的 62.04％（如表 2—14 所示）。目前，农村耕地的主要经营者仍是农村住户，其他类型土地，如园地、林地、牧草地、渔业养殖等的生产经营，非农村住户类农业生产经营单位占据了主要地位，形成了三分天下有其二的局面（如表 2—15 所示）。这表明海南农业的规模和集约化经营程度相对于全国是较高的，这是海南热带高效农业现代化道路将不同于全国其他农业社区现代化之路的重要基础和现实条件。

表 2—14　海南省农村住户与非农村住户经营单位用地情况（单位：公顷）

项目		耕地	园地	林地	牧草地	渔业养殖	合计
总数		350081	60633	679718	20440	16745	1127517
农业户 使用	面积	279788	25453	115378	171	7174	427964
	所占比例	79.92％	40.05％	16.97％	0.84％	42.84％	37.96％
非农村住 房类农业 生产经营 单位使用	面积	70293	35081	564340	20269	9571	699554
	所占比例	20.08％	57.96％	83.03％	99.16％	57.16％	62.04％

资料来源：根据《海南第一次农业普查资料》（1997 年）有关数据编制。

表 2—15　海南省非农村住户类农业生产经营单位

经济类型	数量（个）	比重（％）	经营类型	数量（个）	比重（％）
国有	369	18.8	种植业	1072	54.6
集体	943	48.0	林业	92	4.7
私营和个体	306	15.6	牧业	623	31.7
外商和港澳台	70	3.5	渔业	177	9.0
联营	276	14.1			

资料来源：根据《海南第一次农业普查资料》（1997 年）有关数据编制。

---

① 李仁君主编：《海南区域经济发展研究》，中国文史出版社 2004 年版，第 151 页。

三、工业化程度分析

一般对于发展中国家和地区而言，工业发展在整个经济发展中处于核心地位，一方面，是因为相对农业而言工业具有较高的比较劳动生产率，是发展中的优势产业；另一方面，工业是经济发展的主导产业，对农业起着支撑作用，对第三产业起着带动作用。从这个意义上讲，工业化过程就是经济发展过程。按工业化的程度，可以将经济发展划分为三个阶段（如表2—16所示）。

表2—16　工业化阶段的一般标准（单位：%）

序号	指标	工业化初期	工业中期	工业化后期
1	工业增加值/GNP	20～40	40～70	下降趋势
2	第三产业增加值/GNP	10～25	30～60	上升趋势
3	农业劳动力比重	60～80	15～30	下降趋势
4	工业劳动力比重	8～15	20～35	下降趋势
5	第三产业劳动比重	8～20	20～35	上升趋势
6	人均国民生产总值（美元）	600	2500	上升趋势
7	城镇人口比重（参考指标）	10～35	35～50	上升趋势

资料来源：《北京跨世纪经济开发战略的选择》，《思路》1994年第11期。

海南1987年建省前工业增加值比重为13%，第三产业增加值比重为31%，农业劳动力比重为72%，第三产业劳动力比重为18%，人均国民生产总值为254美元。从这几项指标看，1987年海南尚处于准工业化初期阶段。到1998年，经过10年的发展，海南人均国民生产总值增至726美元，达到600美元这一工业化初期标准。由于海南独特的资源优势，以及历史上孤悬海外，处于国防前哨，海南除了铁矿外，几乎没有像样的工业企业，因此，第一、第三产业发展势头远远超过工业的发展。尤其是第三产业增加值比重和劳动力比重呈直线上升趋势（如表2—17所示），并显露出工业化中期的某些特点。主要是因为以旅游业为重点的第三产业在自然资源优势的带动下，以年均递增15.3%的成长速度发展，在海南经济发展中起到了龙头的作用。从总体看，目前海南还处在工业化初期的发展阶段。

表 2—17　海南省经济发展指标（单位:%）

序号	指标	1987年	1988年	1991年	1992年	1993年	1997年	1998年
1	工业增加值/GNP	13	133	12	11	13	12	13
2	第三产业增加值/GNP	31	32	38	49	44	43	42
3	农业劳动比重	72	71	68	67	63	59	61
4	工业劳动力比重					7.37	7.51	6.41
5	第三产业劳动比重	18	20	22	23	26	29	29
6	人均国民生产总值（美元）	254	335	346	496	658	687	726
7	城镇人口比重（参考指标）	17	17	18	19	20	22	27

资料来源:《改革开放十七年的中国地区经济》，中国统计出版社 1996 年版。

海南中部地区工业化水平更低，基本上是一些农产品的加工厂，有些市县 1997 年工业增加值占其国内生产总值的比重最低的只有 0.99%，不到 1%；第三产业增加值占其国内生产总值的比重最低的只有 9.3%。一部分市县农村人口还未脱贫，其未来发展的目标与其他市县相比将会有较大的区别。

四、第三产业发展水平分析

第三产业的高度发展是生产力提高和社会进步的必然结果，也是衡量一个国家和地区社会经济发展的重要标志。加快发展第三产业，不仅有利于调整和优化产业结构，而且能够发展适合于旅游产业开放的经济环境，带动第三产业以及整个经济的发展。

海南第三产业的发展有着自身的特色，产业结构顺序为"三、一、二"，对国民经济的贡献率 2006 年为 36.8%，占 GDP 的比重为 39.94%。全国第三产业比重为 39.5%，而相近发展水平国家第三产业平均比重为 48.2%，海南要低 8.26 个百分点[①]。

在这整个发展过程中，第三产业的比重表现为"V"形曲线，呈现为两个高峰值。但这两个高峰值有着本质的不同：第三产业发展过程中的第一个高峰值时期，是主要依托于技术落后的第一产业，以传统的劳动密集

---

① 数据根据海南省统计局《海南省 2006 年国民经济和社会发展统计公报》及彭志龙《从国际比较看我国第三产业比重》（《统计研究》2001 年第 3 期）整理。

型的流通服务业为主体；而在第二个高峰值时期，则主要是依托于技术先进的第二产业，技术知识密集型的产业服务业和个人服务业占据较大比重。发达国家和新兴工业化国家（地区）第三产业在 GDP 中构成较高，属于后者，即工业化完成后第三产业处于高峰值。而一些发展中国家（地区）的第三产业发展在 GDP 中构成较高则属前者。因此，在认识海南独特的三次产业构成时，我们不仅要看到其第三产业在 GDP 中所占比重甚高，而且要看到其第一产业所占比重很高，第二产业比重很低，这意味着海南的工业化水平甚低（在一定程度上与西藏自治区类型相同）。海南第三产业的一个明显特点就是：占 GDP 构成较高，但建立在低工业化水平基础上。

由于第三产业中的行政管理色彩重，行业准入限制多，人为地抑制了第三产业中现代服务业的发展。比如，金融业、保险证券业、电信业、铁路和航空运输、教育、卫生、文化、信息媒体等行业还基本处于垄断经营、管制经营、限制经营的状态，由此造成服务供给不能满足日益丰富的社会需求。由于第三产业与城市化水平、城市规模成正比相关关系，因此，如果城市化水平低，城市规模小，势必抑制第三产业的发展。

五、城市化水平分析

2002 年海南城市化水平（城市人口占总人口的比重）为 40.11%（如果别除海南农垦系统 100 多万以农业为主的"工人"，海南的城市化程度则更低），全国为 38%，而早在 1997 年世界城市化水平就达 46%，发达国家是 50%～60%。与经济发展水平相比，海南城市化水平明显偏低，并且海南城市规模普遍较小，近 80% 的城市在 8 万人以下。

按有关规模经济学家的模型分析，人口规模在 100 万～400 万的城市其成本收益最合理，低于 30 万人口的城市其基础设施投入产出比不合理，而 25 万人口是城市成本最低点，即一座城市能依靠自身力量发展最低的人口规模是 25 万。而据 2015 年人口统计数据海南能达到和超过 25 万人口的城市有海口和三亚，能达到 15 万人口的城市也只有儋州。其余地方除琼海和文昌人口超过 10 万之外，都在 10 万人以下。这表明海南省城市数量多但规模极不合理。

海南建制镇的现实发展突出表现为数量扩张、规模不足、基础设施严重滞后，海南建制镇与全国建制镇的发展指标比较如下（如表2—18所示）：

表2—18　2002年海南省与全国建制镇比较

项目与内容	全国	海南	海南比全国
建制镇总数（个）	19811	186	
占乡镇总数（%）	53.7	66.6	+12.9
人均占地面积（平方米）	108	551	+443
平均镇区总人口（人）	32309	4133	−28176
非农业人口（人）	6721	1562.8	−5158.2
平均镇区就业人口（人）	16719	319（镇区企业从业人员）	−16400
占镇区总人口（%）	51.75	7.71	−44.04
平均每镇拥有集贸市场（个）	4	1.32	
平均每镇拥有医院（个）	8	1.04	
平均每镇拥有医务人员（人）	22	12.34	
平均每镇拥有影剧院、文化站、图书馆	各1	分别为0.67、1.08、0.22	

资料来源：根据《中国建设年鉴》2003年版有关数据编制。

表2—18说明：一是海南建制镇数量比例过大，而规模严重不足；二是建制镇基础设施大大落后于全国平均水平；三是镇区土地利用粗放，全省建制镇人均占地约0.82亩，近似于海南人均耕地占有量。这就是说，通进小城镇发展吸纳农村剩余劳动力，减缓土地压力这一最主要的目标没有实现。

六、海南现代化水平的量化评价

对海南现代化进程进行量化评价，可以更清晰地从整体上认识海南的现代化水平。由于统计学及比较学科对笔者来说尚属陌生领域，笔者涉猎不多，对一些评价体系、评价理论未能透彻理解。故笔者采取折中的方法，参照较简单易懂的英格尔斯指标体系及本人选定的指标体系，对海南现代化进程作一测量。

表 2—19　比照英格尔斯体系的海南省现代化情况

指标名称	标准值	海南省
1. 人均 GDP（美元）	3000	944
2. 农业增加值占 GDP 比重（%）	<12～15	37.9
3. 第三产业增加值占 GDP 比重（%）	>45	40.2
4. 非农就业者占总就业人口比重（%）	>70	39.9
5. 成人识字率	>80	93（2000 年数据）
6. 受高等教育人口的比重（‰）	>10～15	43.2
7. 城市人口占总人口比重（%）	>50	40.11（2000 年数据）
8. 平均每个医生服务人口（人）	<1000	675
9. 平均期望寿命（岁）	>70	72.92
10. 人口自然增长率（‰）	<10	9.48

资料来源：根据《海南统计年鉴》2003 年版、《海南统计公报》2003 年版有关数据编制。

表 2—19 结果显示：2002 年海南省有 5 项指标已达到现代化要求；尚有 5 项指标达不到现代化要求。在有差距的指标中，人均 GDP 比标准值低 68.53%，差距惊人；农业增加值占 GDP 比重过大，距标准值尚有 22.9% 的下降空间，呈典型的农业经济特点：第三产业增加值占 GDP 比重、非农就业者占总就业人口比重、城市人口占总人口比重分别低于标准值 4.8、30.1、9.89 个百分点，这说明海南经济结构转型任务还很艰巨。而且，海南省虽然有 4 个指标达到或超过了现代化标准，但不能代表海南已基本实现现代化或接近了现代化，因为英格尔斯现代化指标体系提出较早，标准值偏低，如人均 GDP 比目前中等发达国家平均水平低 1 万多美元。我们应清醒地看到：海南实现现代化任重而道远。

表 2—20　2002 年海南省基本现代化进程综合评价

	单位	标准值	海南省实际值
1. 经济发展现代化			
（1）人均 GDP	美元	≥8000	944
（2）外贸依存度	%	45	24.56
2. 社会结构现代化			
（1）农业增加值占 GDP 的比重	%	<8	37.9
（2）城市化水平	%	≥65	40.11

	单位	标准值	海南省实际值
（3）第三产业增加值 GDP 的比重	％	＞55	40.2
（4）非农业劳动者占社会劳动者比重	％	≥85	39.9
3. 国民素质优良化			
（1）人均预期寿命	岁	72	72.92
（2）成人识字率	％	≥95	93（2000 年数据）
（3）每万人拥有大专以上文化程度者	人	900	432
（4）每千人拥有医生数	人	2	1.48
4. 生活质量现代化			
（1）恩格尔系数	％	＜30	50.3
（2）人均居住面积	m²	≥40	18.85
（3）电话普及率	部/百人	≥40	56
5. 社会发展协调化			
（1）人口自然增长率	‰	＜3	9.48
（2）社会保障覆盖率	％	＞95	72
（3）失业率	％	＜4	3.5（登记失业率）

资料来源：根据《海南统计年鉴》2003 年版有关数据编制。

从表 2—20 可以看出，海南距现代化尚有很大差距，形势严峻，现分项评析如下：

1. 经济发展现代化。从房地产泡沫和亚洲金融危机走出来后，海南经济快速持续增长，GDP 增长超过同期全国平均水平。但海南基础差、底子薄、基数小，到 2002 年底，人均 GDP 也仅有 944 美元，低于全国平均水平，与确定的现代化标准 8000 美元差之甚远，只及标准的 11.83％。海南的国际化进程强劲，外贸进出口几乎从零开始，而外贸依存度如今达到了 24.56％，虽达不到标准值，但呈现了良好、快速的发展势头。

2. 社会结构现代化。该项 4 个指标无一达标，且差距较大。农业增加值由于海南发展热带高效农业战略及产业结构调整较慢的影响，占 GDP 的比重不降反升，远远高于标准值，超出了 29.9 个百分点，也远高于发展中国家 10％ 左右的水平，农业经济特征明显。服务业比重为 40.2％，对经济增长的贡献率为 37.6％，与第一产业（36.9％）基本持平，但低于标准值 14.8 个百分点，也是海南现代化建设中一个重要的弱项指标。海南的城市化水平为 40.11％，尚不及 1999 年世界平均 46.4％

的水平，如果剔除海南农垦系统 100 多万以农业为主的"工人"，海南的城市化程度则更低。

3. 国民素质优良化。海南建省以来现代化进程不断加快，在很大程度上得益于 10 万人才下海南，得益于高等教育民众化，得益于人的素质不断提高。据人口普查资料，海南人口的平均寿命已达 72.92 岁，高于世界平均 66.5 岁（2001 年数据）的水平，已达到标准值。随着"科教兴琼"战略的提出，海南人口文化素质不断提高，成人识字率为 93%（2000 年数据），逼近现代化标准值。接受高等教育的人口大幅度增加，每万人拥有大专以上文化程度者达 432 人，比全国平均水平 43.9 人/万人（2000 年数据）高了 388.1 人/万人，相当于现代化标准值的 48%。医疗卫生条件有待于进一步改善，每千人拥有医生数量 1.48 人，略低于 20 世纪 90 年代中期世界平均 1.5 人的水平。

4. 生活质量现代化。总体来看，海南的生存型需要基本得到了满足，处于发展需要型状态，但离高质量的享受型需要还有距离。几项代表性指标：恩格尔系数 50.3 比发达国家的 10～20 高 30 个百分点左右，也比标准值高了 20.3 个百分点；人均居住面积 18.85 平方米，不到现代化标准值的 50%，且设施配套率低；电话普及率超过现代化标准值，高于全国平均水平。

5. 社会发展协调化。实现经济社会的协调可持续发展是现代化的内在要求。海南控制人口增长成效显著，远低于世界平均 12.7‰（1999 年数据）的水平，但比标准值高了 6.48 个千分点。社会保障覆盖率不理想，比标准值低了 23 个百分点，仍是现代化进程中需要解决的一个重要问题。海南目前登记失业率已达 3.5%，如果加上隐性失业，全部失业率会更高，超过了市场经济社会的警戒值，将给经济发展和社会稳定带来较大压力。

综合分析上面 5 大项 16 小项的指标，不难发现，海南仅有 3 项达标，现代化进程较为滞后，亟待快马加鞭，迎头赶上。

回顾海南 50 多年来的现代化进程，速度的确缓慢，但却有其不可回避的历史及现实原因。海南自从 1950 年解放时起中央一直视为国防前哨，对经济建设不做太大的投资，长期执行闭关锁岛政策，使自然经济半自然经济和"产品经济"的形势得以延伸，造成一个封闭性的僵化的经济体系，使地理优势变成劣势。建省后，海南经历了各种风波和曲折，规划失调，畸形发展，泡沫经济严重，20年过去了，并未能按原规划要求办成名符其实的全国最大的经济特区，但从自身相对发展来说，还是打下了可喜的基础。20年来，从"摸着石头过河"开始，海南逐步实现了从计划经济体制到社会主义市场经济体制的转变，实现了从封闭、半封闭经济到开放型经济的转变，人民生活从贫困、温饱向着总体小康的目标奋进，实现了从一个贫穷落后的边陲岛屿到初步繁荣昌盛的经济特区的转变。如今，在摸索和争论中，海南已经积累了大量经验，发展方向和发展模式已渐明晰，经济体制、政治体制、社会体制、文化体制等方面的改革也取得重大进展。所有这些，都为把海南各项开发建设推向新的高潮奠定了坚实的经济体制基础。海南还是一个发展潜力很大，充满希望的宝岛。

第三章　海南从传统农业转向现代生态农业的历史过程

农业是海南的支柱产业之一，农业对推进海南生态现代化起着不可替代的作用。但同时，农业在海南的发展水平还相对较低。因此，要加快海南生态现代化进程，就必须要立足自身条件和发展优势，加快海南农业发展模式的转型，由传统农业转向现代生态农业，这将是一个缓慢的历史发展过程。

第一节　海南农业发展的区位和资源优势

海南省位于中国最南端，地处热带，是中国唯一的热带海岛省份，也是中国的海洋大省。同全国其他省份相比，海南农业发展环境具有以下区位和资源优势：

一、紧邻东盟各国，农产品进出口方便

海南省除北边与广东省、广西壮族自治区相接外，其余边界与东盟10个国家中的越南、马来西亚、印度尼西亚、泰国、新加坡、文莱、菲律宾等国隔海相邻，是中国毗邻东盟国家最多、距东盟国家最近的省份，同这些国家的海上和空中交通也比较发达。中国—东盟实行自由贸易后，海南的区位优势更显突出，通过便捷、价廉的海上运输，必然会成为我国农产品进出亚太地区，通往东盟各国和全世界的重要门户，必将成为世界热带农产品的集散地，大量农产品的进出口，将十分有利于把海南建成一个国际性的热带农副产品加工和交易中心。海南的这一区位优势，是宝贵

的资源禀赋，是其他省区难以比拟的。

二、气候温暖、湿润，光热水资源丰富

海南省的气候条件良好，长夏无冬。年均气温 22～26℃，最冷月气温 17～21℃，日均温度大于 10℃的积温为 8200～9200℃，年均太阳辐射总量 4421～5844 兆焦/平方米。一般年份，冬春无低于 0℃低温，个别强寒潮年份，中部和西部局部地区可能出现−0.6～0.1℃的短暂低温。海南省的雨量充沛，年平均降雨量为 1639 毫米，具有 5—10 月降雨多，11—4 月降雨少，东部和中部山区降雨多，西部降雨少的特点[①]。气候上的这种热季和雨季同期，冷季同旱季相结合的特点，不仅有利于农作物的生长、发育，也有利于农作物的安全越冬，对海南发展热带农作生产工艺、冬季瓜菜和水稻种植等十分有利。

三、水域面积辽阔，渔业生产潜力很大

海南岛陆地面积虽小，仅 3.39 万平方公里，但海南省管辖的海域面积很大，约 200 万平方公里，占全国管辖海域总面积的 2/3，是名副其实的海洋大省。全省拥有浅海面积 2177.5 平方公里，滩涂面积 488.5 平方公里，海岸线总长 1811 公里，其中海南岛海岸线 1528 公里，具有全国沿海地区所有的主要海岸、滩涂和海域面积类型[②]。另外，海南岛尚有占全岛陆地总面积 4% 的内陆水域面积。辽阔的海域和内陆水域面积，使海南省在发展海洋捕捞、海水和淡水养殖方面大有可为。

四、土地适宜性广，农业生物资源丰畜

从土地资源看，海南全岛共有土地面积 5086.15 万亩。这些可利用土地，涵盖了农林牧副渔各业，其中：宜农地面积为 1523.81 万亩，占总土地面积 30%；宜胶地为 1220.18 万亩，占总土地面积的 20%；宜热作地

---

① 王如松、林顺坤、欧阳志云：《海南省生态省建设的理论与实践》，化学工业出版社 2004 年版，第 41、42 页。

② 王如松、林顺坤、欧阳志云：《海南省生态省建设的理论与实践》，化学工业出版社 2004 年版，第 49 页。

为 196.91 万亩，占总土地面积的 3.9%；宜林地为 1387.53 万亩，占总土地面积的 27.3%；宜牧地为 469.5 万亩，占总土地面积的 9.2%；淡水水面面积为 205.05 万公顷，占总土地面积的 4%[①]。这些土地，除了海拔 800 米以上的陡坡和干旱缺水的沙荒地只适于林业外，其他土地都具有一地多宜的特点，既适宜发展农业，也适合发展橡胶、热作、林业或畜牧。

同时，海南生物资源十分丰富。在动物方面，有陆栖脊椎动物 563 种（含海南特有 32 种），其中两栖类 37 种、爬行类 104 种、鸟类 346 种、兽类 76 种；植物方面，全省共有维管束植物 4200 余种，其中有 630 种为海南所特有，56 种列为国家濒危植物，20 多种为国家重点保护植物和海南特有的南药资源；海洋生物资源亦十分丰富，海南岛沿岸海域已记录有 807 种鱼类，南海北部大陆架海域记录有 1064 种鱼类，南海诸岛海域记录有 521 种鱼类，记录有虾类 86 种、蟹类 348 种、贝类 681 种、头足类 58 种、海参和海胆等 511 种棘皮类动物、海藻类 162 种。南海和海南海域渔业生物资源的物种数目占全国对应的物种总数的百分率，鱼类为 67%，虾蟹类为 80%，软体动物为 75%，棘皮动物为 76%，海洋生物种类多样[②]。丰富多彩的土地和生物资源，既为农业的综合开发奠定了物质基础，为增加新产品品种提供了大量的资源储备，也有利于资源的循环利用，发展循环经济，实现可持续发展。

五、生态环境优良，有发展品质好和安全性高的农产品的优越条件

海南省历年环境状况公报显示，全省水环境保持良好，85.5% 以上的监测河段和 93.8% 以上的监测湖泊水库水质达到或优于可做饮用水源的国家地表水水质Ⅲ类标准；大多数近岸海域保持Ⅰ、Ⅱ类水质，优于黄海、渤海和东海海区；地下水水质优良。空气质量一直保持全国最优。二氧化硫和二氧化氮年均浓度分别为 0.005 毫克/立方米和 0.009 毫克/立方米，符合国家环境空气质量一级标准；总悬浮颗粒含量为 0.004 毫克/立

---

① 符泰光、李颜、赵德钦、彭智福：《海南现代经济发展史》，西南师范大学出版社 1999 年版，第 3 页。

② 符泰光、李颜、赵德钦、彭智福：《海南现代经济发展史》，西南师范大学出版社 1999 年版，第 6、7 页。

方米，优于一级标准。工业固体废物实现零排放，城镇生活垃圾近六成无害化，土壤质量优良[①]。

由此可见，海南岛陆地水体质优良，空气清净，绝大部分地区土壤洁净，生态环境优良，建设海南生态省的实施促进了环境保护和经济社会的协调、持续发展。2003 年非典型肺炎在全国流行期间，海南无一病例，是全国有名的"健康岛"。加之这里四面环海，有防止疫病发生和传播的天然屏障，既可以有效防止多种动植物疫病的自然入侵，也可以通过严格检疫防止人为传播和利于实施疫病净化。因此，海南省也是国家确定的无规定动物疫病区示范区。海南省良好的自然环境，是生产水产、家禽、蔬菜、水果等绿色食品和有机食品的优良环境，是国内生产优质农产品一块不可多得的"宝地"。

正是由于上面这些优势，使得海南农业具备了下述一些鲜明特点，并在全国经济发展中占有重要地位。

第一，基础地位明显。海南建省以来，经过产业结构的不断调整，虽然第二、第三产业得到迅猛发展，但农业的发展也很迅速，迄今为止，农业在国内生产总值中所占比重、农业增加值在海南省经济增长中所起的作用依然很大。1995 年至 2002 年 8 年间，农业产值占全省 GDP 的比例一直保持在 35％以上，浮动于 35.6％～37.9％，农业增长对国民经济的贡献率也平均高达 38％以上。此外，农业还是吸纳从业人员最多、占农民纯收入最多的产业，全省 360 余万从业人员中，有 52％的人员从事农业生产经营，农民纯收入中的 64％以上来自农业[②]。

第二，绿色农业与蓝色农业并存。海南省在全国虽是陆地小省，却是全国海洋大省，丰富的光热水资源，铸就了海南省发展以热带作物、果树、冬季瓜菜和农作物制种为主的绿色农业的优势，而广阔的海洋和洁净的内陆水域，又赋予了海南省发展蓝色农业的广阔前景。绿、蓝两大农业相互依存，相互促进，不论现在还是将来，均是海南省农业的一大特色和一大优势。

第三，农产品商品率高，大部分产品都面向省外市场。历史上，海南省的农产品，除粮、油和肉食品主要供岛内消费外，大部分农产品都销往

---

① 参见海南省国土环境资源厅：《2002 年海南省环境状况公报》。
② 数据根据《海南统计年鉴》1996—2003 年版整理。

岛外，商品率一直较高，现在仍是这种状况。全省农产品的商品率平均在
80％以上，热带作物产品几乎100％用于出售，水果、蔬菜和水产品的外
销率也很高，平均达80％以上。海南省农产品的发展，除了抓好生产环
节外，保鲜、加工、销售环节极为重要，市场销路好坏很大程度上决定了
海南省农业是否高效，农民是否增收。

第四，在全国的地位重要。海南省农业不但是海南省经济的重要支
柱，在全国也很重要，有些特色农产品甚至在全国有着不可取代的地位。
以天然橡胶为例，不仅历史上为我国国防工业和国民经济发展作出过重要
贡献，就是现在，全国需要量的50％也要靠海南生产[①]。除橡胶外，水产
品、冬季瓜菜和杂交稻制种在全国的重要性也不可忽视。由于海南具有季
节优势，海南省的水产品和瓜菜果比其他反季节生产地区的产品上市要早
或者退市要迟，成本低、竞争力较强，因而大大缓解了全国各大、中城市
蔬菜淡季的供应不足问题。杂交稻种子则对南方各省、自治区的早稻生产
发挥了重要作用，玉米、棉花等其他作物的南繁育种在全国也很重要。显
而易见，独特的资源和环境禀赋，使得海南农业和农产品具有稀缺性和差
异性，有较强的竞争力。具有鲜明热带特色的高效农业，使海南省农业在
全国农业经济发展中占有重要地位。

第二节　海南50年来农业发展的三个阶段

农业是海南的传统产业，海南的农业也在起起伏伏中，经历了从小到
大、从弱到强的发展壮大过程。回顾50年来的农业发展史，可将海南的
农业的发展分为以下三个阶段：

一、农业恢复与平稳发展时期（1950—1957年）

海南岛1950年5月解放，1951年春天到1953年6月进行了土地改
革运动，耕者有其田的政策调动了农民的生产积极性。1949年全岛粮食
播种面积632万亩，粮食产量37.99万吨，而在1952年粮食播种面积已

---

① 杨眉、张梅芳：《海南农垦大变革》，《中国经济周刊》2006年第27期。

经达到 783.52 万亩，增加 24％，产量 56.92 万吨，增产 50％。

1953 年开始互助合作运动，到 1956 年全岛基本实现了合作化，合作社把农民组织起来，推广先进技术，兴修水利，增施化肥与农家肥，有力地推进了农业生产的发展。农业总产值从 1952 年的 2.57 亿元增加到 1957 年的 3.638 亿元，增长 41.4％，平均每年增长 7.2％；粮食从 56.9 万吨增加到 81.95 万吨，增长 44％；油料作物产量从 0.83 万吨增加到 1.56 万吨，增长 88％；糖蔗产量从 14.83 万吨增加到 35.47 万吨，增长 139％。

特别需要指出的是，1950 年海南岛解放伊始，海南军政委会员[1]就按照中央政府的意图，开始把发展橡胶业列为"海南建设事业最重要的一个任务"[2]。1908 年海南建立了第一个橡胶种植园，到 1952 年历经 44 年的努力，全岛不过种植橡胶 3.6 万亩。1952 年海南垦殖分局成立，同年 10 月和解放军林一师合编，开始了大规模的橡胶垦殖。1952 年到 1957 年 6 月时间，种植橡胶 61 万亩，平均每年发展 10 多万亩，给整个海南带来了生机。仅 1953 年至 1957 年，海南农业增长率为 72％，远远高于全国 4.5％的增长率，其中以橡胶为中心的林业增长率达 21.6％，中国最大的橡胶基地在海南已见雏形[3]。

二、农业受挫、调整与再发展时期（1958—1977 年）

1958 年夏天海南开始开展农业"大跃进"[4]和"人民公社化"[5]运

---

[1]　1950 年 4 月 17 日华南分局、广东军区向中南局请示海南解放后组建海南军政委员会；1949 年政务院决定成立，当时四野第十五兵团司令邓华为主任，冯白驹为副主任。参见广东省档案馆档案：255—1—43—003～004。

[2]　参见《海南岛橡胶增产计划草案》，广东省档案馆档案：235—1—209—197～198。

[3]　海南特区经济年鉴编辑委员会编：《海南特区经济年鉴》1989（创刊号），新华出版社 1989 年版，第 85 页。

[4]　1958 年 1 月，在南宁会议上，毛泽东批评了 1956 年的"反冒进"，提出"多快好省"地建设社会主义，提前实现"赶英超美"的目标，把那时有的中央领导同志实事求是地纠正经济工作急躁冒进的偏向，说成是所谓的"左"倾，"促退"。于是，在批判"反冒进"基础上进而提出了"全民性的大跃进"，它的基本特征是制订高指标，大办工业，大炼钢铁，大搞农业生产"大跃进"。

[5]　1958 年 8 月，中共中央在北戴河会议上公布了《关于农村成立人民公社问题的决议》，于是，一场在农村建立一个新的社会基层组织——人民公社的运动高潮，迅速在全国农村掀起。参见海南特区经济年鉴编辑委员会编：《海南特区经济年鉴》1989（创刊号），新华出版社 1989 年版，第 71 页。

动，10 月全岛建立人民公社 106 个，实现了公社化。随之农村出现"共
产风"① 和"浮夸风"②，瞎指挥和高指标危害甚烈。沿海地区提出的"亩
产万斤稻、亩施万斤农家肥"口号则破坏了生产，导致 1959 年粮食总产
不过 61.4 万吨，比 1957 年下降 42.7%。1961 年糖蔗产量为 6.55 万吨，
比 1957 年下降近 81.6%③。

　　1962 年农业开始全面恢复，但是 1966 年又开始"文化大革命"，农
业技术推广和管理部门瘫痪，农村的政治工分的实行也严重挫伤了农民的
生产积极性。1970 年开始，农村的工作开始恢复执行《人民公社 60
条》④，贯彻三级所有、队为基础的制度，保留自留地，重申按劳分配的
原则。此后，全岛开始了兴修水利高潮，1969 年至 1975 年完成农田基本
建设土石方 1.8 亿方，是解放以来总工程量的 54%，增加灌溉面积 87 万
亩，初步整治农田排灌系统 150 万亩。到 1977 年全岛建立健全了四级农
业科技推广网（县农科所、公社农技站、大队农科队、生产队农科级）。
与此同时，全岛还开展了改革粮食耕作制度，推广水稻良种和配套栽培技
术，发展绿肥改良土壤的运动。1975 年，全岛食糖产量 7.82 万吨，比计
划的 5.7 万吨大幅增加；橡胶 4.5 万吨，比计划的 3.5 万吨也增加了 1 万
吨；油料 3.16 万吨，比计划的 3.13 万吨有所增加；粮食产量 152.01 万
吨，虽没达到计划规定的 152.5 万～165 万吨标准，但比上年增加 6.2 万
吨，创造了历史的最高水平⑤。

---

　　① "共产风"是 1958 年"大跃进"、"人民公社化"运动中发生的错误。主要内容是：不承
认生产队之间的差别，贫富队拉平，在公社范围内实行平均分配；公共积累过多，义务劳动过
多；破坏等价交换原则，无偿调拨生产队和社员个人的某些财产。

　　② "浮夸风"是中国特定时期的产物，也是大搞"大跃进"的附生品。由于硬要完成"大
跃进"那些不切实际的高指标，必然导致瞎指挥盛行，"浮夸风"泛滥。

　　③ 海南特区经济年鉴编辑委员会编：《海南特区经济年鉴》1989（创刊号），新华出版社
1989 年版，第 85 页。

　　④ 1961 年，中央制定《农村人民公社工作条例（草案）》，简称《农业 60 条》，对人民公社
的民主制度和经营管理制度作了比较系统的规定，细致到生产队财务怎么运作，如何开会等；
1962 年八届三中全会通过，确认了"三级所有，队为基础"的原则，将生产队作为组织劳动的
基本单位。邱石：《共和国重大事件和决策内幕》，经济日报出版社 1997 年版，第 745 页。

　　⑤ 符泰光、李颜、赵德钦、彭智福：《海南现代经济发展史》，西南师范大学出版社 1999
年版，第 133 页。

在这个时期里，虽然农垦的管理体制发生过一些反复（其中有5年生产建设兵团建制时期），但是其建立橡胶和热作基地的努力颇有成效。到1976年，农垦系统有国营农场92个，干胶产量5.9万吨，比1967年的1.7万吨增加了约3倍；人工造林面积48.8万亩，比1967年的21.7万亩增长1倍多；粮食产量6.5万吨，比1967年的4.3万吨增长51.2％；工农业总产值4.7亿元，比1967年的1.5亿元增长了2.1倍[①]。

三、结构大调整和生产大发展时期（1978年至21世纪初）

1978年海南岛开始推行农业联产计酬的生产责任制，到1981年全岛农村80％实行了家庭联产承包责任制。1985年国家取消了农产品统购派购制度，海南岛开始抛弃"搞农业就是搞粮食"的传统思路，大幅度调整农业生产结构，发展高效益的经济作物，取得了良好的效果。从1980年到1985年的6年时间里，海南农业总产值增加了94.2％，达22.22亿元（1980年不变价），年均增长13.5％（全国同期为11.7％），大大超过了以往任何时期的增长率[②]。

农垦的橡胶垦殖也迈上了一个新台阶。到1988年垦区橡胶种植面积达到362.90万亩，年产干胶13.58万吨，干胶平均亩产37.42公斤[③]。

进入20世纪90年代以后，随着海南改革开放进程的加快，民营企业纷纷进入农业领域，加速了水产、反季节瓜菜和热带水果等新兴高效产业的发展和农业结构的进一步调整。从1990年到1999年的时间里，全省农业产值的年平均增长率超过10％，创造了50年农业开发史的最高纪录[④]。

---

① 符泰光、李颜、赵德钦、彭智福：《海南现代经济发展史》，西南师范大学出版社1999年版，第246页。

② 符泰光、李颜、赵德钦、彭智福：《海南现代经济发展史》，西南师范大学出版社1999年版，第246页。

③ 海南特区经济年鉴编辑委员会编：《海南特区经济年鉴》1989（创刊号），新华出版社1989年版，第192页。

④ 数据根据中国统计出版社《海南统计年鉴》1996—2003年版整理计算。

表 3—1　2002 年海南省与全国部分省的农业增加值率比较（单位:％）

地区	农业	种植业	林业	牧业	渔业
全国	58.8	63.5	68.8	49.2	59.2
海南	63.2	66.3	64.7	56.9	65.0
广东	57.6	64.8	75.3	42.4	57.1
山东	55.0	58.6	70.2	44.2	59.9
河南	58.7	60.0	71.6	55.0	68.4
安徽	59.2	62.1	74.5	48.1	68.1

资料来源：根据《中国统计年鉴》2003 年版、《海南统计年鉴》2003 年版有关数据编制。

第三节　海南"十五"期间农业的发展状况和存在的主要问题

海南是唯一以农业、农村人口为主的经济特区。自海南省委、省政府提出"一省两地"的战略构想，把热带高效农业作为海南省未来经济的支柱产业之一着力打造以来，农业取得了迅速发展，并正由传统农业向现代农业逐渐转变。

一、"十五"期间农业发展状况

近年来，特别是"十五"期间，海南的农业取得了飞快发展。2005年全省农业增加值 301 亿元，农民人均收入 3006 元。"十五"期间农业增加值和农民人均纯收入年均递增率分别为 8.3％和 6.1％，高于全国平均增长速度。农业增加值占全省 GDP 的比重一直保持在 36％左右（2005 年为 33.3％），仅次于第三产业。农业部门是海南吸纳从业人员最多的产业，农业从业人员占从业人员总数比重接近 60％[①]。

另外，近几年海南还积极调整农业结构，以水产品、反季节瓜菜和热带水果为代表的热带高效农业迅速发展，畜牧业产值连续五年两位数增长，从根本上改变了以粮、胶、蔗为主的单一传统产业结构，加快了海南

---

① 参见《海南省国民经济和社会发展第十一个五年规划纲要（草案）》，2006 年 1 月 16 日海南省第三届人民代表大会第四次会议文件。

农业向农、林、热、牧、渔并举，产、加、销并重的多元化产业格局转型。主要表现在：

（一）种植业结构继续优化

粮油糖传统产业在种植业中的比重进一步下降，瓜菜、水果、热带作物等优势特色产业的份额不断提高。2004 年，粮食作物种植面积为 48.23 万公顷，比 2000 年减少了 11.61％，粮食产量 196.57 万吨，比 2000 年减少 7.38％。瓜菜、水果种植面积分别比 2000 年增加 10.67％和 15.46％，产量分别比 2000 年增加 18.78％和 35.94％[①]。

（二）渔业经济总量快速增长

全省渔业经济总产值由"九五"末的 68.57 亿元增加到"十五"末的 130 亿元，增长 89.6％，年均增长 13.6％。渔业产业结构不断优化，外海与内海产量比例调整到 0.66：1，优势养殖品种比重调整到 65％，设施化养殖产量比重增加到 40％，水产品加工出口量增长 5 倍多[②]。

（三）畜牧业稳步增长

以肉猪和肉鸡为主，基本实现省内肉类自给，畜牧业产值在农业总产值中的比重也有所上升。2004 年，肉类总产量 58.72 万吨，比 2000 年增长 47.8％。其中，猪牛羊肉总产量 38.95 万吨，增长 47.2％；禽肉总产量 18.23 万吨，增长 42％[③]。

二、"十五"期间农业发展存在的主要问题

虽然海南的农业凭借其特有的区位优势和资源优势，在"十五"期间得到了较快发展，但不容忽视的是，处于过渡阶段的海南农业，存在的一些问题也逐渐凸显和强化。

（一）基础设施薄弱，抗风险能力不强

水利基础设施建设落后，工程性缺水严重。海南全省有效灌溉面积仅占耕地面积的 42.4％，大部分农田仍"靠天吃饭"。耕地质量退化，大部

① 数字部分根据中国统计出版社《海南统计年鉴》2001 年、2006 年版整理而得。
② 数字部分根据中国统计出版社《海南统计年鉴》2001 年、2006 年版整理而得。
③ 数字部分根据中国统计出版社《海南统计年鉴》2001 年、2006 年版整理而得。

分农田有机质含量在 2% 以下，低产田面积在 100 万亩以上。生产基地的道路、排灌、防风、采收和采后处理、加工、包装、储藏、运输等基础设施简陋。产地市场建设不完善，市场综合功能不强，农业机械化水平低，设施农业发展缓慢。农业防灾能力弱，如 2005 年 18 号台风，就造成农业直接经济损失 68.67 亿元[①]。

（二）农业产业结构还需优化，区域布局有待调整

在大农业产业结构中，养殖业的比重仍较低，畜牧业产值仅相当于种植业产值的一半，畜牧业占大农业产值比重比全国平均水平低 14 个百分点。在种植业内部，传统产品仍占较大比重，特色优势农产品生产规模不大、比重偏低，出口农产品的种类和数量很少。在热带经济作物、水果、瓜菜区域化布局形成过程中，主要考虑了区域发展需要和市场需求，没有综合考虑资源禀赋、生产规模、市场区位、产业化基础和环境质量等情况，"小而全"的结构雷同问题比较突出，甚至在一些非适宜区也盲目发展。

（三）农产品加工业发展严重滞后，农业产业化水平低

农业产业链条短，粗加工规模不大，精深加工产品更少，农产品加工转化水平与全国平均水平比有较大的差距。龙头企业规模较小，辐射带动能力不强。企业与农户的利益联结机制不够完善，70% 以上的产业化组织以较松散的方式与农户联结，没有形成"利益共享、风险共担"的经济共同体。农民组织化程度低，农业合作经济组织发展较慢，全省参加农业合作经济组织的农户仅占农户总数的 1.28%，低于全国平均水平[②]。

（四）科技创新不足，技术推广不够

农业研发能力较弱，农科教结合不够紧密，一些制约农业发展的关键技术问题未得到有效解决，特别是优良品种选育和储备不足、种质资源保护力度不够、农产品加工技术有待突破。良种繁育基地规模较小，优良种苗供应能力不强，畜禽等种苗还不能自给。农业技术推广体系不健全，传

---

① 左贵生、王海燕：《台风"达维"掳走海南近百亿共造成 16 人死亡》，《南国都市报》2005 年 9 月 27 日。

② 王一新等：《牵手台湾——海南台湾经济比较与合作研究》，海南出版社 2006 年版，第 75 页。

统的乡镇"五站"未能发挥应有的作用，区域性的专业技术推广尚未组建。

（五）农业标准化生产水平低，农产品质量安全管理水平不高

农业标准化处于初级阶段，标准的覆盖率不高，部分大宗特色农产品没有地方标准，已有的标准还没有与国际标准接轨。标准的实施力度不够，农户仍以传统粗放生产方式为主，尚未走上标准化生产轨道。农业有害生物预警和防范机制、农产品质量安全管理和质量认证机构不健全，检验检测体系不完善，绿色、有机农产品总量小，农产品质量安全总体水平还达不到出口要求。

第四节 海南农业生态现代化程度与国内外的差距

海南拥有丰富的热带农业自然资源，这些资源的最大特点，是相对全国的稀缺性。如何使这些宝贵的自然资源在不破坏生态环境的前提下得到高效开发利用，是海南走向生态现代化必须加以妥善解决的重大课题。

自从 1962 年美国生物学家 R. 卡尔逊出版《寂静的春天》，掀起一场关于工业产品与农业土壤、食品环境矛盾的大辩论后，首先是科学界逐渐把注意力转移到谋求农业生态环境与工业经济发展协调平衡的方向上来。1970 年美国土壤学家 W. Albreche 提出"生态农业"的概念；1981 年农业学家 M. Worhtington 将生态农业定义为"生态上能够自我维持，低输入，经济上有生命力，在环境伦理和审美方面可接受的小型农业"。M. Worhtington 对生态农业的设想属于对环境美学的推演[1]。

简要地说，生态农业是按照仿生学原理和生态经济规律，因地制宜的设计、组装、调整和管理农业生产和农村经济的系统工程体系。它要求利用传统农业精华和现代科技成果，协调发展与环境之间、资源利用与环保之间的矛盾，形成生态上与经济上两个良性循环，经济、生态、社会三大

---

[1] 谢文明、杨立刚：《生态优化条件下的经济增长——海南经济可持续发展模式》，海南出版社 1999 年版，第 72 页。

效益的统一[①]。

一、国外生态农业的发展状况

由于生态农业不仅可以充分合理利用自然资源，有效地提高农业生产力，而且可以保护农业生态环境，促进良性循环的形成。所以生态农业的概念和原理一提出，立即得到广泛的重视和响应。一些发达国家纷纷开始了有关生态农业的理论研究和实践试验。到目前为止，西欧和美国 1% 左右的农民在从事生态农业的实践。在美国已有 2 万多个生态农场遍布全国各地。

发达国家在生态农业的研究方面，开展了很多工作，但从内容看，不外乎是围绕着农田营养问题和病虫及杂草控制这两大方面，因为这两方面是生态农业成功与否的关键所在。现代常规农业是依靠化肥和农药来解决这两个问题，而常规农业所出现的许多弊病是与使用大量化肥和化学农药相联系的。生态农业自然要不用或尽可能少用这些化学物质，但又能维持一个相当高的产量，就必须将这两个问题放在首位来加以研究以找出解决办法。为此科学家们特别将注意力放在对轮作和间、复、套种以及耕作技术的研究上。这些技术是传统农业普遍采用的技术，具有解决农田的营养和控制杂草及病虫害的综合效果，尽管多年来对这些技术已作过很多研究，但从建立现代的生态农业系统出发，结合生态学的一些基本原理的研究就显得很不够，因此就不可从生态学角度对这些技术作出全面的估价。对过去长期以来各地区的传统农业中行之有效的这一类技术进行重新研究和重新认识的工作已越来越受到科学家们的重视，并以此为基础进一步探讨新措施。

几乎与此同时，发展中国家也开始了生态农业的理论研究和实践试验。其中特别是东南亚地区，自 20 世纪 70 年代末期以来，生态农业的研究有了较快的发展。为了促进该地区的生态农业研究，1982 年成立了一

---

① 罗生明、丁萍：《关于海南发展生态农业的几点思考》，《海南师范学院学报》（社会科学版）2004 年第 17 期。

个地区性的协作研究机构——东南亚大学农业生态系统研究网[①]。生态农业的研究内容十分广泛，充分体现了生态农业的多学科性和实用性，和西方的偏重于理论性研究有所不同，重点在于提高生态农场的生产率、稳定性、持久性和均衡性，如何合理开发农村资源和建立多学科的农业生态系统的研究分析方法。

菲律宾是东南亚地区生态农业发展比较迅速的国家，他们认为，农业是自然资源管理的手段，而农业的本质是一门生态工程学。只要人类希望继续生存和进一步繁衍，现代农业就必须沿着生态学的方向发展。基于这种认识，近几年来，菲律宾的生态农业有了蓬勃的发展，既有中型规模的生态农场，也有小规模的家庭生态农场。

以色列农业的发展，也取得了很大的成功。究其原因，主要有三条：一是因地制宜的发展，特别强调了充分利用太阳能和水，把不利自然条件中的积极因素加以充分发挥和利用；二是科学研究和生产实践紧密配合，努力做到了农业发展以科学为基础；三是健全的组织和管理机构，以色列特别重视生产的计划性，努力控制过剩生产。为此，成立了全国性的管理委员会，整个生产由它统一计划安排，基层的农场协调生产，因此取得了很高的效率。

二、海南农业生态现代化存在的差距

海南长期以来一直处于优越的自然条件与落后的农业生产并存的状态，目前在少数民族地区仍有刀耕火种的现象。近年来大力发展高效农业，但其粗放的经营模式，单方面追求经济效益，已经给环境造成一定程度的破坏和污染，农业生态现代化方面还存在较大差距。

（一）农业生产技术落后

按农业现代化的"六项指标"[②] 来衡量，海南的每一项指标值都远远低于全国的平均水平，差距最大的是农业机播比例，海南农业机播率只有全国平均值的 1.61%，相差 26 倍（如表 3—2 所示）。产业结构原始落

[①] 孙儒泳、李博、诸葛阳、尚玉昌：《普通生态学》，高等教育出版社 1993 年版，第 142 页。
[②] 农业的六项指标一般指机耕、机灌、机播、农药施用、化肥施用、地膜覆盖等六项。

后，农业生产规模狭小，以农户或家庭小农场经营为主，民营农场不成气候，近百个大型国营农场包袱沉重，还没有完全摆脱计划经济模式的约束。同时，在农业的品种、质量、农技人才、农业劳动力素质、资金实力、农产品加工技术、营销网络等方面与国际化水平都有相当大的差距，海南农业面临的冲击是巨大的。

表 3—2　海南省与全国农业现代化水平的差距比率

项目	机耕比例（%）	机电灌比例（%）	机播比例（%）	农药施用面积比例（%）	化肥施用面积比例（%）	地腊覆盖比例（%）
全国平均值	26.17	18.16	13.7	67.54	87.29	2.8
海南实际值	1.89	2.08	0.22	58	75.74	0.32
海南与全国平均值的差距数	24.28	16.08	13.48	9.54	11.55	2.48
海南与全国平均值的比率（%）	7.22	11.45	1.61	85.88	86.77	11.43

资料来源：根据《海南统计年鉴》2001 年版、《中国统计年鉴》2001 年版、《海南农业基本省情省力的再认识》（夏鲁平、李建秀，1999 年）有关数据编制。

（二）对土地资源的破坏和对环境的污染

R. 卡尔逊在其所著《寂静的春天》一书中，向美国总统及国民提出警告：杀虫剂和化学品的滥用已经引发了生态和健康的灾难，连小鸟也被毒害，春天因没有鸟的歌声变得寂静了[①]。40 年后的今天，在农业生产技术相对落后的海南，农业生产中仍然不能避免使用农药和化肥。农药和化肥是用来提高作物产量、减少农作物产量损失的。但由于大量施用以及施用方法不当，对土壤及作物形成很严重的污染。土壤中残留的农药、化肥影响土壤的微生物和土壤生物在分解过程的互相作用进而改变土壤生态系统的结构和功能，而且在土壤、植物乃至整个农业生态系统中的残留时间很长，造成土地贫瘠，土壤团粒结构破坏，土壤反结，耕地大量流失。目前使用的有机磷农药，虽较易降解，但其毒性仍很强。据海关统计，2002

---

① 参见 R. 卡尔逊著，吕瑞兰、李长生译：《寂静的春天》，京华出版社 2000 年版。

年海南省出口的农产品因化学残留物过高而被退货的数量激增。农膜的应用对促进作物早熟，提高农业产品质量和农业综合生产能力等均具有十分重要的作用。但由于大量使用，而且回收处理率低，导致其在土壤中残留，影响土壤的通气透水等物理性质，使土壤中养分的迁移受到阻碍，并因此影响作物的生长发育和产量。

发展起来的畜牧业对环境的污染也不容忽视。畜禽动物的大量排泄物，很多养殖场（包括海南最大的罗牛山养殖场）没有及时进行转化处理，已经形成对空气和水源的污染，直接危害到人体和其他动植物；而且畜禽生长过程中消耗大量植物，啃噬植被，已造成牧区土地沙化和水土流失。

（三）对热带雨林的破坏

世界热带雨林的面积仅占全球面积的 7％，目前正以每年 0.6％～1％的速度消失。建省前，人们对海南热带雨林进行掠夺性的砍伐，使海南岛原始森林覆盖率从 1980 年的 9.8％下降到如今的 4％左右①，造成水土流失，土地荒漠化，珍稀植物锐减，森林资源和各种类型植被遭受严重破坏。海南省虽出台了一系列"退耕还林"、"退塘还林"的政策②，但各个市县执行得仍不理想，不时发生大量砍伐原生林，栽种各种果树苗的不法现象。人工林与原生林相比而言，不仅不具备自我演化、自我更新的能力，而且在遇到火灾、虫灾侵扰时，需要耗费大量的人力物力去救灾，管理成本过高。

（四）对热带海洋林木的破坏

对"海岸卫士"——红树林、青皮林的破坏。红树林、青皮林是热带海洋的特有树种，海南是全国红树林分布面积最大、种类最多、生态条件最好的地区。它不仅是海岸不被海水侵蚀的天然屏障，还是鱼、虾、蟹、

---

① 王如松、林顺坤、欧阳志云：《海南省生态省建设的理论与实践》，化学工业出版社 2004 年版，第 52 页。

② 退耕还林是指在水土流失严重或粮食产量低而不稳定的坡耕地和沙化耕地，以及生态地位重要的耕地，退出粮食生产，植树或种草。国家实行退耕还林资金和粮食补贴制度，国家按照核定的退耕还林面积，在一定期限内无偿向退耕还林者提供适当的补助粮食、种苗造林费和现金（生活费）补助。退塘还林的含义和内容与退耕还林大致一样。

贝等生物繁衍的场所和鸟类的乐园，同时还是食蟹猴的栖息地，形成独特的红树林生态系统，跟珊瑚礁生态系一样具有很高的生态价值和经济价值。但是，经过近50年的乱砍滥伐，现在的红树林面积只有50年代初的1/3。特别是近十几年开发海水养殖业，沿海各市县大肆砍伐红树林、青皮林等防护林，建起规模大小不一的养殖池塘。招致海水入侵，沿海村庄水土流失，土地荒漠化，耕地减少，泥沙淤塞港口。

对热带海洋林木的破坏还导致了对海水的污染。砍伐防护林发展海水养殖，导致泥沙淤塞海口，港内养殖由于出海口越来越小，换水不便，水质被污染。而高位池养殖，由于措施不当，投放在池中的大量饲料及鱼虾排泄物随着海水渗透到地下，使养殖池周边的地表水、地下水及周围的耕地由于海水的渗透变咸，影响居民用水，耕地无法进行耕作。而渔民至今仍在使用的炸鱼、毒鱼等非法捕捞方式，不仅破坏了近海的恢复和再生力，破坏了海洋生物的多样性，更是对海水造成严重污染，被污染的海域常有大量的病毒和传染病菌，直接危害着人类的健康。

凡此种种，充分表明海南生态农业在强调持续性、保护和改善生态环境、维护生态平衡、提高生态系统的生态性和持续性等方面任重道远，有待艰苦卓绝的努力。海南要实现生态现代化，发展生态农业不失为一个现实选择。

然而迄今为止，海南农业的改革与发展政策一直是追求农业增长，忽略了资源保护和生态环境建设，甚至实行过掠夺经营，导致资源危机和生态恶化。虽然海南农业为全省国民经济做出了重大贡献，但总的来说，目前海南省不仅农村人口总量过大，而且无论是农民物质生活、文化生活，还是生产条件水平都比较低，农村经济发展滞后。海南农业有必要结合现在的实际，走一条发展与保护两手抓的开放型可持续农业发展之路，也就是农业生态现代化发展之路。但农业生态现代化是社会生态现代化的重要组成部分，有效地解决海南农业升级和农业生态现代化问题是一个庞大的系统工程。因此，其根本解决途径是通过科学发展观来统领农业发展全局，其主要手段是依托海南农业发展的独特区位、自然和资源优势，依靠科技进步和市场开拓的功能，将建设生态现代农业贯穿新农村建设和农业生态现代化的全过程，按照2007年中央一号文件明确提出的发展现代化农业的基本思路：用现代物质条件装备农业，用现代科学技术改造农业，用现代产业体系提升农业，用现代经营形式推进农业，用现代发展理念引领农业，用培养新型农民发展农业，提高农业水利化、机械化和信息化水平，提高土地生产出率、资源利用率和农业劳动生产率，提高农业素质、效益和竞争力。只有这样才能加快推进海南农业产业升级，提升发展层次，加快改造传统农业，促进海南农业生态现代化进程。

第四章　海南工业的发展与生态化

　　研究海南现代化和生态化的发展不得不研究海南的工业，因为如果没有生态工业的支撑，海南的现代化只是无稽之谈，生态化也不可能实现。因此，长期以来，海南人民始终有个愿望，那就是发展工业。但由于历史的原因，海南工业发展滞后，三次产业比例不尽合理，工业的发展一直是海南经济发展的短腿和弱项。海南建省以后，海南工业取得了长足的发展。但是，由于历史欠账太多，海南工业的发展仍不能满足海南经济快速发展和人民生活水平提高的需要，三次产业结构比例不尽合理的局面还没有得到根本的改观，海南的工业基础还相当薄弱，仍处在工业化初期水平。

第一节　海南发展工业的有利条件

　　目前，虽然海南的工业化水平还很低，但海南却拥有发展工业产业的诸多有利条件，主要有：

一、港口众多，深水港优良，为发展大工业创造了条件

　　海南有 1528 公里海岸线，68 个自然港湾。现已开发的港湾 24 个，其中商港 15 个。现有码头泊位 112 个，其中深水 11 个，中级 21 个，浅水泊位 80 个，核定综合通过能力 1066.7 万吨。现有的深水港主要有海口、马村、八所、三亚、洋浦等，有大小港口 24 个，万吨级以上深水泊位 16 个。航线开通长江中下游、沿海各港口及东南亚各国、非洲、欧洲等 20 多个国家和地区。未来几年还可通过对原有港口的扩建，增加一批

10 万～20 万吨的泊位。同时，抓好具有建设深水港条件的林诗港、金牌港等良港的建设，将有一批泊位能力达到 20 万～30 万吨的优良港口。

二、自然资源丰富，矿产资源种类较多

在全国已探明有工业储量的 148 种矿产中，海南已探明具有一定开发利用价值的矿产共 57 种（若按工业用途可分为 65 种），优质富铁矿、钛砂矿、锆英石、矿泉水等矿产都具有重要开采价值。铁矿石储量占全国的 70％；锆英石储量占全国储量的 60％。石英砂储量及品位在世界上也处于领先地位，发展各种玻璃制造业很有优势[①]。还有热带作物和水产品资源丰富，经济价值高，具有明显特色和优势，适合发展食品饮料、制糖、造纸、水产品加工等工业。2004 年末，海南实有橡胶面积 586.95 万亩，干胶产量 32.98 万吨，占全国的 58.37％。无论是面积，还是产量，都约占到全国的 2/3，大力发展橡胶工业有较好的条件[②]。经地质普查勘探证实海南有丰富的石油、天然气资源，先后圈定了北部湾、莺歌海、琼东南 3 个大型沉积盆地，据有关专家估算，油气资源潜在储量为天然气 58 万亿立方米，石油 292 亿吨。海南发展石油和天然气化工，前景广阔。

三、具有一定的政策体制优势

中央给予海南的优惠政策虽然近年来有所减少，但在税收、出入境、进出口贸易、项目审批、土地政策、矿产资源、投资经营等方面仍具有一定的优势。特别是全国人大授予海南省人大以地方特别立法权，为海南加快各种政策法规的制订，增创体制优势创造了条件。如海南省人大按全国人大授予的地方立法权，审议通过了《海南省经济特区基础设施投资综合补偿条例》，对投资建设基础设施制订了极其优惠的条例，为吸引境外投资，促进港口经济及全省经济的发展提供了很好的机会。

---

① 王如松、林顺坤、欧阳志云：《海南省生态省建设的理论与实践》，化学工业出版社 2004 年版，第 45 页。

② 王一新等：《牵手台湾——海南台湾经济比较与合作研究》，海南出版社 2006 年版，第 73 页。

四、投资环境进一步改善

建省以来，海南的水、电、交通、邮电通信等基础设施有了很大改善。电力建设方面，全省电力装机容量 179 万千瓦，电网覆盖全省，可以满足全省经济发展的需要。交通运输方面，目前岛内通车里程达 2.1 万千米，基本建成以环岛高速公路为骨干的三纵四横、环岛闭合的公路网，其中环岛高速公路全长 600 余公里。公路密度 0.61 公里/平方公里；岛内铁路现有 369 千米，由海南西环铁路、琼州海峡火车轮渡、海安至湛江铁路三部分组成的粤海铁路已于 2002 年建成；现已开发的港湾 24 个，现有码头泊位 112 个，核定综合通过能力 1066.7 万吨。航空运输方面，现有海口美兰国际机场、三亚凤凰国际机场两个大型民用机场，开通国内航线 200 余条，每周有上千个航班往返国内外大中城市。邮电通信建设以超常规的速度发展，现有局用交换机容量 192 万门，移动交换机容量 165 万户，电话普及率居全国前列。视讯通信、ADSL、VPMN、TPS 等通信技术得到广泛应用。全省铺设光缆 4.5 万公里，通达 99％的乡镇，大部分地区实现光缆到公路、到小区、到大楼。电子政务工程实现党政部门及市县政府的互联互通[①]。

五、工业发展已具有一定的基础

海南建省办经济特区，利用中央给予海南的优惠政策，吸收了大量的国内外资金、物资、技术、人才等，从而带来海南工业的长足发展。现全省工业企业已初具规模，目前正在加强对现有企业进行技术改造，同时新建扩建一批适合海南特点的企业，如海南天然气化肥厂、海南冷轧薄板厂、海南钢铁厂、海南实华炼油厂、金海纸浆厂、海南镀锡薄板厂、东方大广坝水电站、东方化工城、福耀海南浮法玻璃等重大项目，正在建设与续建当中。这批企业的建成投产，将进一步优化海南的工业行业结构，并为将来向纵深和更高层次的发展打下良好的坚实的基础。同时，工业的发展，培养了一支具有丰富经营管理经验的企业管理人员以及技术熟练、素质好的工人队伍。

---

① 数据根据中国统计出版社《海南统计年鉴》2003 年版整理而得。

第二节　海南工业发展的概况

一、海南解放后至建省初期的工业

海南岛解放后，旧中国留给海南的工业企业少得可怜，工业基础非常薄弱，工业生产非常落后。1950 年，人民政府接管的官办、民办工业，只有榨油、造纸、纺织、木器、竹器、藤器、制革、制鞋、缝纫、制盐等少数企业，且企业规模小，多是手工作坊，生产能力与技术水平低下。至 1952 年，海南工业企业经过恢复与发展，也仅有工业企业 35 家，工业总产值 0.42 亿元，占全岛工农业总产值的 14%[①]。

1952 年以后，海南逐渐加大扶植地方工业发展的力度，取得了很大的成绩。40 年来，海南的工业发展大致经历了以下几个时期：

第一，第一个五年计划时期（1953—1957 年）。特别是 1956 年，全岛响应党中央提出的 20 年实现农业机械化的号召，掀起了大办工业的热潮。当时几乎每个市县都办了农机修造厂，还兴办了一批糖厂、食品厂和钛矿厂，海南铁矿厂也开始大规模建设。至 1957 年，海南国营和公私合营工业企业已发展到 273 家，工业产值 1.33 亿元（按 1970 年不变价计算），为 1952 年的 2.2 倍，工业年均递增 26%[②]。

第二，第二个五年计划时期（1958—1962 年）。这时期，海南虽然建立了轮胎、胶鞋、运输带等橡胶制品工业和制药工业，为海南开发利用橡胶和南药资源迈出了第一步，工业企业也发展到 911 家。但是这时期深受"左"倾思想影响，搞所谓的"大跃进"、大炼钢铁等，浪费了大批的人力财力，工业生产遭到了严重损失。1962 年全岛工业总产值只有 1.47 亿元（按 1970 年不变价计算），为 1958 年的 76.17%（1958 年工业总产值为 1.97 亿元），"二五"时期工业总产值平均每年下降 4.77%[③]。

---

① 《有关海南区地方工业报告资料》，1953 年 7 月 13 日，广东省档案馆档案：204—7—36—021～030。

② 《海南轻工业简史》，1959 年 4 月，广东省档案馆档案：219—2—242—170～175。

③ 符泰光、李颜、赵德钦、彭智福：《海南现代经济发展史》，西南师范大学出版社 1999 年版，第 82、95 页。

第三，"三年调整"时期（1963—1965 年）。这时期由于贯彻执行中央关于"调整、巩固、充实、提高"的方针，总结了"大跃进"的教训，调整了产业结构，使海南的工业得到了较快的恢复和发展。几年时间内，在玻璃、塑料、机械、制糖、食品、制板、造纸、纺织、家具、印刷以及自来水工业等行业新建了一批企业，扩大了生产规模，促进了工业生产的增长。1965 年，全岛工业生产总值达到 2.51 亿元（按 1970 年不变价计算），比 1962 年增长 70.75%，三年中平均每年递增 23.7%[①]。

第四，第三个五年计划时期（1966—1970 年）。这一时期正值"文化大革命"的高涨时期，大批工矿企业停工停产，工业生产面临崩溃的边缘。后期由于抓联合抓生产，许多企业生产得到了恢复，特别是糖业生产原料充足，产量很高。1970 年工业总产值为 3.93 亿元（按 1970 年不变价计算），与 1966 年相比（1966 年工业产值为 4.06 亿元）平均每年递减 0.064%。

第五，第四个五年计划时期（1971—1975 年）。这一时期继续受"文化大革命"的影响，工业生产成本上升，管理水平下降，多数企业的各项经济技术指标在年度比较中呈现无规律波动状态。这一时期，为了解决农业生产化肥问题，先后建了 5 家氮肥厂。这时期的工业企业已达到 1413 家；1975 年工业生产总值达到 6.84 亿元（按 1970 年不变价格计算），与 1971 年相比（1971 年工业产值为 4.62 亿元）平均每年递增 9.61%。

第六，第五个五年计划时期（1976—1980 年）。这一时期还继续不顾条件，一哄而起大办氮肥厂，先后上马 14 家小化肥厂，由于缺煤与严重亏损，纷纷停产下马，经济损失达 1.38 亿元。十一届三中全会以后，全国以经济建设为中心，进行国民经济结构调整，这时期海南的工业基础仍然薄弱，应变能力很差。所以从 1978 年经济开始调整的 3 年内产值连续下降，平均每年下降 5.85%。1980 年的工业总产值达到 6.86 亿元（按 1970 年不变价格计算），只相当于 1975 年的水平[②]。

---

① 符泰光、李颜、赵德钦、彭智福：《海南现代经济发展史》，西南师范大学出版社 1999 年版，第 82、111 页。

② 符泰光、李颜、赵德钦、彭智福：《海南现代经济发展史》，西南师范大学出版社 1999 年版，第 145 页。

第七，"六五"计划时期和筹备建省时期（1981—1987 年）。进入 80 年代以后，海南开始打破闭岛自锁局面，开始实行对外开放，海南工业生产开始进入了一个新的发展阶段。"六五"计划期的最后一年，工业总产值已达到 14.57 亿元（按 1986 年不变价格计算），是 1980 年工业总产值的 2 倍多。"六五"期间，工业总产值年平均增长速度为 14.4%[①]。至筹备建省的 1987 年底，工业总产值达到了 19.2 亿元（按 1980 年不变价计算）[②]。

第八，建省初期（1988—1992 年）。1988 年海南建省办经济特区，工业生产又跨上一个新台阶，呈现了崭新的面貌。建省 5 年来，通过外引内联，引进了一批新技术、新工艺、新生产线，增添了电器、化纤、纺织、医药和冶金轧钢等技术密集型、资金密集型新产业，优化了产业结构和产品结构，提高了现代化程度。重工业开始改变以采掘为主、输出初级产品的状况；轻工业开始打破了以农产品为原料进行粗加工为主的格局。一大批新老企业通过转换经营机制，加强企业管理，积极参与市场竞争，增强了企业的应变能力。在激烈的市场竞争中，不少企业根据国内外市场的需求，依靠技术开发了一批拳头产品，提高了市场竞争能力。天然饮料、罐头食品、化学纤维、彩色电视机、卷烟、轮胎和一批新药品国内市场占有率不断提高，部分产品也开始打入了国际市场。一个以农副产品加工为主，拥有 20 多个门类，2000 多个产品的具有地方特色的工业体系已经基本形成。建省 5 年来，全省工业固定资产投资累计完成了 49.8 亿元，相当于建省前 35 年工业投资总和的 2.6 倍。1992 年，全省工业总产值 76.25 亿元（当年价格），比 1987 年增长 146.8%，平均每年递增 19.8%，高于第三个五年计划期以后各个时期的年平均增长速度[③]。海南各个计划期工业生产增长速度如表 4—1 所示。

[①] 符泰光、李颜、赵德钦、彭智福：《海南现代经济发展史》，西南师范大学出版社 1999 年版，第 168 页。

[②] 黄德明：《海南产业发展论——兼论开放条件下多元经济社会的产业发展》，南海出版公司 1995 年版，第 43 页。

[③] 根据海南特区经济年鉴编辑委员会编：《海南特区经济年鉴》，新华出版社 1989 年、1990 年、1991 年、1992 年、1993 年版有关数据计算。

表4—1　海南省各时期工业生产年平均增长速度

时期	年平均增长速度（%）
"一五"时期	26.0
"一五"时期	−0.9
"二五"时期	23.7
三年调整时期	9.5
"三五"时期	11.7
"四五"时期	0.1
"五五"时期	15.3
"六五"时期	14.7
"七五"时期	11.7
建省初期（1988—1992年）	19.8

资料来源：根据西南师范大学出版社《海南现代经济发展史》1999年版、《海南特区经济年鉴》1989—1993年版有关数据编制。

　　据统计资料，海南1993年工业总产值已达到100.26亿元（当年价格），比上年增长38.9%，工业增加值18亿元，比上年增长36.2%，比全国平均增长速度高出16.7个百分点。工业总产值首次超过农业总产值（当年总产值为88.6亿元）[①]。海南省的产业结构终于步入了良性发展的健康轨道，朝工业化的方向迈进了一大步。实践证明，只要坚持正确的路线和策略，海南的工业生产就会快速地发展。

　　工业的产业结构有轻、重工业之分。海南解放后至建省初期的40多年时间里，轻工业一直占主导地位，50年代初期比例高达80%以上，50年代中期以来一直占70%左右，多在65%上下；而重工业所占的比例自50年代中期以来一直在30%左右，多在35%上下。建省初期，这种比例关系也没有多大改变，显示海南的工业生产仍然以轻工业为主。建省后初期的轻重工业的比例关系如表4—2所示。

---

　　①　参见海南特区经济年鉴编辑委员会编：《海南特区经济年鉴》，新华出版社1994年版。

表4—2　海南建省初期工业总产值中轻重工业比例关系（单位:%）

年份	轻工业	重工业
1987	66.07	33.39
1988	62.49	37.51
1989	63.03	36.97
1990	68.06	31.94
1991	67.12	32.98
1992	65.27	34.73

资料来源：根据《海南特区经济年鉴》1989—1993年版有关数据编制。

在轻工业内部，有以农产品为原料的工业与非农产品为原料的工业之分。除1988年以外，前者的比例一直高于后者，居于主导地位，充分体现了海南的轻工业生产主要依靠本地农产品资源，也显示了其多是农产品加工业。二者的比例关系如表4—3所示。

表4—3　海南建省初期轻工业内部的比例关系（单位:%）

年份	以农产品为原料的工业	以非农产品为原料的工业
1987	65.13	34.87
1988	53.32	46.48
1989	59.46	40.54
1990	65.05	34.95
1991	67.80	32.20
1992	73.20	26.80

资料来源：根据《海南特区经济年鉴》1989—1993年版有关数据编制。

在重工业内部，有采掘工业、原料工业、制造工业之分。建省初期，采掘工业产值在重工业产值中所占的比例，除个别年份外，一直呈下降姿势，1987年占34.01%，至1992年已下降为16.47%；原料工业占的比重一年比一年上升，1987年占28.4%，至1992年已上升为44.03%；制造业除1990年略低几个百分点外，其余各年变化不大（如表4—4所示）。这充分说明了海南重工业以采掘业为主，输出初级产品的状况已发生了根本性的变化；也表明充分利用本地丰富的矿产资源，发展原料加工业得到了迅速发展，并且发展潜力很大。

表4—4　海南建省初期重工业内部的比例关系（单位:%）

年份	采掘工业	原工业	制造工业
1987	34.01	28.40	37.59
1988	28.04	32.80	39.16
1989	23.21	37.11	39.68
1990	25.26	39.37	34.77
1991	21.03	40.80	38.17
1992	16.47	44.03	39.50

资料来源：根据《海南特区经济年鉴》1989—1993年版有关数据编制。

这个时期海南工业发展的潜力很大，但限制其发展的制约因素也很多：一是由于海南工业产品运销距离长，交通设施相对滞后，造成运输成本高，原材料成本也高；二是由于岛内市场狭小，岛外与国外市场刚处于开辟阶段，加上贸易保护主义限制，产品的销路不畅；三是本省的工业管理水平和技术水平与先进地区比较，还存在很大的差距；四是工业产业结构仍然存在不合理的地方，需要进一步调整。

二、海南建省后10年的工业快速发展期

海南特区建立初期，正是广东等地"三资企业"、"三来一补"的出口加工业发展最为兴旺的时期，海南于是很自然地大力发展"三资企业"、"三来一补"[①]加工业。

1988年建省之后的10年，海南虽然遭受了房地产泡沫、国家宏观调控等打击，但这10年，仍是海南工业发展较快的一个时期。全省工业固定资产原值由20多亿增加到230多亿，增长9倍多，平均每年增长26.1%，工业总产值也由20多亿增加到230多亿，增长近6倍（考虑物价因素）。1997年，全省大型企业增加到25个，中型企业发展到80个，大中型企业资产总额为258.9亿元，产品销售收入105亿元。新建成的大中型工业企业中，大都是具有90年代新技术的行业，如油气化工、饮料

---

　　① "三来一补"是来料加工、来样加工、来件装配及补偿贸易的统称。来料加工、来样加工、来件装配是指由外商提供原料、技术、设备，由中国大陆企业按照外商要求的规格、质量和款式，进行加工、装配成产品交给外商，并收取加工劳务费的合作方式。它最早出现于1978年的东莞。

食品、汽车制造、摩托车、化纤纺织、新型建材、新医药等。1997 年，海南已拥有装机容量 5 万千瓦以上的电厂 6 座，年产铁矿石 400 万吨的企业一个，年水泥生产能力在 10 万吨以上的建材企业 4 家，年产 10 万辆摩托车的企业 2 家，年产电视机 10 万台以上企业 3 家，年产汽车轮胎外胎10 万条企业 1 家，年产化肥在 12 万吨以上企业 1 家，年产啤酒 3 万吨以上的企业有 2 家，年产软饮料在 5 万吨以上的企业有 2 家，年产食糖在 1万吨以上企业有 17 家①。这表明海南的工业结构有了明显的变化，一些新兴工业开始成为海南工业的支柱，一批大型企业正在成长之中。

特别指出的是，建省办特区极大地刺激了海南建材工业的发展，如果说海南建省以来发展最快的是房地产业，那么，就工业而言，受益最大的当属建材工业。房地产业的发展使得建材工业吸引了大量资金，一时间出现了"大家办建材"的局面。至 1997 年，海南已有建材工业企业近 700家，其中包括一批具有经济规模的企业，如由台商投资 2.5 亿美元、年产180 万吨水泥的海南华联水泥厂，年产水泥 82 万吨的昌江水泥厂，引进意大利 90 年代先进设备建成的金盘高级瓷砖厂、南光玻璃厂等。1996年，海南主要建材产品的产量分别为：水泥 183 万吨，墙地砖 95.1 万平方米，镀膜玻璃 11.65 万平方米。

其间，立足于海南独有的原料优势而发展起来的饮料食品工业在国内外也占有了重要的地位，形成了一批在国内外拥有一定知名度的品牌，如椰树、椰风、园之梦、力神、椰岛等。事实上，饮料食品工业已经成为全省的支柱产业，对推动和促进全省工业的发展起着举足轻重的作用。到1996 年底止，海南有饮料食品工业加工企业 362 家，形成了门类较为齐全的食品饮料工业体系，拥有了几个有一定规模的大型企业，部分主要产品年加工能力达到相当规模，其中罐头 40 万吨、软饮料 60 万吨、酒类18 万吨。全行业工业产值五六十亿元，其中，仅椰树集团和椰风集团的年产值就达到 45 亿元②。

海南的纺织工业大多是建省后发展起来的，相对于国内其他省市，具有

---

① 《海南统计年鉴》，中国统计出版社 1998 年版。
② 《海南统计年鉴》，中国统计出版社 1997 年版。

技术高、产品先进的特点，拥有一批规模大、设备先进的大中型企业。到1996年底，全省独立核算纺织企业23家（不含服装企业），其中大型企业3家，中型企业3家，固定资产12.56亿元，工业产值12.68亿元[①]。值得一提的是，海南省政府有关部门对发展海南的纺织工业一直都给予了特别的关照，在全省仅有的3家工业类上市公司中，有2家便是纺织企业[②]。

此外，丰富的海洋生物资源也成为海南发展现代医药工业取之不尽的原料。到1996年，海南医药工业企业已由建省前的5家增至47家，产值10.08亿元，成为海南建省后发展最快的工业门类之一，比较有名的企业有"琼海药"、三叶制药厂、养生堂药业、海南制药厂、五指山制药厂等[③]。

虽然如此，仍不能改变海南"小工业"的局面：一是工业总量小，工业在国内生产总值中的比重只有14.2%，人均工业总产值仅为全国平均数的1/3。1997年全省工业总产值为232.6亿元，不及全国工业强省——江苏省的1/20，甚至比工业相对不发达的湖南省也落后一大截[④]。二是工业结构仍不够合理，初加工或原产品比重大，资源的深加工和高新技术产业比重小。三是企业规模偏小，全省当时国有小企业共277家，这277家企业的总资产加起来才96.80亿元，总负债就有69.94亿元，资产负债率72.3%，资不抵债企业52家，1997年亏损的有182家，亏损面为65.7%，其中87家为长期停产企业。企业规模小使得海南的工业产品在全国有竞争力的极少，市场占有率甚低，而岛内市场容量又十分有限，工业发展困难重重。

三、海南工业发展的主要特点

海南建省创办经济特区以来，特别是近几年实施"大企业进入、大项目带动"战略以来，工业特别是制造业得到了长足发展，在原有的制糖、橡胶、食品、农机等工业基础上，先后加快建设了以汽车、摩托车产品制造为主的

---

① 《海南统计年鉴》，中国统计出版社1997年版。

② 当时海南上市的2家纺织公司分别为海南欣龙无纺股份有限公司、海南兴业聚脂股份有限公司。

③ 《海南统计年鉴》，中国统计出版社1997年版。

④ 根据中国统计出版社1997年版《中国工业统计年鉴》《海南统计年鉴》《江苏统计年鉴》数字计算。

交通运输机械、天然气化工、浆纸、化纤纺织、食品饮料、制药、轧钢等行业，初步形成门类较多的工业体系，并呈现出以下几个发展特点：

（一）发展的速度、质量和效益总体较好

2004 年工业综合效益指数 172.7%，比上年高 27.8 个百分点：资本保值增值率 120.39%，提高 13.86 个百分点；资产负债率 54.49%，减少 1.32 个百分点；盈利水平再创新高，全省规模以上工业企业实现利润 27.66 亿元，比上年增长 65.1%，34 个工业分类中有 26 个工业行业实现盈利；产销衔接水平较好，工业品产销率 97.4%，比上年上升 1 个百分点[①]。

工业在国民经济中的比重明显上升，2004 年工业增加值占全省生产总值的比重达 17.77%，比 2000 年提高了 5 个百分点。工业结构也进一步优化，重工业主导地位得到加强。2004 年，全省规模以上重工业完成增加值 81.87 亿元，增长 27.3%，对全省工业增长的贡献率达 91.5%，轻工业完成增加值 41.57 亿元，增长 7.7%。规模以上轻、重工业比例由 2000 年的 61.8∶38.2 调整到 2004 年的 40.1∶59.9，重工业比重上升了 21.7 个百分点，有效地改善了基础工业薄弱的状况（如图 4—1 所示）。

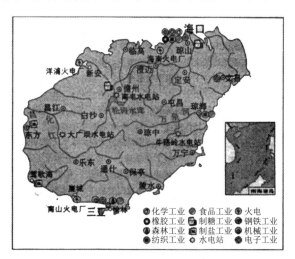

图 4—1 海南岛的工业分布

（资料来源：海南省原工业厅档存资料）

①《2004 年海南经济运行分析》，海南省统计局，2005 年。

（二）优势产业逐步形成

这几年，海南坚持"不污染环境、不破坏资源、不搞低水平重复建设"的"三不"原则，实施"大企业进入、大项目带动"战略，集中建设"西部工业走廊"，在高起点上加快工业发展，使工业集中度有所提高，培育了一批有较强市场竞争力的大中型骨干企业，一批支撑海南长远发展的工业支柱产业初具雏形。目前，中海油、中石化、一汽集团、韩国三星、印尼金光等一批知名大企业、大集团陆续入驻海南，全省初步形成天然气与天然气化工、石油加工与石油化工、林浆纸一体化、汽车制造、制药、玻璃等一批产值较大、竞争力强的现代工业产业集群。2004年，富岛公司出口尿素占全国出口量的80%，一汽海马轿车、椰树饮料，产量进入全国前10位，"海口药谷"被列为国家"863"计划成果转化基地。

（三）工业经济实力依然薄弱，工业化水平仍较低

海南建省办经济特区以来，以建立新兴工业省为目标，依托丰富资源优势，不断加大工业结构调整力度，大力发展现代工业，工业经济得到了快速发展。但由于长期以来工业基础较为薄弱，尽管经过建省以来的快速发展，经济总量仍较小，工业化率仍很低。以2004年为例，从工业经济实力看，该年全部工业资产总计735.69亿元，其中规模以上工业资产总计674.08亿元，工业销售收入399.51亿元，仅为同期海尔一家企业全球销售收入（1016亿元）的39.3%，流动资产合计244.65亿元，所有者权益合计仅为273.43亿元，实收资本214.62亿元，平均每家企业实收资本仅0.37亿元，利润总额28.54亿元，海南整体工业经济实力仍较为薄弱。从企业组织结构看，规模以上工业企业有588家，其中大型企业仅3家，产值占全部规模以上工业产值的28.9%；中型企业57家，产值占30.9%。总的看，工业整体产业集中度仍较低，竞争力较弱。从工业化率看，全部工业总产值429.41亿元，工业增加值151.56亿元，占GDP的比重为18.5%，比世界平均水平34%低16.9个百分点，比全国平均水平40.8%低22.3个百分点，海南工业化水平仍很低。

根据美国著名经济学家西蒙·库兹涅茨等人的研究成果，工业化往往是产业结构变动最迅速的时期，其演进阶段也通过产业结构的变动过程表

现出来①。在工业化初期和中期阶段，产业结构变化的核心是农业和工业之间"二元结构"的转化。在工业化起点，一产比重较高，二产比重较低；随着工业化的推进，一产比重持续下降，二产和三产比重都相应有所提高，且二产比重上升幅度大于三产，一产在产业结构中的优势地位被二产所取代；当一产比重降低到 20% 以下时，二产比重上升到高于三产，这时候工业化进入了中期阶段；当一产比重再降低到 10% 左右时，二产比重上升到最高水平，工业化进入后期阶段，此后二产的比重转为相对稳定或有所下降。工业在国民经济中的比重将经历一个由上升到下降的"∩"型变化。2004 年海南 GDP 三次产业结构为：34.0：25.1：40.9，一产比重依然较高，二产比重较低，表明海南目前处于工业化初期阶段。

第三节　国外生态工业的发展和海南工业生态现代化存在的问题

生态工业是模拟生态系统的功能，建立起相当于生态系统的"生产者、消费者、还原者"的工业生态链，以低消耗、低（或无）污染、工业发展与生态环境协调为目标的工业。工业结构生态化，就是通过法律、行政、经济等手段，把工业系统的结构规划成"资源生产"、"加工生产"、"还原生产"三大工业部分构成的工业生态链。其中，资源生产部门相当于生态系统的初级生产者，主要承担不可更新资源、可更新资源的生产和永续资源的开发利用，并以可更新的永续资源逐渐取代不可更新资源为目标，为工业生产提供初级原料和能源；加工生产部门相当于生态系统的消费者，以生产过程无浪费、无污染为目标，将资源生产部门提供的初级资源加工转换成满足人类生产生活需要的工业品；还原生产部门将各副产品再资源化，或无害化处理，或转化为新的工业品。在发达国家，其工业生态现代化主要体现在近年来生态工业园区的大量兴起。

---

① 参见〔美〕西蒙·库兹涅茨著，戴睿等译：《现代经济增长》，北京经济学院出版社 1991 年版。

一、国外生态工业的发展及其载体

生态工业园区与一般的工业园区是有本质区别的，其园区内企业之间的关系更为复杂，且生态工业园区的建立要比一般的工业园区困难得多。在生态工业园区中，由于一个企业产生的"废物"或副产物是另一个企业"营养物"，园区内彼此靠近的工业企业或公司就可以形成一个相互依存、类似于自然生态食物链过程的"工业生态系统"。我们通常用"工业共生"、"要素耦合"和"工业生态链"等概念来表述这种工业企业之间的关系。

生态工业园区大致可分为三种园区类型，即改造型、全新型和虚拟型。改造型园区是对现已存在的工业企业通过适当的技术改造，在区域内成员间建立起废物和能量的交换关系；全新型园区是在园区良好规划和设计的基础上，从无到有地进行开发建设，使得企业间可以进行废物、副产物等的交换；虚拟型园区不严格要求其成员在同一地区，它是利用现代信息技术，通过园区信息系统，首先在计算机上建立成员间的物、能交换联系，然后再在现实中加以实施，这样园区内企业可以和园区外企业发生联系。虚拟型园区可以省去一般建园所需的昂贵的购地费用。

如今，生态工业园区正在成为许多国家工业园区改造和完善的方向。一些发达国家，如丹麦、美国、加拿大等工业园区环境管理先进的国家，很早就开始规划建设生态工业示范区，其他国家如泰国、印度尼西亚、菲律宾、纳米比亚和南非等发展中国家也正积极兴建生态工业园区。

20世纪90年代以来，生态工业园区开始成为世界工业园区发展领域的主题。比如加拿大自1995年以来，生态工业园区项目在加拿大多伦多的Portland工业区逐步展开。这一工业园区汇集了有废物和能量交换潜力的多种制造和服务行业。目前，加拿大约40个生态工业园区中有9个被认为具备很强的生态工业性质，其中，涉及到的工业组合主要有：蒸汽发生器、造纸厂、包装业的组合；化学工业、发电、苯乙烯、聚氯乙烯、生物燃料的组合；发电厂、钢铁厂、造纸厂、刨花板厂的组合；热电站、石油提炼工厂、水泥厂、石油冶炼、合成橡胶厂、石化工厂、蒸汽发电站的组合等。

丹麦也是国际上发展生态工业比较成熟的国家，其最成功的生态工业园区是丹麦的 Kalundorg 生态工业园区。该园区以发电厂、炼油厂、制药厂和石膏制板厂 4 个厂为核心企业，把一家企业的废或副产物作为另一家企业的投入或原料，通过企业间的工业共生和代谢生态群落关系，建立"纸浆—造纸""肥料—水泥"等工业联合体。发电厂以炼油厂的废气为燃料，其公司与炼油厂共享冷却水；发电厂煤炭燃料的副产物可用于生产水泥和铺路材料；发电厂的余热可为养鱼场和城里的居民住宅提供热能。该园区以闭环方式进行生产的构想，要求各个参与厂家的输入和产品相匹配，形成一个连续的生产流，每个厂家的废物至少是另一个合作伙伴的有效燃料或原料。同时，对各参与方来讲，必须具备经济效益，如节省成本等。

世界上科技、经济领先的美国 20 世纪 70 年代以来，在美国环境保护署（EPA）和可持续发展总统委员会（PCSD）的支持下，一些生态工业园区项目也应运而生，涉及到生物能源的开发、废物处理、清洁工业、固体和液体废物的再循环等多种方面。

特别是从 1993 年开始，生态工业园区在美国发展迅速。美国政府在可持续发展委员会下还专门设立一个"生态工业园区特别工作组"。目前，美国已有近 20 个生态工业园区，并各具特色，例如：改造型的 Chatta-nooga 生态工业园区。田纳西州小城 Chattanooga 曾经是一个以污染严重闻名全美的制造业中心。在该园区，以杜邦公司的尼龙线头回收为核心推行企业零排放改革，不仅减少了污染，而且还带动了环保产业的发展，在老工业园区发展了新的产业空间。其突出特征是通过重新利用老工业企业的工业废弃物，以减少污染和增进效益。如今，旧钢铁铸造车间已变成一个用太阳能处理废水的生态车间，而旁边是利用循环废水的肥皂厂，紧临的是急需肥皂厂副产物做原料的另一家工厂，这种革新方式对老工业区改造很有借鉴意义，并且更能适应老工业企业密集的城市。

二、海南工业的生态化问题

在建省前的几十年里，海南一直作为国防前哨和重要战略物资生产地，基础设施非常落后，工业发展也长期是小打小闹，相应的对生态环境影响也较小。但随着海南逐步走向改革开放的前沿，实施空前规模的开发建设，一系列生态环境问题逐渐突出。

工业生产在向社会提供大量有用产品的同时，也向社会、自然环境排放大量的废弃物，如工业废气、废水等等。由于存在老项目多、规模小、效益低的痼疾，使得海南工业对海南的生态化构成了越来越严重的影响。从污染物排放绝对量来看，与全国其他省市相比虽不算大，如 1998 年，工业废水排放量 7515 万吨，占全省废水排放总量（23029 万吨）的 32.63％；全省二氧化硫排放量为 20396 吨，其中工业二氧化硫的排放量达 20136 吨，占 98.7％；烟尘排放总量为 20584 吨，其中工业烟尘排放量达 20561 吨，占 99.9％。1997 年，全省工业固体废物产量为 74 万吨，工业固体废物的历年贮存量达 2086 万吨，这相对海南只有 3.4 万平方公里范围而言，也不是个小数。

将海南工业污染和全国工业污染的特点做一比较，从中我们可以进一步看清海南工业污染方面存在的问题。从总体上看，海南工业污染和全国相比有很多共性的地方。首先，由于工业布局不合理，海南一些城市和工矿区工业过于密集，污染负荷超载，致使这些城市或地区恶化程度比较严重。这表现在，海南工业污染主要集中在澄迈、海口、昌江、儋州等地，其中澄迈县排出的二氧化硫和工业烟尘等有害气体占全省工业废气排放总量的 55.6％和 66.5％（1998 年数据）。其次，与全国一样，海南的工业污染也和资源的浪费相伴随。也就是说，海南的工业资源的利用率并不高，这使宝贵的工业资源化为废料。这是海南工业难以持续发展的一个重要方面。同时，海南工业污染也还有自己的特点。主要表现在：一是海南不少主导产业同时也是海南污染最大的产业；二是海南工业污染排放的绝对量不算大，但排放强度比较大；三是海南中小型工业企业比较多，资源浪费比较严重；四是海南有色金属工业比较发达，但由此也造成重金属元素的排放量居全国前列。

其实，工业生态化的核心思想和可持续发展思想是完全一致的，它们的共同要求都是强调人类在发展经济的同时必须重视与自然环境的协调。如今回首，海南搞生态工业，走新型工业化发展道路，有很好的条件和基础，其中最重要的一条就是，海南省是通过国务院批准搞生态省的，自然生态环境好。另外，相对内地来说，海南工业起步晚，可以少走弯路。

但综合本章所述，海南生态工业发展尚处于传统发展模式，亟待转型。为了过渡到可持续发展的社会，实现生态现代化的目标，因此，海南发展生态工业，必须要按照物质循环利用原理，极大地发挥海南工业资源优势，使工业企业在推行清洁生产中把原料和其他辅助材料的利用率提高到最大限度，将废弃物的排放量降低到最小限度，以解决工业污染和二次资源的浪费问题。具体来说，一是按照生态工业的原则调整海南省的工业结构与工业布局；二是合理利用资源，实现原料闭路循环；三是依靠科技进步，改革工艺和设备，推行清洁生产；四是改进产品设计，生产绿色工业产品；五是创建无废工业区；六是建立健全生态环境保护法，强化生态资源的管理。只有这样，才能保持海南得天独厚自然环境优势，也只有这样，才能确保海南生态工业发展的后发优势，使物质能量资源得到集约化的利用，使物质生产过程对环境的污染和对生态的破坏降低到最低的程度。

第五章　海南海洋产业的发展与生态化

　　海南是中国最大的海洋省份，拥有丰富的海洋资源，但却不是海洋经济强省，主要原因是海洋资源的开发和利用很有限，海洋产业发展水平还较低，对海南经济发展的带动作用不强。如何在生态省建设过程中，开发海南的海洋产业，做大做强海南的海洋产业，把海洋大省变为海洋强省，实现海南自身经济的腾飞，这是全国赋予海南的时代责任，也是海南实现生态现代化进程中面临的一个重大考验。

第一节　海南丰富的海洋资源

　　海南经济特区的范围就是海南岛，面积 3.4 万平方公里[①]；海南省的范围除海南岛外，还包括西沙群岛、中沙群岛、南沙群岛及其辽阔的海域，海域面积达 200 多万平方公里，约为海南岛面积的 60 多倍，占全国海域面积的 2/3，近乎渤海（7.7 万平方公里）、黄海（30 万平方公里）、东海（77 万平方公里）三大海域总面积的 2 倍。因此，如果单从陆地看，海南是一个小省，但以辖境面积而论，海南是一个大省，比新疆维吾尔自治区（160 万平方公里）还大。

　　浩瀚的南海是一个巨大的宝库，它珍藏着丰富的磷、铁、锆等矿产资源。钛铁矿、锆英石和石英砂矿的储量居全国首位[②]。南海含有丰富的生

---

　　① 1988 年 4 月 13 日，七届全国人大一次会议通过建立海南经济特区的决议。决定划定海南岛为经济特区。参见中共海南省委党史研究室：《海南改革开放二十年纪事》，海南出版社 2004 年版，第 240 页。

　　② 李克：《海南经济特区定位研究》，海南出版社 2000 年版，第 238 页。

物资源，分布在海南岛沿岸水域内的鱼类有 569 种，甲壳类 48 种，头足类 15 种，贝类 190 种，其中具有一定经济价值的渔业资源类型有 100 多种①；西沙群岛、中沙群岛、南沙群岛鱼类资源 1000 多种，有较高经济价值的 80 多种②。中国沿海蕴藏着丰富的油气资源，已探明的就有 4 个大油气区，其中莺歌海—琼东南、琼东南—珠江口中央隆起带两个大油气区均分布于海南省境内。南海沉积盆地的面积相当于西欧北海产油区的 6 倍，迄今已发现 37 个具备生储油气的良好地质环境。从西南部和南部的沉积盆地中，已发现 135 个油气田，其中油田 72 个，气田 63 个。有 4 个沉积盆地已探明石油可采储量 10.06 亿吨。在北部，通过对 96 个圈的勘探，证实有 28 个油气田或含油气构造，其中崖 13—1、流花 11—1 为大型油气田。从生储油气的地质环境看，整个南海至少可找到 250 个油气田，有 12 个可能成为大型油气田③。以油气地质条件和经济技术条件评价其远景，莺歌海盆地和琼东南盆地为Ⅰ级，北部湾盆地为Ⅱ级。此外，在琼北海岸带附近的福山凹陷，发现一块跨陆地约 20 平方公里、跨海域 500 平方公里的大油气田，已圈出 4 个油气构造区，有条件成为西太平洋经济带的油气采供基地。

综上所述，作为我国海洋面积第一大省的海南，本身就是一个蓝色的聚宝盆，浩瀚的南海及其丰富的资源是海南的巨大优势，海南发展的定位要立足南海资源来考虑。

第二节 海南发展海洋产业的两大意义

海南的海洋面积占了中国海洋面积的 2/3，且蕴含着丰富的海洋资源，开发海南的海洋资源，不仅是国家经济发展的战略重点，而且对海南经济的长远发展也将产生长远影响。

---

① 王如松、林顺坤、欧阳志云：《海南省生态省建设的理论与实践》，化学工业出版社 2004 年版，第 50 页。

② 王一新等著：《牵手台湾——海南台湾经济比较与合作研究》，海南出版社 2006 年版，第 11 页。

③ 李克：《海南经济特区定位研究》，海南出版社 2000 年版，第 73、74、76 页。

一、我国海洋开发战略的迫切需要

辽阔的南海是我国巨大的资源宝库。当今世界，各国几乎都已认识到21世纪是海洋的世纪，谁拥有海洋，谁就拥有未来。随着科学技术的迅速发展和人类生存压力的增加，越来越多的国家把解决本国面临的人口、资源、环境等问题的出路寄托于海洋。联合国大会已经形成决议，敦促各国把海洋开发列入国家经济发展的战略重点①。可以断言，海洋将成为国际经济竞争的首要领域，整个21世纪将是海洋资源开发的新纪元。

我国政府公布的《中国21世纪议程》②也把现代海洋开发和资源保护作为重要内容，力求通过大规模地开发海洋，发展海洋经济，以减轻陆地承载压力，缓解经济发展所面临的突出矛盾，增加社会经济总量，提高人民的生活质量。1994年10月在山东召开的全国"科技兴海"经验交流会③，标志着我国依靠科技进步，开发海洋资源，发展海洋产业的新阶段。

但从总体上说，我国海洋开发尚处于初级阶段，特别是南海的开发还属于起步期。更为紧迫的是，我们的一些周边国家和地区纷纷把发展的目光投向南海，甚至发展到分割我海域、侵占我岛屿、掠夺我海洋资源的严重地步。南海海区每年有数千万吨油气资源被掠夺。加快开发利用南海资

---

① 把海洋开发纳入国家发展战略，是1990年联合国第45届大会决议向世界沿海各国发出的倡议。参见周宏春：《海洋开发应作为下一阶段我国发展战略的重要组成部分》，《海洋开发与管理》2002年第3期。

② 《中国21世纪议程》全称为《中国21世纪议程——中国21世纪人口、环境与发展白皮书》，是我国政府为贯彻联合国环境与发展大会精神，在中国实现可持续发展的行动纲领。阐述了中国可持续发展的背景、必要性、战略思想与指导原则，提出到2000年各主要产业的发展目标、社会目标和法规政策体系；保障社会团体与公众参与可持续发展的经济、技术和税收政策；建立发展基金，争取国外资金支持；强调教育与能力建设，注意人力资源开发和科技的作用，提高全民的可持续发展意识等。参见中国21世纪议程管理中心：《中国21世纪议程高级国际圆桌会议文集》，科学出版社1995年版。

③ 国家科委、国家海洋局联合召开的首次"全国科技兴海经验交流会"于1994年10月19日在山东潍坊市召开。这次会议主要总结交流了全国沿海各省市"科技兴海"取得的好经验。会议一致认为："科技兴海"是一项涉及科研、开发、推广、生产、环境、管理等领域的多层次、多环节的社会化系统工程，必须加强组织领导，统一规划，统一协调，广泛组织各方面的力量参与到"科技兴海"工作中来，促进海洋事业的发展。

源，特别是南海油气资源已到了刻不容缓的地步。如再不加紧开发，南海相当一部分资源将不再属于我们①。

开发南海最好的依托是海南经济特区。海南岛犹如镶嵌在浩瀚南海上的"不沉的航空母舰"，是天造地设的南海资源开发基地，可以为开发南海发挥如下作用：一是作为开发南海的物资供应基地，为南海开发源源不断地提供后勤保障；二是作为南海资源的综合利用和加工基地，将南海各种资源在海南岛上进行深层次、高附加值的加工；三是作为南海开发产品的推广运销基地，使这些产品畅销我国和世界各地；四是作为经济特区，可以利用特殊政策和对外开放的影响力，运用各种渠道筹集资金引进技术和人才，从而成为南海资源开发的资金筹集和技术人才储备基地。

对于海南岛在我国南海的开发中的地位、作用和任务，党中央和国务院曾在一些文件中作了明确的规定，提出"要把我们祖国这个宝岛建设得更加壮丽富饶，更多地提供车窗需要的重要资源，更好地为开发南海石油服务"②；明确要求海南"发展经济必须立足于开发利用海南丰富的自然资源，包括海洋资源"③。1987 年 6 月，邓小平向外国客人介绍我国正在创办的海南经济特区时，特地指出了南海的石油天然气资源，并满怀信心地预言："海南岛好好发展起来，是很了不起的。"④ 所有这些都表明，海南经济特区一开始就与南海开发密切联系在一起。因此，把海南定位为南海资源开发基地，是实施我国海洋开发战略的重要步骤。

二、可以迅速激发海南现代化建设

将海南定位于南海资源开发基础，体现了海南对国家应尽的责任，同

---

① 参见李克：《海南经济特区定位研究》，海南出版社 2000 年版，第 94、95、96 页。

② 《加快海南岛开发建设问题讨论纪要》（中发〔1983〕11 号），海南省档案馆档案：52—4—6。

③ 《关于海南岛进一步对外开放加快经济开发建设的座谈会纪要》（国发〔1988〕24 号），海南省档案馆档案：15—55—16。

④ 1987 年 6 月 12 日，邓小平在北京会见南斯拉夫共产主义者联盟中央主席团委员科罗舍茨时说："我们正在搞一个更大的特区，这就是海南岛经济特区。海南岛和台湾的面积差不多，那里有许多资源，有富铁矿，有石油天然气，还有橡胶和别的热带、亚热带作物。海南岛好好发展起来，是很了不起的"。《邓小平文选》第 3 卷，人民出版社 1993 年版，第 239 页。

时也是实现海南现代化的支撑点和激发因素。

海南是一个海洋大省，独特的地理位置和自然条件，赋予它许多比较优势。从其自身的开发建设来看，海南只有充分发掘和利用这个优势，大力发展海洋经济，才算真正找到了海南实现现代化的恒久支撑点。海洋条件远不如海南的山东、江苏、浙江等省，近几年相继提出了建设"海上山东""海上苏东""海洋大省"的目标，他们清楚地看到海洋开发对于发展本省经济的重要意义。海南作为一个名副其实的海洋大省，海洋开发对于其实现经济持续高速增长，更能发挥出明显的作用。这是因为：一是海南陆地范围小、人口少，海洋开发对于经济发展所产生的激发力和推动力，比其他沿海省份大得多；二是海南海洋资源总是远大于其他沿海省份，特别是油气资源更是得天独厚；三是海洋资源和经济特区的结合，将会使海洋开发产生更大的经济效益。开发南海资源可以在海南形成一个关联度极高的海洋产业链。这个产业链的第一个层次是海洋运输业、海洋渔业、海水养殖业、海盐业、海洋旅游业、海洋生化业、海洋油气业、海洋能源开发业等构成的产业链。第二个层次是海洋各业内部构成的产业链。海洋渔业关联渔船、渔具、渔用仪器制造。海产品保鲜、冷藏、加工、贮运以及钢铁、机械、仪表、通信、电机、制冷、港口建设、港口贮运加工等。海洋产业链不仅产业关联度大，而且乘数效应高，不仅有规模效益，而且科技含量、产品附加值高，市场广阔，可以带来海南经济的强劲增长。

第三节　海南海洋产业的概况

海南有丰富的自然资源，特别是海洋资源，但历史上没有很好地开发，即使进行了一些开发活动，也只是自然开发（即没有规划的开发）。海南大规模的开发建设，是从新中国成立后开始的。尽管海南有蓝色资源优势，可是长期没有得到积极的利用。海南建省办经济特区后，利用蓝色资源优势，发展海南经济才提到议事日程上来。

一、海洋油气资源开发利用的回顾
海洋资源的开发，应该以海洋油气资源的开采和综合开发为主导。因为油气的开采，一方面，经济效益显著，且能带动一系列与油气有关的产业和部门的发展，一举多得；另一方面，是更好地保护我国的海洋权益，防止我国油气资源的大量流失。如文莱是南海边的一个小国，陆地面积只是海南岛面积的1/6，人口20多万，过去非常贫困，现已成为世界有名的富国，全国人均年收入12000美元以上，它就是靠开发海洋油气致富的[①]。

海南岛周围海域的油气勘查始于20世纪50年代，但取得突破性进展是20世纪80年代以后，先后有地质、石油、科研等单位参与这项工作。以下是有关单位开发利用海洋油气资源的基本情况：

（一）中国海洋石油总公司南海西部公司

该公司勘查开发重点是莺歌海盆地、琼东南盆地、琼东北的珠三凹陷和南沙的万安北等21区块，共发现油气构造20多个，先后已探明且经全国矿产储量委员会审查批准可供建设利用的天然气田有：崖13—1气田（储量为907.9亿立方米，凝析油222.4万吨）、东方1—1气田（储量996.8亿立方米）、乐东15—1气田（储量178.8亿立方米），合计探明天然气储量2083.5亿立方米，占同期我国海域探明天然气总储量的82%。其中：一是由中国海洋石油总公司与美国阿科国际油气公司从1982年9月开始在莺歌海盆地勘探以来，共打了5口勘探井，其中三亚市以南100公里的海底，1983年6月20日崖13—1构造完成1口日产120万立方米天然气井的勘探工作，次年7月又完成第二口井，日产天然气180万立方米。1996年投入使用的崖13—1构造气田，除了年产34亿立方米天然气可产20年外，还有可综合利用的年产凝析油27万吨。二是东方1—1气田探明储量996.8亿立方米，在多个油气构造中分别打出工业油气流的还有文昌8—3—1井（日产原油1378吨，日产天然气36.3万立方米）、文昌9—1—1井（日产油206吨、日产气46.8万立方米）、乐东22—1—1井（日产气122万立方米）和岭头1—1—1井（产气23万立方米）。

（二）原地质矿产部广州海洋地质调查局①

该局工作重点是北纬 5°40′、东经 108°～119° 的南沙海域约 80 万平方公里和万安盆地（6.6 万平方公里，其中属我国领域 4.8 万平方公里）、曾母盆地（17.8 平方公里，其中属我国领域 12.9 平方公里）；共完成综合物探（多道地震、重力、磁力、测控）测线共 75851 公里；在重点工作的万安盆地内划分出北部、中部、南部、东部凹陷和南部、中部、东部低隆起等 7 个二级构造单元，新生代沉积厚度达 3000～13000 米，由下部的古新统、始新统陆相生油良好的泥岩上部的渐新统、中新统海相已进入油门限和碳酸岩盐、三角洲相的泥岩组成。在曾母盆地划分出万安南、康西、南薇、琼台凹陷、安康、安屏低隆起，南康、北康台地和立地斜坡等 9 个二级构造单元，新生代沉积厚度达 12000 米，由渐新统、中新统的河温滩砂岩和港湾沼泽相煤系、中新统—第四系浅海—半深海生物礁、碳酸盐岩、泥岩组成。经综合研究所获地质资料，圈定了 1 级含油远景区，初步探明南沙具有生油气的岩层多且厚度大，油气储集和圈闭类型多，生油气时间与构造形成时间搭配好等特点，具备大型油气田的成矿有利地质条件；预测南沙海域油气资源潜景为 200 亿吨，其中万安盆地 28 亿吨（以油为主）、曾母盆地 177 亿吨（以气为主，约 5.9 万亿立方米），万安和曾母盆地油资源的 70% 在我国海域之内②。

（三）中国科学院南沙海洋研究所③

该所于 1987 年至 1991 年在南沙海域做过 4 次航次的科学考察，调查

① 广州海洋地质调查局是国土资源部下属的多学科、多功能的综合性海洋地质调查研究机构，主要从事国家基础性、综合性、战略性和公益性的海洋地质调查研究工作。其前身是始建于 1964 年的原地质部海洋地质科学研究所（南京）。

② 李克：《海南经济特区定位研究》，海南出版社 2000 年版，第 94、95 页。

③ 中国科学院南海海洋研究所成立于 1959 年 1 月，是我国规模最大的综合性海洋研究机构之一，已进入中国科学院知识创新工程试点序列。重点研究热带半闭合型边缘海洋水—地—生（物）圈层结构及其相互作用特征与演变规律，探讨其对资源形成和环境变化的控制和影响，发展具有南海特色的热带海洋资源与环境过程理论体系和应用技术。根据我国实施"科技兴海"战略和维护海洋权益的需求，以南海区域海洋过程的理论创新为重点，推动海洋应用技术的重大突破，开展海洋矿产资源勘查、海洋生物资源开发利用、海洋工程环境与军事环境评价和预测等方面的社会可持续发展的重大科学问题研究，并促进应用开发和成果转化，为国家发展海洋经济和维护海洋权益作出基础性、战略性和前瞻性的重大贡献。

项目包括测控、重力、磁力、地震、热流、表层海水和海面空气汞含量等，同样证实南沙海域发育一系列含油气盆地。

另外，海南富岛化工有限公司在较大规模地利用海洋天然气资源并取得良好经济效益方面也颇有成就。海南富岛化工有限公司于 1997 年 1 月 20 日注册，资本金为 5053 万元。公司的主营业务为高效氮肥—大颗粒尿素的生产和销售，现拥有一套年产合成氨 30 万吨、尿素 52 万吨的大化肥装置。该公司的前身是 1992 年筹建，1993 年 2 月 19 日注册的海南富岛化学工业公司。1997 年经海南省人民政府批准，改制为海南富岛化工有限公司。它是接受海南省国有资产管理局和海南省经贸厅直接委托运营的国有独资公司。其化肥生产采用英国帝国化学工业（ICI—AMV）合成氨工艺、意大利斯纳姆（SNAM）氨气提尿素工艺和挪威海德鲁（HYDRO）流化床造粒工艺，合成氨装置由日本千代田化工建设株式会社承包建设，尿素装置由意大利斯纳姆公司承包建设。全流程采用集散控制系统（DCS）实现自动化，具有 90 年代初世界先进水平[①]。

目前，在海南岛西海岸，已形成以东方市和洋浦开发区为中心的一条油气化工业走廊，先后建成投产了年产 30 万吨合成氨和 52 万吨大颗粒尿素的东方富岛化肥厂、年产 45 万吨合成氨和 80 万吨大颗粒尿素的东方海洋化肥厂、年产 20 万吨的聚丙烯项目、年产 8 万吨的苯乙烯项目、年产 60 万吨甲醇项目、年加工原油 800 万吨的炼油化工项目。这些项目的投产，使海南这个全国陆地面积最小的省份，成为部分化工产品的重要产地，其中尿素出口占全国 80％以上份额。

二、海洋矿产资源开发利用的回顾

（一）海水资源综合利用

海南省海水资源综合利用主要有三个方面：一是海水直接利用技术，主要用于工业除尘、冷却水、净化洗涤和城市卫生用水等方面；二是海水淡化技术，在南海岛屿和航海船上已安装了海水淡化装置，以补充人类淡水资源不足；三是海水为原料制取化学物质的技术，主要是海盐生产技术

---

① 王群存：《从富岛化工到东方化工城》，《今日海南》2006 年第 11 期。

和卤水化工，制取氯化钠、氯化钾、氯化镁、硫酸钙、钾镁矾、工业溴素等，这是海水综合利用技术基础较牢固，效益较高的行业[1]。海南盐业生产历史悠久，最远可以追溯到汉代，且海南一直是我国重要的盐业产区。以海水为原料，采用滩晒制盐的海盐场全省注册约有 20 家，分布在海南岛沿海 8 个市（县）。目前，全省盐田 75000 亩，海盐年产量 27 万吨。其中莺歌海盐场是中国三大盐场，于 1958 年建设，总面积 22 平方公里，常年产盐量占全省的 80%，是目前我国南方晒盐条件最佳、规模最大的盐业生产基地[2]。

在科技进步的推动作用下，海南省的海水资源综合利用，尤其是海盐生产逐步走上了以科学指导为主，生产工艺合理，设备先进的轨道。国有盐场先后建立起盐产品化验室、盐业气象台（站）、盐业科研所（站），实现部分机械化操作，使产品优一级品率不断提高，盐的产品从单一的粗盐发展到粉洗精盐、日晒优质盐、日晒细盐、日晒多元素盐、强化锌营养盐、加碘盐等；苦卤化工产品有氯化钾、氯化镁、硫酸钙、光卤石、工业溴素等。

（二）滨海砂矿开发

海南已探明的第四系滨海砂矿——钛铁矿、锆英石和石英砂矿的储量居全国首位[3]。海南滨海砂矿采掘业自 1957 年由农民手工开采，因手工选矿达不到要求，至 1962 年几乎全部停产。到 1965 年先后举办起乌场、清澜、南港等 4 个机械采矿的国营钛铁矿山。随着改革开放的深入，滨海砂矿的开采，呈现出多元化发展的态势，除原矿区外，还上了一批群众性钛铁砂矿、锆砂矿和石英矿的采掘点。与此同时，各矿区还不断扩大生产规模，增加生产能力，到 1985 年已形成年采矿 59 万吨，精选 8 万吨的生产能力。虽然海南滨海砂矿资源丰富，品位较高，砂矿的采、选、冶、加工等工业的发展前景诱人，但其综合利用和矿产品的深加工尚处于初始阶段，近年引进德国的技术，开发出锆英砂微粉新产品，建成年产 4000 吨

---

[1] 李克：《海南经济特区定位研究》，海南出版社 2000 年版，第 246 页。

[2] 王一新等著：《牵手台湾——海南台湾经济比较与合作研究》，海南出版社 2006 年版，第 11 页。

[3] 参见李克：《海南经济特区定位研究》，海南出版社 2000 年版，第 238 页。

高品位钴英砂超细磨粉生产线①。

三、海洋水产资源开发利用的回顾

海洋水产资源开发主要是海洋渔业捕捞、海水养殖和水产品的加工。海南辽阔的海域，丰富的渔业资源，发展海洋捕捞和名特优水产品养殖及其加工前景广阔。

（一）海洋渔业捕捞

在海南岛，捕鱼一直是滨海地区居民谋生的主要手段之一。据有关资源记载，1938 年渔业产量即达到 5.7 万吨，这是解放前的最高纪录②。目前海南渔业仍以海洋捕捞为主，据统计，2006 年海产品产量达 138 万吨，占水产品总量的 83.13％。海洋捕捞业中又以群众渔业为主，约占海洋捕捞业总产量的 80％③。海南的海洋捕捞具有品种多、产品优、优质鱼产量大的特点，鲜活产品已远销港澳和日本。

南海诸岛自古以来就是我国不可分割的主权传统领海。尽管南海周边某些邻国对南海诸岛主权持有争议，但我国政府主张"主权归我，搁置争议，共同开发"④。事实上，海南省渔民祖祖辈辈开发利用西、中、南沙群岛渔业历史悠久，就近代渔业史来说，早在 16 世纪，海南岛东部沿海的文昌县和琼东县（现琼海市）渔民已经在南沙群岛驻岛从事捕鱼，采捞海螺、贝类、海参的生产活动。自 20 世纪 50 年代，我国政府尤为重视支持海南岛渔民开发西、中、南沙渔业生产。70 年代中期，海南行政区水

---

① 参见李克：《海南经济特区定位研究》，海南出版社 2000 年版，第 239 页。

② 海南特区经济年鉴编辑委员会编：《海南特区经济年鉴》1989（创刊号），新华出版社1989 年版，第 196 页。

③ 海南省统计局：《2006 年海南省经济和社会发展统计公报》，2007 年 2 月 2 日。

④ 邓小平于 1984 年 10 月就明确指出："南沙群岛，历来世界地图是划到中国的，属中国，现在除台湾占了一个岛以外，菲律宾占了几个岛，越南占了几个岛，马来西亚占了几个岛。将来怎么办？一个办法是我们用武力统编把这些岛收回来；一个办法是把主权问题搁置起来，共同开发，这就可以消除多年来积累下来的问题。"（《邓小平文选》第 3 卷，人民出版社 1993 年版，第87 页）遵照邓小平和平解决南沙争端的思想，中国政府在 1990 年就提出了解决南沙问题的十六字方针："主权归我，和平解决，搁置争议，共同开发"。参见朱听昌：《论中国睦邻政策的理论与实践》，《国际观察》2001 年第 2 期。

产主管部门组织西、中、南沙水产资源科研调查[①]。1976 年，组织集体群众渔船 78 艘投入了有规模的多种作业方式综合开发利用，渔获量突破 1000 吨，开创了最新纪录。直至 1985 年后，海南每年均组织一批渔船开发南沙群岛渔业[②]。

（二）海水养殖

海南的海水养殖发展较早，50 年代初就开始修建鱼塘，创办海藻养殖场。60 年代初建立起珍珠场，70 年代中期又大量引进牡蛎养殖。但有规模的全面发展实际上始于 80 年代，即逐渐从原来的鱼塘养殖、麒麟菜养殖和珍珠养殖，发展到江蓠、泥蚶、牡蛎、对虾、青蟹、海参、石斑鱼等多品种的养殖，并且产量不断增加。此外，海水网箱养殖，自引进技术以来，发展很快，产品主要销往香港，并已成为经济效益和创汇效益较高的新兴的双高养殖项目。

（三）水产品加工

在海洋捕捞和海水养殖不断发展的同时，水产品的综合加工利用和渔业的水鲜产品生产也不断地扩大。目前海南全省水产品加工能力为每年 30 多万吨，水产加工品数量为 20 万吨左右，其中以冰冻水产品为主，占总加工品数量的 18% 左右。

在水产品加工行业，建厂于 50 年代的海南省水产品加工厂以生产"青鳖"牌鱼肝品质优良而闻名。它们由小到大滚动发展，逐步壮大成为年生产能力 600 万瓶、产值 3200 万元、固定资产 1800 万元的国有企业，基本年年盈利，平均年创利 40 万～50 万元，连续多年被评为省水产系统先进单位，跻身于"海南省 100 家最佳经济效益企业"之列，成为海南省国有企业的一朵奇葩。

总之，海洋水产资源开发，自建省以来，海南加大渔业的投入，加快渔船更新改造，提高外海捕捞生产能力；加快养殖种苗体系建设，加大渔港基础设施建设力度。同时加大渔业作业结构调整，通过渔船更新改造，配备雷达、探鱼仪等助导航设备，特别是对西南中沙渔业资源的开发，使

[①] 参见李克：《海南经济特区定位研究》，海南出版社 2000 年版，第 119、120 页。
[②] 参见李克：《海南经济特区定位研究》，海南出版社 2000 年版，第 136 页。

海捕作业结构进一步合理，逐步实现了从近捕与远捕、捕捞与养殖相结合的转变。海水养殖业迅猛发展，每年都以两位数的速度增长。养殖规模不断扩大，品种不断增加，养殖模式不断创新，高位池养虾、工厂化养鲍、沉箱养鲍等扩展了养殖空间。同时，淡水养殖也不断发展，名特优品种开始大面积养殖，经济效益明显提高。2004 年海南海水产品总产量 115.06 万吨，其中海洋捕捞产量 99.04 万吨，海水养殖产量 16.02 万吨，完成海洋渔业总产值 120.92 亿元。海洋渔业经济的发展不但有力地促进海南经济的发展，而且增加了渔民的收入，渔民人均收入 6118 元，增长 8.3%；渔民劳均收入 1.16 万元，增长 12.2%，同时对提高海南人民的生活质量作出了主要的贡献①。

第四节　国外海洋产业生态化发展和海南海洋产业生态化存在的问题

海洋生态问题，最重要的是真正实现海洋资源的可持续利用。海洋生态平衡的打破，一般来自两方面的原因：一是自然本身的变化，如自然灾害；二是来自人类的活动，主要是指不合理的、超强度的开发利用海洋生物资源及对海洋环境空间的不适当利用，致使海域污染的发生和生态环境的恶化。当今，在其他沿海国家海洋产业蓬勃发展，基本实现生态保护与产业发展同步进行的情况下，海南海洋产业在走向生态化的过程中却暴露出不少问题。

一、国外海洋产业及其生态化发展

（一）世界海洋产业快速发展

20 世纪 90 年代以来，世界海洋经济 GDP 平均每年以 11% 的速度增长，2001 年达到 1.3 万亿美元，占全球 GDP 的 4%。据 2004 年世界著名市场调查公司英国坎特伯雷 Douglas—Westwood 公司有关海洋科技报告，2000 年，全球海洋市场中海上油气产品占最大份额，达 3000 亿美元，其

---

① 许道男：《支持海南省海洋经济发展的金融路径探索》，《海南金融》2006 年第 12 期。

次是海运，达 2340 亿美元，海洋科技研发投入为 190 亿美元①。

预计未来 10 年全球海洋产业年均增长率为 3％，2010 年产值将达 15000 亿美元，2020 年达 30000 亿美元②。主要增长领域在海洋石油和天然气、海洋水产、海底电缆、海洋安全业、海洋生物技术、水下交通工具、海洋信息技术、海洋娱乐休闲业、海洋服务和海洋新能源等。

（二）沿海国家竞相制定海洋产业发展战略

为了大规模、全面地开发利用海洋资源和空间，许多国家特别是各沿海国家已经或正在制定海洋经济的发展战略。据报道，目前世界上有 100 多个沿海国家普遍抓紧开发利用海洋资源和空间，重视开发海洋高新技术，从事海洋环境探测、海洋资源调查开发、海洋油气开发等。

发达国家依靠在海洋高科技中的领先地位实施其海洋产业发展战略，不仅抢占海洋空间和资源，而且都把发展海洋高科技当做海洋开发的重中之重。2004 年，美国出台了 21 世纪的新海洋政策《21 世纪海洋蓝图》，公布了《美国海洋行动计划》；2004 年，日本发布了第一部海洋白皮书，提出对海洋实施全面管理；2002 年，加拿大制定了《加拿大海洋战略》；韩国也出台了《韩国 21 世纪海洋》国家战略。发展海洋产业正成为世界高技术竞争的焦点之一。

（三）深海勘探开发成为热点

随着各国经济的飞速发展和世界人口的不断增加，人类消耗的自然资源越来越多，陆地及近海资源正日益减少。在世界各个大洋 4000～6000 米深的海底深处，广泛分布着含有锰、铜、钴、镍、铁等 70 多种元素的大洋多金属结核，还有富钴结壳资源、热液硫化物资源、天然气水合物和深海生物基因资源等丰富的资源，具有很好的科研与商业应用前景。最为现实的是深海石油资源，海底石油和天然气储量约占世界总量的 45％。为了开发深海这个人类生存的最后的资源宝库，深海勘探开发已成为 21 世纪世界海洋科技发展的重要前沿和关注的重点③。

---

① 唐镇乐：《海洋经济：蔚蓝色的思考与实践》，知识出版社 2000 年版，第 3 页。
② 孙斌、徐质斌：《海洋经济学》，山东教育出版社 2004 年版。
③ 吴士存：《世界著名岛屿经济体选论》，世界知识出版社 2006 年版，前言。

《联合国海洋法公约》规定，国家管辖范围以外的海床和洋底及其底土为国际海底区域，该"区域"及其资源属全人类共同继承财产，由"国际海底管理局"代表全人类管理该"区域"内的活动及其资源开发，任何国家不得自由占有与利用。世界各国纷纷在《联合国海洋法公约》建立的国际法律框架下，积极参与国际海底活动和大力开展深海资源勘探，以"合法"的手段分享人类这一共同继承的财产。

（四）重视海洋开发与环境生态协调发展

由于世界海洋经济的迅猛增长，海上工业活动日益频繁，特别是海上石油开发高潮迭起。海洋开发活动在为人类带来巨大的能源和财富的同时，也对海洋环境造成了很大的影响，产生了很多问题，包括：深海底资源开发对周围环境的影响、海洋运输石油管道和运油船舶对海域的污染等。

针对海洋环境方面存在的问题，国际社会及世界主要海洋国家均依据海洋生态平衡的要求制定了有关法规，并运用科学的方法和手段来调整海洋开发和环境生态间的关系，以达到海洋资源的持续利用的目的。美国政府拟建立"海洋政策信托基金"，加大资金投入，在白宫内增设国家海洋委员会，以保护美国海洋资源免遭海洋资源开发及工业污染带来的危害；韩国海洋水产部计划向那些影响海洋生态系统和减少海洋生物多样性的公司征收税收，税收额度根据受威胁的区域的大小而定，用于保护海洋生态系统的生物多样性促进项目[1]。

二、海南海洋产业生态化发展中存在的问题

海南拥有 200 万平方公里的海域。就拥有的海域面积而言，相比广东拥有 45 万平方公里、福建拥有大概 13 万平方公里和浙江拥有 26 万平方公里，海南属于名副其实的海洋大省。但是，就海洋经济发展的情况来看，海南又是海洋经济小省、海洋经济的弱省。1998 年海洋经济的总产值是 200 多亿元，广东、浙江这些沿海省都是 1000 多亿元[2]。海南与国

---

① 唐镇乐：《海洋经济：蔚蓝色的思考与实践》，知识出版社 2000 年版，第 55 页。
② 农业部渔业局：《中国渔业统计年鉴 1999》。

内沿海发达地区比较，与世界海洋经济强国相比，差距是十分明显的。一个不争的事实是，海南虽是海洋资源大省，但远不是海洋经济强省。

（一）海洋开发层次低，资源利用不充分

1. 港口航运方面。海南从建国初期到建省前的 1987 年，港口航运基础设施有了很大的发展，但从全国来说，仍相对较落后，还远远不能适应海南建省办大特区和建设海洋强省的需要。主要问题有：主要港口吞吐能力小，深水泊位少，装卸机械陈旧，修理设备落后：航道状况落后，中小港湾航道绝大部分属天然状态，通航能力差，有些几乎没有通航能力，变成死港湾；海南航道建设的投资在当时广东各地区中列倒数第一。

海南建省后，已开发的大小港口有 20 多个，还不到这一资源总量的 1/3，许多条件优良的港湾仍然静卧在海岸线上等待开发。全国主要沿海港口码头长度为 136155 米，泊位 1278 个，其中万吨级泊位 349 个；而海南仅有码头长度 3750 米，泊位 26 个，其中万吨级码头 8 个，分别占全国的 2.8％、2.03％和 2.3％，这显然与大特区的开发和海洋强省建设不相适应。

2. 海洋渔业和养殖业。海南的海洋渔业和养殖业开发利用虽有漫长的历史，但总量不大。2004 年，海南的水产品总量 115.06 万吨，其中海捕产量 99.4 万吨，与年可捕获量 420 万吨的指标比较，开发利用率很低[①]。

而海南的海洋养殖业也同样存在开发利用率低的问题。全省沿海地区可供养殖的滩涂有 38.5 万亩，目前仅利用了 1/4，绝大部分还闲置未用。另外，如海洋生物工程、海洋食品加工（长期停留在初级加工水平）都有待于进一步开发。

3. 海水资源。海南的海水资源的开发除传统盐业和海水淡化外，其他方面几乎是空白[②]。海南是我国南方重要的产盐基地，现在已有晒盐生产面积 43.88 平方公里，但所产盐的 80％以上原盐形式销往岛外，岛内盐产品加工业规模很小，盐化工业几乎是空白。因此，在科学开发、海盐

---

① 许道男：《支持海南省海洋经济发展的金融路径探索》，《海南金融》2006 年第 12 期。
② 李克：《海南经济特区定位研究》，海南出版社 2000 年版，第 246 页。

资源的综合利用、发展盐化工业等方面还需大做文章。

4. 海洋矿物。海南的海洋矿物的开发仍处在起步阶段，海洋能源（风能、波浪能、海流能）的开发利用还是空白，海洋油气的开发，目前虽然取得实质性进展，形成一定的生产规模，但充分利用天然气资源，把海南建成我国最大的化肥生产基地，尚需时间。

（二）科技力量薄弱，人才匮乏

一是海南海洋渔业的技术人才缺乏，生产人员素质不高。现代海洋渔业是一个集天文、地理、海洋、气候、生物、机械、电子、航海等学科专业知识为一体，并要求有较高水准的行业。在生产人员方面，海洋渔业是海南各行业中从业人员的文化素质较低的行业。渔家子弟相当部分小学未毕业就进入生产者行列。由于生产者文化素质低，接受科学技术知识的能力差，以至许多新设备和新技术难以在生产中得到推广和应用。二是海南省从事海洋资源开发和研究的科技人才严重缺乏。如省水产科研主要机构水产研究所和渔汛技术总站、水产技术推广总站等，1998年共有科技人员仅36人。海南水产专业技术人员本来就不多，而多年来由于各种原因，技术人员流失严重，专业技术人员知识老化的现象也十分严重。这显然与渔业在海南经济中的重要地位，及海洋经济发展的要求极不相适应。正因为如此，海洋开发中的一些重大问题，如宏观决策和控制问题，资源开发和环境保护问题、开发工程的技术经济问题等，一直得不到很好的研究解决。

（三）重开发，轻保护

在海南，海洋资源的开发利用日益受到人们的重视，而对海洋资源进行必要保护的重要性，却没有得到应有的认识。

1. 海洋环境喜忧参半。《2000年度海南省海洋环境状况公报》显示，海南省大部分海域将保持较好的水质状况，可以在相当长的一段时间内基本保持一类海水水质标准，而部分港口岸段水质较差，但仍然可以保持二类海水水质标准。然而，《公报》同时提醒人们：海南省海洋环境状况不容乐观，无序、无度、无偿开发海洋资源所造成的生态环境破坏问题仍十分突出[1]：（1）个别海域水质和水环境状况令人担忧。如海口湾白沙门近

---

① 参见海南省海洋与渔业厅：《2000年度海南省海洋环境状况公报》。

岸海域无机氮指标和三亚湾三亚港区的油类指标都超过国家二类海水水质标准。（2）不少港湾浅海水质营养盐污染明显，引起附近海域海水质量均明显下降。（3）海岸带生态环境破坏严重，而且愈演愈烈。除因一些未经论证的海岸工程、不合理的围海、筑坝污染破坏了鱼类洄游产卵规律和索饵场所，主要是由于渔民滥捕、渔捞强度过大、作业方式不合理等造成。如在禁渔期或禁渔区内捕鱼，在规定不能拖网作业的地方仍然拖网捕鱼，甚至用炸药炸鱼、用电捕鱼也时有发生，严重地破坏了渔业资源的再生和恢复能力。（4）海损事件时有发生，危及海洋环境①。

2. 红树林被蚕食。红树林②不仅仅是令人赏心悦目的风景线，更重要的是与海岛人民的生活，甚至生命息息相关的生命线。它抗风浪、固沙滩、保农田、护村庄，还有取之不尽的水产资源。据渔民反映，红树林水域鱼虾不仅多，而且肥硕，10 只虾便有 1 斤，1 只螃蟹可重到 1.5 斤。红树林不仅是宝贵的木材资源，而且具有很高的科研价值，利用红树林高耐盐基因，可培育出喜盐性粮食、蔬菜和果树，甚至有可能引发世界性的"第二次绿色革命"③，对人类作出更大的贡献。

遗憾的是，许多人对红树林存在的价值和意义认识不充分，乱砍滥伐红树林由来已久。据海南省林业局资料，海南岛原有红树林 15 万亩，到现在仅存一半，而且多为残次林地。文昌市在 70 年代就砍了将近 1 万亩红树林。建省以来，一片片红树林还是被一口口鱼塘天天蚕食，仅 1997年，文昌市会文镇冠南地区沿海至清澜镇南海一带的村民为了挖塘养鱼

---

① 1999 年 1 月 31 日海口市秀英排污沟至海口市后海一带海南金轮实业股份有限公司重油泄漏污染海域事故；1999 年 8 月 8 日三亚港内一艘运油轮沉没，所运柴油泄漏事件；1999 年 4月 30 日，巴拿马籍长顺号轮被大风大浪压到文昌市龙楼镇附近海域触礁沉没，部分燃油溢出等，造成附近海区不同程度地受到油类污染。参见海南省海洋与渔业厅：《2000 年度海南省海洋环境状况公报》。

② 红树林是热带海岸泥滩上的常绿灌木和小乔木群落，是植物王国优秀的族类，是我国的重点保护树种。其中主要种类适应盐土和沼泽条件的红树型植物（如红树、海榄雌、海桑、红茄冬等），均具有呼吸根或支柱根；种子可在树上果实中萌芽或小苗后，再脱离母株，下坠插入淤泥中发育为新株。在其他植物无法生存的盐渍地它也可以长得枝繁叶茂，生机蓬勃。

③ 第二次绿色革命的设想，主要目的在于运用国际力量，为发展中国家培育既高产又富含维生素和矿物质的作物新品种。参见戴小枫、刘继芬、路文如：《第二次绿色革命的目标、任务与技术选择》，《世界农业》1998 年第 5 期。

虾，一次性砍毁红树林就达 40 多亩。1997—1998 年，该地区已有 200 余亩红树林被毁，造成河口、海岸生态失调，气候恶化，严重破坏了鱼虾繁殖生态的环境，使近海捕捞产量逐年下降。同时，强风劲浪长驱直入，危及沿海农业生产和人民生命财产安全。如果不能合理地开发利用沿海的滩涂，做到环保与经济协调的发展，后果不堪设想。

3. 珊瑚礁被破坏。海南岛的海岸线长 1528 公里，其中原有珊瑚礁有 228.9 公里。其生长宽度达 1500～2000 米，有 13 科、34 属和 2 个亚属 116 种。南海诸岛周围的珊瑚种类更多，仅西沙群岛就有 38 属 127 种。在海南的珊瑚礁中，92.1％是岸礁、1％是泻湖礁、6.9％是离岸礁[①]。珊瑚礁和红树林一样都是复杂的生态系统，它们为各种鱼虾类提供了栖息与繁殖的场所，也保护了海岸的完整性。可惜的是，多年来由于人们对珊瑚礁的生态价值认识以及公众的海洋环境保护意识淡薄，沿海一些渔民受利益驱使，违反规定肆意滥采乱炸珊瑚礁，用以制作工艺品，烧石灰。在礁区炸鱼、毒鱼，盲目地掠夺性采挖，使珊瑚礁遭受空前劫难，使全省近岸 80％的珊瑚礁遭到不同程度的破坏。1998 年，海南岛沿岸浅海的珊瑚礁分布面积锐减为 22217 公顷，岸礁仅有 125 公里，分别比 60 年代减少 55.5％和 59.1％[②]。1998 年，海南省人大为此颁布了《海南省珊瑚礁保护规定》，有关部门也曾开展了一系列声势浩大的打击破坏珊瑚礁专项斗争，但肆意破坏珊瑚礁资源的违法行为至今尚未得到根本遏制。

大面积的挖沙、采石、采挖沙矿，不按海洋功能区划要求挖塘养殖、捕杀海龟、采摘珊瑚礁等，都不同程度地破坏了海南海洋自然生态环境。有关专家指出，海洋生物资源的衰竭，与海洋生物环境的恶化密不可分，违背自然规律的盲目开发，其结果只能是自尝苦果。如文昌市邦塘湾，因大片的珊瑚礁被采挖，使海岸失去了屏障，造成浪波对海岸的侵蚀，家园被海水浸没。十几年来，这带海岸足足后退了 200 米，一处优美的沙滩消失了，一片美丽的椰林现已残缺不全，原陆上的一个暗堡已居于潮水之

---

① 王如松、林顺坤、欧阳志云：《海南省生态省建设的理论与实践》，化学工业出版社 2004 年版，第 49 页。

② 参见海南省渔业厅：《海南省珊瑚礁资源摸底调查报告》1998 年。

中，一些建在海边的宾馆、度假村不得不投放石块护岸。更令人痛心的是，海南省珊瑚礁区域的海洋生物多样性指数也呈下降之势，许多珍贵的珊瑚礁生物（如虎斑宝贝、大碎碟等）已难觅其踪。

人类对海洋的利用最终表现的只能是可持续发展的利用，海洋开发行为应当是理性的。海南海洋产业发展中存在的种种不足，是海南生存条件和生存环境恶化的一个信号。这一趋势目前还在加速发展的过程中，其影响固然直接危及当代人的利益，但更为主要的是对后代人未来持续发展的积累性后果。众所周知，海南是我国最大海洋省和特区省，也是国家在行政区划上唯一授权管辖海域的省份。浩瀚的海洋及其丰富的海洋资源，已成为海南省经济发展的战略优势。在空间和资源上，为发展海洋产业提供了最有利的条件。因此，海洋产业的发展必须要遵循可持续发展要求，注重保护海洋生态环境，坚持合理利用海洋资源，加快海洋科技的发展，加强海洋综合管理。在发展海洋产业方面，在实现海洋产业生态化方面，海南必须要做出新的探索，必须坚持经济发展与资源、环境保护并举，保障海洋经济的可持续发展。同时加强海洋生态环境保护与建设，海洋经济发展规模和速度要与资源和环境承载能力相适应，走产业现代化与生态环境相协调的可持续发展之路。

第六章　海南旅游业的发展及其与生态化旅游的差距

海南具有发展旅游业得天独厚的条件和极大潜力。正因为如此，江泽民同志 2001 年 2 月在海南考察时强调，海南发展旅游的条件优越，与世界一些著名的旅游胜地相比也毫不逊色。一定要把这方面的潜力发挥出来，努力把海南建设成为中国一流和具有国际水平的海岛休闲度假胜地[①]。

第一节　海南丰富的旅游资源

海南，一块从大海中崛起的美丽而神奇的土地，拥有极其丰富且独具特色的旅游资源。据专家考察，全省可供开发和利用的旅游资源 11 类 241 处。其中，滨海沙滩 39 处、山岳 28 处、奇石异洞温泉 38 处、野生动植物观光资源 21 处、民族风情 9 处、生产观光资源 12 处、文物园林 31 处。在 2003 年底，全省已经初步开发出自然风光、民族风情、名胜古迹等类型的旅游风景区、点达 73 处[②]。

一、优越的地理位置

千百年来，海南岛就是一块充满神秘色彩的热土，由于它位于中国的最南端，远离中原，古人总是喻之为"天涯海角"[③]，仿佛这里真是天的

---

① 杨振武、张宿堂、金敏：《江泽民主席强调大力加强和改进党的作风建设》，《光明日报》2001 年 3 月 1 日。

② 李仁君：《海南区域经济发展研究》，中国文史出版社 2004 年版，第 284 页。

③ 语出南朝陈时的徐陵《武皇帝作相时与岭南酋毫书》："天涯茫茫，地角悠悠，言而无由，但以情企。"北宋晏殊《踏莎行》有句："无穷无尽是离愁，天涯地角寻思遍。"

边缘海的尽头。海南岛的地理位置十分优越。它的面积是 3.4 万平方公里，位于北纬 18°10′～20°10′，与美国的夏威夷处于同一纬度，光热充足，四季常绿。北隔琼州海峡与雷州半岛相望，西邻北部湾并与越南相邻，东濒香港、台湾，东南方是菲律宾，南望马来西亚、印度尼西亚和新加坡，其地理位置为发展旅游提供较大的便利。

二、多姿的热带风光与宜人的气候

海南岛别称椰岛。一上岛，最先跃入眼帘的就是高大挺拔、振翅欲飞的椰子树。无论什么季节都是硕果累累，给每个来海南的人以美好的昭示：在这片充满阳光、热情的红土地上，你会有许多收获。

海南岛地处热带季风地区，每年有两次太阳直射的机会，光热充足，是中国唯一的热带省，占全国热带面积 1/3 以上，年平均气温 22～26℃，就是最冷的 1 月平均气温也在 16℃ 以上，每年的晴日超过 300 天[①]。海南虽然地处热带，但有海洋和云雨的调节。盛夏除中午一段时间稍微炎热以外，早晚海风送爽，且夏季多雨，雨后十分凉爽。冬季，北国已是白雪飘飘，寒凝大地，海南却仍然春意盎然、绿满天涯，南部地区的气温常常在 20℃ 以上。总之，冬季是避寒疗养的佳境，夏季也是内陆省份人士乐意逗留之地。如此优越的气候条件，加上优美的自然环境，使得这里成为国际上有名的避寒、观光胜地。

三、旖旎的海岛景观

拥有中国唯一热带海洋风光的海南，像一只巨大的椰子浮在南中国海上，星罗棋布的西沙、中沙、南沙群岛则像珍珠散落在"椰子"周围。

海南海岸绵延、港湾众多，在 1580 公里的海岸线中，沙岸占 50%～60%，沙滩宽达数百米到上千米，向海的坡度一般为 5°左右，平缓延伸。多数海滩风平浪静，海水清澈，沙白如雪。海水温度一般在 18～30℃，阳光充足，一年中多数日子可以进行日光浴、海水浴、沙浴和风浴。据相关部门调查，仅海口到三亚的东海岸就有 60 多处可以开辟为海滨浴场，

---

① 郑良文、黄少辉：《海南岛旅游资源分析》，《热带地理》1985 年第 5 期。

当今国际旅游者推崇的阳光、海水、沙滩、绿色、空气五大旅游要素一应俱全①。

海南拥有水深 200 米以内的大陆架面积 6.56 万平方公里，水温适中，生存着众多有经济价值的鱼类。五光十色、千奇百怪的热带鱼和美丽的珊瑚礁，是潜水旅游观光的美景。

红树林生长的海岸线上，是另外一种特殊的热带海洋景观。因为其浸淹在海水之中，又称海上森林。尽管林外骄阳似火，而林中却凉风习习，乘小船在树林中游玩，水中曲径通幽，宛若梦幻世界。

四、美丽的山岳河川风光

海南岛内有海拔 1000 米以上的山峰 80 座，绵延起伏，气势磅礴，还有众多丘陵和奇石。五指山是海南的第一峰，海拔 1867 米，比泰山还高 335 米，素有海南屋脊之称②。远远望去，五指直插云间，气势非凡。此外，海南还有巍峨雄伟的鹦哥岭、奇石叠翠的东山岭、瀑布飞泻的太平山，都有望成为登山探险的胜地。

海南岛覆盆状的地势形成了辐射状的水系，河流众多，其中南渡江、昌化江和万泉河三大河流蜿蜒曲折，清幽秀丽。万泉河上游有激流险滩，中下游有温泉平湖，河水清澈，风景秀丽。此外岛上还大大小小的数百个水库。被誉为"宝岛明珠"的松涛水库水面面积 100 多平方公里，内有 300 多个小岛，水库周围森林密布，湖水清澈平静，尽显湖光山色之美。

五、丰富的火山、溶洞和温泉资源

历史上的火山喷发，为海南留下了许多的死火山口。位于海口永兴镇的双岭就是最典型的一处，附近还有雷虎岭火山口、罗京盘火山口，也都保存完好。岛上千姿百态的喀斯特溶洞也不少，著名的有三亚的落笔洞、保亭的千龙洞和昌江的皇帝洞。

海南的温泉资源十分丰富，已经探明的达 30 多处，多有医疗价值。

---

① 杨哲昆、李澄怡、赵全鹏：《海南旅游报告书》，海南出版社 2006 年版，第 210 页。
② 郑良文、黄少辉：《海南岛旅游资源分析》，《热带地理》1985 年第 5 期。

最早开发的万宁兴隆温泉已经建起了相当完备的水疗设施，后起之秀的保亭七仙岭温泉则充满了山野气息，别有洞天。陵水的南田温泉有 20 多处泉眼，是全岛水量大的一处温泉，且水温高达 80℃，水质上佳。儋州蓝洋温泉中的冷泉和热泉相隔数米，堪称一绝[1]。

六、巨大的生物资源

海南岛是一个天然温室，为生物的生长提供了非常理想的环境。

海南的植物可以终年常绿，四季花开。据统计，全岛共有各类植物4200 余种，占全国植物类的 1/7，其中 630 种是海南独有的。世界热带80 科显花植物属种最多的第一类 17 种植物，海南全有。众多植物中有较高利用价值达 800 多种，被国家列为重点保护的特有珍稀树木也有 20多种[2]。

海南是热带雨林和季雨林的产地，森林面积广阔，以尖峰岭、霸王岭、吊罗山、五指山和黎母山五大林区最为集中，其中尖峰岭的最为典型，物种之多世所罕见，已经被辟为国家森林公园[3]。

海南还是中国最大的热带作物生产基地，盛产橡胶、椰子、胡椒、槟榔、剑麻、咖啡、腰果等。这里也是中国著名的百果园和热带亚热带的水果产区，主要水果有香蕉、菠萝、芒果、荔枝、杨桃、木瓜、菠萝蜜、番石榴、甜橙、龙眼等，可以使游客大饱口福。海南还是著名的南药生产基地，槟榔、益智、砂仁、巴戟为海南的四大南药。全岛药用植物达到2500 多种，占全国的 40%，有"天然药库"之称[4]。

海南野生动物众多，列为国家一类保护的珍稀野生动物有 14 种，包括海南坡鹿、黑冠长臂猿等。

全岛现在已经建立了 72 个自然保护区，面积达到 268 万公顷，其中

---

① 王一新等著：《牵手台湾——海南台湾经济比较与合作研究》，海南出版社 2006 年版，第 19 页。

② 蒋有绪：《海南岛自然资源利用及其战略调整》，《农业经济问题》1984 年第 5 期。

③ 王一新等著：《牵手台湾——海南台湾经济比较与合作研究》，海南出版社 2006 年版，第 19 页。

④ 王一新等著：《牵手台湾——海南台湾经济比较与合作研究》，海南出版社 2006 年版，第 16 页。

国家级的有东方大田坡鹿保护区、海南东寨港红树林保护区、昌江霸王岭黑冠长臂猿自然保护区，还有省级的陵水南湾猴岛自然保护区、琼海麒麟菜自然保护区[①]。

七、众多的名胜古迹

海南岛有悠久的历史和文化。据史书记载，公元 110 年（汉代元封元年）海南岛就设立了儋耳和珠崖两郡[②]。在 2000 多年的历史中，岛上留下了许多历史遗迹，有为历代王朝贬到海南的五大名臣的五公祠和为苏轼修建的东坡书院，有始建于清代的琼台书院，有明代名臣丘浚和海瑞的陵墓，有宋庆龄祖居，有林文英、冯白驹和李硕勋烈士的纪念碑，有 1926 年琼崖第一次党代会会址和解放海南岛烈士纪念碑、红色娘子军雕像等革命遗址和纪念地，有海南各地建立的许多石牌坊、孔庙和"潮音寺"等古庙祠堂。全岛还有 200 多处新石器时代的遗址、青铜文化遗址和穆斯林墓葬等古代文化遗址。

八、多彩的民族风情

海南岛有黎族、苗族、回族等少数民族，至今仍然保留着多姿多彩的民风民俗和生活习惯。

黎族是海南的原住民[③]，他们的衣着服饰因地域不同而各异。深居山区的黎族人较多地保留了本民族的传统服饰。男性衣着简朴，女性服饰则多姿多彩，尤其是佩戴的饰物很多，走动时周身闪光，叮当作响。黎族饮食简单，但是其烤竹筒饭别有风味。黎族人嗜酒，以传统方法酿造的山兰米酒芳香扑鼻，味道醇厚。黎族同胞能歌善舞，每逢建新房、收庄稼、逢亲会友、喜庆佳节，都要敬酒对歌跳舞。平时，歌舞还是男女社交和婚恋的媒介。农历三月三是黎族传统的赛歌节，这天，男女盛装，聚集在山坡、树下和村场，燃起篝火，敲锣打鼓，载歌载舞，通宵达旦，热闹非凡。

---

① 柳树滋等著：《海南发展的绿色道路》，海南出版社 2001 年版，第 143 页。
② 海南特区经济年鉴编辑委员会编：《海南特区经济年鉴》1989（创刊号），新华出版社 1989 年版，第 82 页。
③ 司徒尚纪、许贵灵：《海南黎族与台湾原住民族都是古越族后裔》，《寻根》2004 年第 2 期。

苗族服饰上保留了浓厚的民族传统，且敬奉盘古始祖。回族男性衣着接近汉人，但是女性服饰保留民族特色，在许多方面保持了伊斯兰教的习俗。

由于具有上述得天独厚的旅游资源，经过近年来的发展，海南旅游业逐渐形成热带海滨度假休闲游、黎苗风情欢乐游、高尔夫球休闲健身游、南中国海潜水游、热带河谷漂流游、浪漫神奇小岛游、天涯古迹探访游等旅游品牌项目。

第二节　海南旅游业的概况

新中国成立以来海南旅游业的发展，以海南建省这一事件为分水岭。建省前，海南旅游资源的开发利用水平很低，处于低水平的起步阶段；建省后，海南的旅游业进入崭新的发展阶段，取得了可喜的巨大转变，现正处于旅游业升级转型期。

一、海南建省前旅游业的发展

长期以来，海南是中国边远地区，交通闭塞。建国后，海南又被作为海防前哨。1978 年实行改革开放以前，到海南的游客甚少，海南的旅行社主要任务是接待回乡探亲的华侨和少量友好人士。因此，20 世纪开始的现代旅游，80 年代前在海南只具有一种象征意义。在旅游设施方面，直到 1983 年海南尚没有一家旅游饭店。

党的十一届三中全会以后，改革开放为海南旅游业带来了发展的机遇。改革开放使国内外到海南的考察、投资者日益增长，人们到海南从事各类经济活动的同时，对海南得天独厚的旅游资源的巨大潜力也不断加深了认识。

早在 1981 年底，广东省决定加快海南岛的开发建设，同时海南区积极发展旅游业[①]。海南区旅游工作会议确定把海口和三亚冬泳度假区作为

①　《关于加快海南岛开发建设几个问题的决定》（粤发〔1981〕71 号），海南省档案馆档案：131—2—6。

重点先行建设好。1983 年 3 月，中共中央、国务院批转《加快海南岛开发建设问题纪要》，作出了加快海南岛开发建设的决定，指出海南岛有条件逐步建成国际避寒冬泳和旅游胜地①。要把海口古迹、兴隆温泉、陵水猴岛、三亚海滨浴场、通什民族风情、松涛水库、那大热带植物园等旅游点建设好，联成旅游线，使之各有奇景，各具风格，富有吸引力。

在国家的重视下，海南旅游步入实质性的起步阶段。海南区政府开始设立旅游管理机构，成立了经营旅游业务的企业，着手旅游景点的建设，开发旅游基础设施和旅游服务设施，同时开始进行旅游宣传。

1986 年 1 月，全国旅游工作会议宣布将海南作为中国七个重点旅游城市和地区之一，海南作为全国的重点旅游区还被列入国家的"七五"计划。由于中央和地方政策的重视，海南旅游业在低起点上实现了快速发展。到 1986 年底，全区旅游饭店已有 24 家。1980 年至 1986 年，到海南旅游的国际游客共 14.51 万人次。1986 年，海南接待国内外游客 23.7 万次。1987 年，中央在海南筹建省和准兴办中国最大的经济特区，这一重大的事件对海南旅游业起到了很大的促进作用。这一年海南接待国内外游客猛增到 75 万人次，其中国际游客 17.3 万人次，一年超过前 7 年的总和。

二、海南建省后旅游业的发展

海南建省办经济特区以后，旅游业从一个不起眼的小行业发展成为领跑全省经济的优势产业，在三亚等重点旅游城市已经成为主导产业。特别是近年来，海南坚持"高水平规划、高标准建设、高效益管理"原则，积极推进旅游产业升级转型，旅游产业取得了长足发展。

（一）旅游经济持续较快增长

从 2001 年起，海南旅游产业进入加快发展的新阶段，接待国内外游客人次和旅游总收入分别年均增长 8.39％和 9.3％。2004 年，全省接待国内外过夜游客 1402.89 万人次，同比增长 13.7％。入境游客 30.86 万人次，增长 5.22％，其中外国游客继续保持高速增长，达 18.38 万人次，

---

① 参见《加快海南岛开发建设问题纪要》，海南省档案馆档案：52—4—6。

增幅 27.37％。2004 年海南入境游客结构发生重大变化，外国游客已经在入境市场中占主导地位，其数量超过港澳台游客。全省旅游总收入 111.01 亿元（旅游外汇收入 8160.17 万美元），增长 18.7％。旅游经济总量相当于全省 GDP 的 14.05％，远高于全国平均水平。旅游产业对消费、投资的拉动作用明显增强，有力地带动了房地产业、航空业、金融业以及整个第三产业的全面发展[①]。

（二）旅游产业规模逐步壮大

海南已经建成具有较高档次、能够满足多种类型游客需求，"吃、住、行、游、购、娱"六大要素相配套的接待体系。到 2004 年底，全省共有各类旅游景区（点）74 处，其中 5 处获得国家 4A 级景区（点）称号；旅游星级饭店 216 家，其中五星级饭店 10 家，四星级饭店 36 家，三星级饭店 96 家，尚有一大批高标准建设的住宿单位待评星级；旅行社 158 家，其中国际旅行社 40 家；导游员有 6700 多人；旅游汽车 1800 多辆，另有 16 家自驾车出租公司；与旅游业直接相关的管理和从业人员超过 12 万人[②]。

（三）旅游产品结构不断优化

海南已开发出亚龙湾国家度假旅游区、南山文化旅游区、天涯海角旅游区、博鳌旅游区等一大批特色鲜明、内涵丰富的精品度假区和旅游景区，形成了在国内外有一定知名度的海岛度假休闲和特色观光旅游产品。比较具有市场竞争力的产品是：以热带海滨度假为主要内容的"蓝色浪漫之旅"，以生态旅游、热带雨林探奇和河湖旅游为主要内容的"绿色神奇之旅"，以各类温泉为内容的"风情温泉之旅"，以高尔夫休闲为主的"潇洒高尔夫之旅"，以及体现黎苗风情的"民族文化之旅"。此外，自驾车游、会展旅游、体育旅游、婚庆旅游等专项旅游迅速发展，"纯玩团"和"海南岛购房游"等新的旅游方式不断推出市场。特别是成功举办了第 53 届、第 54 届和第 55 届世界小姐总决赛，同国家旅游局共同主办的"中国海南岛欢乐节"等活动，逐渐成为品牌。

---

① 杨哲昆、李澄怡、赵全鹏：《海南旅游报告书》，海南出版社 2006 年版，第 6—16 页。

② 杨哲昆、李澄怡、赵全鹏：《海南旅游报告书》，海南出版社 2006 年版，第 6—8 页。

（四）旅游发展环境逐步完善

建省后的近 20 年，海南各项旅游配套设施不断改善，形成了功能齐全、协调配套的供给体系。拥有海口美兰和三亚凤凰两个国际机场，已开通国内、国际航线 200 多条，美兰机场连续多年被列为全国八大航空港。岛内建成 676 公里的环岛高速公路，以及"三纵四横"为基本框架的公路网，公路密度居全国前列[①]。粤海铁路正式开通运营业务，海南东线轻轨城际列车正筹备开工。电力供应自给有余，通信、金融等服务设施完备。与此同时，全面整治旅游市场秩序，规范旅游企业、旅游从业人员的经营和服务行为，完善了旅游价格形成机制和导游管理体制，在全国率先推行旅游合法佣金制，加强了海南省旅游投诉中心建设，严厉查处旅游违法违规行为，切实维护了旅游者合法权益，营造了良好的旅游环境。目前，海南旅游业在国内外旅游市场上的竞争能力明显增强，已经具备了转型升级、争取实现跨越式发展的基本条件。

（五）旅游业作为支柱产业的地位突出

海南建省办经济特区以来，海南省始终把旅游业作为一个重要的支柱产业来培育发展。建省之初，海南委、省政府将"农工贸旅"作为全省四个支柱产业："八五"期间，将旅游业作为"先导产业"和"龙头产业"；"九五"期间，提出"一省两地"的产业发展战略，明确了旅游支柱产业的地位。2000 年 8 月，海南省政府成立了由省长担任主任、17 个部门为成员单位的省旅游发展促进委员会。2002 年，海南省第四次党代会明确指出"旅游业是我省最具特色和竞争力的优势产业之一"。2004 年 5 月，海南省政府首次召开全省旅游产业发展大会，卫留成省长在会上指出，"未来 5 年、10 年、15 年或者更长一段时间，海南省真正能够影响中国的，能够给中国作出贡献的，不是海南的工业，也不是海南的科技，而是由于海南独特的、不可替代的自然环境，以及在此基础上发展起来的大旅游产业。"海南省委、省政府形成了"高起点规划，高标准建设，高效能管理，为把海南建设成为中国旅游强省而努力奋斗"的发展战略[②]。

---

① 杨哲昆、李澄怡、赵全鹏：《海南旅游报告书》，海南出版社 2006 年版，第 8 页。

② 陈正毅：《把海南打造成旅游强省》，《南国都市报》2004 年 5 月 29 日。

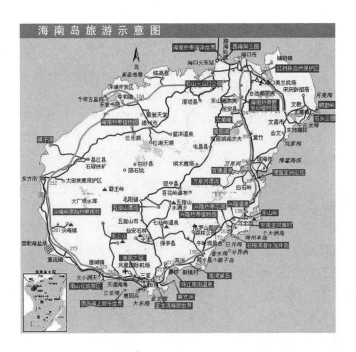

图6—1 海南主要景区分布

第三节 海南生态旅游业的水平及与发达国家的差距

旅游业作为海南的支柱产业，凭借其独一无二的自然禀赋，已经取得了较快发展，但其发展水平和所属的发展地位还极不相符，特别是"生态省"建设目标提出后，旅游业的发展又被赋予新的内涵，并提出了更高要求。就目前海南旅游业的发展状况来看，旅游业的发展还存在诸多问题，特别是旅游业和生态保护协调发展方面，问题依然突出，与旅游业较发达的国家和地区相比，仍存在很大差距。

一、生态旅游的兴起、概念与内涵

生态旅游是一项新兴的热项旅游，它的兴起有其深刻的社会、经济及文化背景。它与人类居住环境的日趋恶化、人类环境意识的觉醒、世界环境保护事业和旅游业的迅速发展密不可分。

由于人类在长期的生活和生产过程中对环境的影响和破坏力远远大于环境的自我调节能力，出现了诸如水土流失、土地沙漠化、环境严重污染，尤其是工业化城市内的水体、空气和噪声污染及垃圾泛滥等环境问题，这些问题直接或间接影响到人类的安全、健康和生活舒适度。由此，有识之士认识到人类的持续生存出现了环境危机，并开始关注环境问题。随着人类对环境问题的思考，20世纪六七十年代，保护自然环境已成为一种行动，即绿色运动。在绿色运动中，大家的生态思想汇成波涛汹涌的"绿色思潮"，绿色思潮使公众逐渐认识到地球环境问题不仅是一个科研问题，还是一个与每个人的生存相关的大问题，从而对自己所吃、所喝、所穿、所呼吸的空气质量产生怀疑，为了生存，人们将消费转向无污染的自然，形成一股绿色消费潮，生态旅游就是在这种浪潮中产生的。

旅游自工业革命以后就得到蓬勃发展，但在传统旅游中普遍存在一个不足，就是不论是开发管理者还是游客都不注意对旅游吸引物的保护，旅游地遭到破坏的现象比比皆是，传统旅游开发利用给环境带来的破坏使人们不得不重新审视旅游业这一所谓的"无烟工业"。绿色思潮给传统大众旅游注入了生态观，1983年世界自然保护联盟（IUCN）顾问谢贝洛斯·拉斯喀瑞首先提出"生态旅游"这个词[1]。1986年在墨西哥召开的一次国际环境会议上，他进一步给出了生态旅游的定义，即"生态旅游作为常规旅游的一种形式，游客在欣赏和游览古今文化遗产的同时，置身于相对古朴、原始的自然区域，尽情考究和享乐旖旎的风光和野生动植物"[2]。自1983年提出生态旅游概念至今，在各国专家学者的努力下，其内涵不断得到充实，人们比较认同生态旅游的结果指标是"旅游者在旅游过程中得到满足与享受的同时应受到教育，对环境的态度应由占有变化为共存"[3]。针对目前国内外生态旅游开发的状况及环境保护的需要，国内部分学者提出，"生态旅游是指在不损害旅游对象和周围环境的前提下进行的自然景物旅行，这种旅行强调在活动的过程中，使游人了解景区内自然环境的科

① 龚雪辉：《什么是生态旅游》，《光明日报》1998年5月23日。
② 杨桂华、钟灵生、明庆忠：《生态旅游》，高等教育出版社2000年版，第9、10页。
③ 邹统钎：《现代饭店经营思想与竞争战略》，广东旅游出版社1998年版，第155、156页。

学知识，增强环保意识，真正表达人类对大自然的热爱之情"①。从生态旅游的概念中可知，生态旅游的核心是环境教育和知识普及，可是目前我国生态旅游市场的开发中，尚未能完全做到人与自然生态环境和谐相处，而寓环境教育于旅游游玩中，更有待于去挖掘。

目前，关于生态旅游的概念与内涵虽然还处于百家争鸣阶段，尚未最终达成一致的看法，但在以下几个方面已达成共识：（1）旅游地主要为受人类干扰破坏很小、较为原始古朴的地区，特别是生态环境有重要意义的自然保护区；（2）旅游者、当地居民、旅游经营管理者等的环境意识很强；（3）旅游对环境的负面影响很小；（4）旅游能为环境保护提供资金；（5）当地居民能参与旅游开发与管理，并分享其经济利益，因而为环境保护提供支持；（6）生态旅游对旅游者和当地社区等能起到环境教育作用；（7）生态旅游是一种新型的、可持续的旅游活动。

二、生态旅游的三大效益

（一）有利于生态环境保护

生态旅游是一种强调当地资源保护的旅游形式，从持续发展的观点来看，生态旅游对环境的正面效益是十分明显的。这是因为生态旅游活动对环境的冲击可减到最小程度，它既不损坏自然环境，又能保证生态的永续利用，难怪国际生态旅游学会将其定义为一种负责任的旅行，它负有环境保育及维护地方居民福祉的使命。

生态旅游可以在观光活动和环境之间建立一种和谐的共生关系。世界野生动物基金会的调查报告显示，推动生态旅游确实可以减少许多环境问题。生态旅游基本上是一种低冲击的游憩方式，因为它的规模相对较小，且活动受到一定的规范，参与者较一般人有较高的知识水平，容易以环境伦理为其行为准则。

据报道，一些生态旅游者在游览阿尔卑斯山时，曾顺便开展净山活动。在德国，有不少热爱大自然的潜水者，会利用潜水机会顺便清理珊瑚礁的培养垃圾。有的生态旅游者还会成为前哨观察员，一旦发现某些珍贵

---

① 刘江：《生态旅游文化味为何不足》，《中国旅游报》2002 年 2 月 4 日。

资源正遭受开发压力时，或者哪个生态系统值得设立保护区时，便会发出呼吁，告知保护机构，或者发起相应的保护运动。

（二）有明显的经济效益

在哥斯达黎加，一些个体企业或公司在主办生态旅游活动中，曾不惜巨金买下土地作为保护区，使之成为生态旅游基地；或者在赚钱后定期捐款支持特定保护区的保育研究计划。在这些企业与保护区之间是互惠互利的关系，因为保护区管理愈好、研究愈详尽，可提供生态旅游的题材就愈丰富，游客选择的余地就愈大，旅行社就更有利润。如位于哥斯达黎加的布洛里欧·卡利欧国家公园，就因为获得捐款而增购 204 平方公里的土地。部分游客参观了保护区后，因了解到公司在经费上的拮据状况而慷慨解囊。

保护区的经济收益主要来自于旅游者所交的观光费，主办生态旅游的单位再将这笔经费交给保护区，以换取该保护区的使用权、合作契约。在印度尼西亚，有部分森林的拥有者便依赖这样的收入来维持生计。除前面已谈到的大象、雄狮等活的动物所创造的收益远大于杀死它们、卖售其皮毛或肉的收益外，保护区在土地开发上搞生态旅游也有大利可图。生态旅游对促进当地经济发展和改善居民生活质量是有明显效益的。正如伊丽莎白·布所说："经济发展和保育的整合是一时代趋势，尤其是在许多低度开发国家，观光旅游收入往往是保护区或国家公园经营管理的衣食父母"。

（三）其他社会效益

生态旅游除能创造环境效益、经济效益外，其他不能用货币单位计算的社会效益还很多，如促进旅游市场需求结构的变化，给参与游客最大的游憩满足，有利于建立一套适合当地的经营管理制度，有助于提高当场居民的生活质量，有助于传播环境保护的观念，有助于国外资金和人才的流入，有助于创造就业机会等。

三、国外生态旅游业的发展现状

自 20 世纪 80 年代初提出生态旅游的概念后，生态旅游在短短十几年的时间内，范围不断扩大，规模也越来越大，其体验类型也越来越复杂。据世界野生动物基金会统计，1998 年发展中国家旅游收入 550 亿美元，其中生态旅游为 120 亿美元。目前全世界生态旅游年产值为 2000 亿美元，生态旅游作为最新潮的旅游产品正吸引着越来越多的旅游者，全球范围内生态旅游方兴未艾，特别是英国、美国、加拿大、澳大利亚、巴西、日本、西班牙、瑞士等旅游发达国家生态旅游风靡全境，成为一种新时尚。

而肯尼亚是非洲国家发展生态旅游的先驱。这个国家以野生动物数量大，品种多而著称。20 世纪初，在殖民主义的统治下，进行了野蛮的大型动物狩猎活动，受益者主要为白人。1977 年，在肯尼亚人的强烈要求下，政府宣布完全禁猎。1978 年宣布野生动物的猎获物和产品交易为非法，一些由此而失业的人开始开发新的旅游形式，提出了"请用照相机来拍摄肯尼亚"的口号。他们以其国家丰富的自然资源招揽游人，生态旅游由此而生。1984 年获利 2.4 亿美元，其中收入 1/3 是从 7 个国家公园取得的。从 1988 年开始，旅游业的收入成为这个国家外汇收入的第一大来源，首次超过咖啡和茶叶的出口。1989 年吸引的生态旅游者达 65 万人次。1990 年以后的人数更多。现在，该国每年生态旅游收入高达 3.5 亿美元，据分析，一群野象每年可创收 61 万美元，一头大象每年可挣 14375 美元，一生可以挣 90 万美元。一头狮子每年可创收 2.7 万美元，一头雄狮一生能创收 51.5 万美元，如果用作狩猎和战利品，每只狮子只获利 8500 美元，作为商品出售只值 1000 美元[①]。

同时，东南亚许多国家都在推行生态旅游计划，如原先与海南旅游产品定位相近的马来西亚提出要将本国建成东南亚生态旅游的大本营。1994年推出的七大旅游主题中，与生态旅游相关的主题就有 5 个，即国家公园探秘、渔村度假、动物欣赏、花卉观赏、漂流潜水。印度尼西亚近年来也很重视开发大自然旅游产品，1992 年成立了 110 多个国家公园露营基地，1993 年推出了"环境与传统"的宣传主题。目前正在制定综合性的生态旅游开发计划。

据世界旅游组织估计，目前生态旅游收入已在世界旅游业总收入中占据相当一部分的份额。生态旅游作为一种宣传主题和产品品牌，日益深入人心。与此同时，学术界对生态旅游的研究给予了极大的关注，并一直进行积极的探讨。与国内相比，国外对生态旅游的研究时间较早，领域较

①　张建萍：《生态旅游与当地居民利益》，《旅游学刊》2003 年第 18 卷第 1 期。

广，并在一些方面取得了具有指导性的成果。

四、海南发展绿色生态旅游的有利条件

海南拥有上佳的七大生态环境资源要素，即舒适的空间环境、避寒消冬（避暑消夏）环境、疗养保健环境、高质量的大气环境、高质量的水环境（饮用、垂钓、漂流）、高质量的土壤环境和高质量的无噪声环境，是中国最适宜发展度假休闲特别是绿色旅游的热带海岛（特别是在冬季的 5 个月里）。在世界 75 个国家 139 个城市的空气质量统计中，三亚排名第二、海口排名第五。这两个城市中的悬浮颗粒物、二氧化硫、氮氧化物含量均低于全国空气质量一级标准的指标。海南全省占地表水总产量以上的主要河流及占蓄水以上的主要水库的水质符合国家地表水环境质量二类以上标准。城市地下水绝大多数保持良好。全省一半以上的近海海水符合国家海水水质一类标准[①]。世界旅游组织前秘书长萨维尼亚克称海南是"人间旅游天堂、是未受污染的处女地"[②]。

海南的海洋旅游资源优势在全国独占鳌头，遍布优良沙滩和珊瑚礁以及小海岛的海岸线是海南岛最引人注目的自然特征。全岛 5 个国家 4A 级景区中，4 个靠海（南山文化旅游区、天涯海角风景区、亚龙湾旅游区和海口热带海洋世界）。铜鼓岭下月亮湾的滨海莽原带可以提供世界上非常稀有的景观。那里从海岸向内陆延伸 6 公里，可以开发出面积超过 2 万公顷的"莽原带"。棋子湾则是建设高档低密度滨海度假别墅的最佳地点，这为开展蓝色旅游提供了得天独厚的条件。

海南热带雨林资源的优势也是众所周知，这里是中国热带雨林与季雨林的原生地，热带动植物的宝库，生物多样性的聚集地。海南森林植被分布带明显，具有混交、多层、异龄、常绿、干高、灌宽等特点。带雨林中的板状根、寄生附生、老茎生花、空中花园、绞杀现象发育显著，构成了独特的热带森林景观。热带雨林还提供了丰富的负离子。空气负离子是重要的森林旅游资源，一般在 700 个/立方厘米以上时，使人感到空气清新；

---

① 参见海南省国土环境资源厅 2005 年发布的《2004 年度海南省环境状况概要》。
② 柳树滋等著：《海南发展的绿色道路》，海南出版社 2001 年版，第 131 页。

在 1000 个/立方厘米以上时，有利于人体健康。海口市的空气负离子含量每立方厘米已经过 1000 个（为广州市的 5 倍），尖峰岭则高达 6000 个，这都为开展康体疗养"绿色生态旅游"创造了上佳的条件。

海南的温泉资源也十分丰富，中部和南部已经发现了 32 处"断裂构造控热型热矿水"。七仙岭温泉和热带雨林的神奇结合堪称世界唯一，台湾《中国时报》报道这里"颇有野溪温泉之曲"，是最上品的温泉[①]。七仙岭温泉完全可以和世界著名的台湾阳明山温泉、日本箱根温泉、泰国普吉岛温泉相媲美。

此外，海南生态省的建设为发展生态旅游也创造了有利的条件。自中央决定将海南作为全国第一个生态建设以来，海南省政府相继出台了一系列相应的措施，如 1999 年 2 月海南省二届人大二次会议通过的《关于建设生态省的决定》，按照这个决定政府有关部门又拟订了《海南省生态省建设规划纲要》，于 1999 年 5 月在北京通过了国家环境保护总局和海南省政府联合主持的专家评审。纲要中明确提出海南将用 30 年左右的时间建成生态省，分三个阶段实施，中心任务是创建优良生态环境和发达的生态型经济，包括保护环境、改善生态、发展生态产业、普及生态文化、改善人居环境，最终把海南建设成为一个具有良好热带海洋生态系统、发达的生态产业、天人合一的生态文化、一流生活环境的省份。

五、海南生态旅游业发展存在的主要问题

海南虽然拥有发展绿色生态旅游的资源要素，但并未得到充分的开发和利用，有些开发也存在盲目性和无序性，不仅浪费了良好的旅游资源，还对海南的生态环境造成了破坏，生态旅游业的发展还任重道远。

（一）项目雷同单调，浪费资源

由于众所周知的原因，海南直到建省，也没有受到像内地其他省份那样的工业污染破坏，为我们留下了近似原生态的旅游资源，山水岛屿、海洋岸滩、动物植物、火山温泉、阳光气温、生物资源等等，丰富多彩，独特诱人。但我们在突如其来的大特区开发建设中缺乏思想准

---

① 参见中国台湾《中国时报》2000 年 2 月 25 日相关报道。

备，没有认识到海岛孤立，资源有限；生态脆弱，丧失难返；台风暴雨，灾害频繁；人工生态，事半功倍的海南省情。景区建设中对自然生态珍惜维护不足，破坏性建设有余，盲目克隆模仿，忽略个性特色，没有充分考虑自身产品的定位和科技、管理、经营能力，幻想一鸣惊人、一举成功、一夜暴富，出现了"东施效颦"、重复雷同、事与愿违、浪费生态资源的现象。

1996 年，深受游客追捧的动物资源项目海南有 2 家（南湾猴岛和东山湖野生动物园），到 1998 年发展到 8 家，仅海口周边就建成了 5 家。时至今日，除南湾猴岛每年有千余万税收外，大多艰难维持，惨淡经营。位于儋州市中国热带农业科学院的海南热带植物园，已建成近 50 年，科技实力雄厚，仅国家一级、二级热带保护植物和珍稀濒危植物就有 1500 余种，且静谧清新，令人神怡，加上始建于 1957 年万宁兴隆热带植物园，非常能代表海南精品热带植物特色，可是仍有一些投资者纷纷模仿，误押了大量资财。近年来，南山佛教文化旅游区的发展，高潮迭起，不少人又到处塑佛像，建寺观，以为自己也能赚钱，殊不知，剪彩开业之日，也可能就是亏损懊悔之时。其他如温泉、冲浪、潜水、黎苗村寨、野人谷等莫不如此。实践证明，景点投资开发成功与否绝不在于业主或地方领导的决心与魄力，而是科学精神，尊重客观规律的精神。没有省政府全面统筹和科学主导，地方或企业片面盲目地跟随市场，不仅给投资者以挫折和损失，也给海南有限的不可再生的生态资源造成极大的浪费。

（二）随意砍伐填挖，保护不善

海南岛上的一切原始地貌及生态系统，都是适应地球演变规律的自然选择。为了社会经济的发展，合理有序、科学适度地开发利用是必要的。但绝不能"人定胜天"，为了"大手笔、大气派、大影响"，而不注意生态旅游区建设的因势借景、因物立意、天人合一、顺其自然的原则，鲁莽地对自然生态实行砍光、烧光、机械推光的"三光"政策，使得一处处景点兴起，而一片片原始森林倒下。1956 年，海南的原始森林覆盖率还有 25%，到 1994 年，猛降至 1.89%。与此同时，海南森林覆盖率也不同程度下降，有的地区竟下降 7~8 个百分点，遗憾的是这种现象至今仍然存在①。

（三）行政管理滞后，监督不力

海南省旅游总体规划，是海南旅游长远发展的纲要和根本大计。规划与管理是政府的基本职能，然而"建省 16 年来，我们最值得总结的经验教训之一就是规划滞后，规划执行不严，缺乏长远目标和科学定位，导致经济社会发展出现大量无序开发，低水平重复建设的现象"②。包括博鳌、海口西海岸等有相当影响力的旅游景区在筹建开工时，都是《海南省旅游规划发展大纲》上没有的，常常是"先生下孩子，再补办指标"，"占山为王后，再招安确认"。特别是在防御地震、海啸等自然灾害、事故灾害的公共安全应急方面几乎是空白。在管理和监督环节，由于体制和机制的原因，一起生态环境破坏案件，几家都可以管，几家都可以不负责任，敷衍应付、推诿扯皮，甚至欺上瞒下，逃避监管责任。

2004 年 3 月 2 日，儋州市新镇坡朗村段红树林被非法砍伐举报后，有关部门为了应付上级检查，"随便从别的红树林上折些青枝来插根本不会生长。现在一年过去了，被砍伐的地方还是秃秃的一片"③。

（四）未能正确处理生态旅游和生态保护的关系

可以说，旅游业是对环境和自然生态依存度最高的产业。对于海南来说，良好的环境和自然生态尤其是旅游业赖以生存发展的首要条件。回归大自然、保护生态环境已成为现代人类的追求和时尚。

然而，生态旅游和生态保护，是对立统一的辩证关系，两者既相互促进、又相互制约。在这里，生态保护是前提，是出发点和归宿点，只有保

---

① 据海南新闻网 2005 年 6 月《关注捍卫宝岛森林资源特别报道》中披露："由于万泉河水源林被毁，不仅旅游资源遭受威胁，2003 年万泉河水资源减少 0.85 亿立方米"（《海南日报》记者翁朝健等）；"三亚市海边茂密秀丽的风岭原始林也从最初的几十亩山林被毁，发展到现在的超过千亩"（《海南日报》记者林伟等）；"据省林业局的一份统计数据表明：海南省 2003 年森林资源清理结果为我省天然林面积为 863.25 万亩，与建省初期 916 万亩天然林相比，10 多年里，我省有近 50 万亩天然林消失"（《海南日报》记者翁朝建等）；"记者在采访中了解到，已有开发商在打万宁石梅湾青皮林的主意，这块地段从清朝就保护下来的青皮林，就有可能毁在这一代手里"（《海南日报》记者范南虹等）。

② 卫留成：《在全省经济工作会议上的讲话》，《商旅报》2004 年 12 月 23 日。

③ 林伟、潘正悦：《儋州新英湾红树林好"命苦"》，《海南日报》2004 年 3 月 2 日。

护好现有的生态资源，保护好野生动植物资源，保持住秀美山川的原貌，才能吸引更多的旅游者前来观光旅游。组织好生态旅游活动，既可扩大海南的知名度，提高人们的生态意识，又能带来可观的经济收入，达到更好地保护生态的目的。一旦破坏和失去了生态旅游资源，生态旅游便无从谈起。虽然已初步形成了较为合理的自然保护区网络，但海南与国内大部分景区一样，以日均接待游客多少为主要指标衡量旅游，一些旅游企业包括旅行社、宾馆、景点等都是在片面扩大接待游客量，即使在旅游高峰期也舍不得向游客亮"红灯"。没有接待能力，又不愿放弃商机，导致服务质量下降，景点、交通、住宿等拥挤不堪。这种追求短期利益的做法不利于海南旅游业的可持续发展。

目前，海南旅游业发展过程还存在不少问题，要想从根本上解决这些问题，实现旅游与生态的和谐发展，从当前国际旅游业的发展趋势来看，生态化旅游是真正的出路。实践也表明，解决旅游与生态的和谐共生问题，不能单纯地依靠狭义的生态旅游，而是要依靠广义的生态化旅游，而生态化旅游强调各种旅游活动过程都应该实现生态化，要求各种旅游活动不能超越旅游环境最大承载力，应严格遵循循环经济的 3R 原则（即减量化、再利用、资源化）和生态化经济的共生原则。因此，选择生态化旅游之路就要在不牺牲旅游产品的功能、质量的前提下，从生态保护的角度系统考虑旅游产品的开发、经营及旅游者旅游活动对生态环境的影响，加强对旅游参与者的生态意识教育，建立相应的环保激励机制，最大限度减少对环境造成的污染、损耗和破坏，实现旅游业的绿色生产与消费。海南是中国唯一的生态省，是一块保持了原始热带自然风貌，未受污染的处女地，素有天然氧吧、生态大花园、长寿之岛、天堂之岛的美誉。因此，要想做大做强做优海南旅游业，同时最大限度保护海南的优质旅游资源，就要遵循生态化旅游的内在要求，不断修正旅游产业的发展道路和发展模式，充分挖掘海南潜在的丰富旅游资源，注意营造天人合一的和谐环境，同时在发展生态旅游时，增加生态旅游的科技和文化含量，将生态化旅游贯穿生态省建设的全过程，海南的生态旅游前景将是光明的。

第七章　海南的信息产业与生态化

自 20 世纪 90 年代以来，全球正经历着一场新的产业革命，即从传统工业开始向以信息技术、生物技术为代表的高新技术产业迅速转换。以信息化为特征的新经济不再因地域的限制而循序渐进地发展，它使每个国家和地区都有机会参与全球竞争，使发展中国家和地区能够发挥后发优势，实现经济社会的跨越式发展。面对新的形势和机遇，海南加快了信息化步伐，"信息智能岛"建设已经取得重大进展。海南正逐渐成为一个富有特色的数字化的海南、信息化的海南、智能化的海南。

信息化是指培养、发展以计算机为主的智能化工具为代表的新生产力，并使之造福于社会的历史过程。而信息产业则是社会发展信息化过程中产生的新兴产业。由于它是一种无污染、无噪声、高附加值的绿色产业，也是 21 世纪的朝阳产业，这与海南生态省的建设目标和"信息智能岛"战略的内涵不谋而合，有一种天然的内在联系，应是海南走向生态现代化的可行路径之一，因此作为专章来研究。但遗憾的是，笔者查阅了大量资料后发现，关于信息产业生态化方面的研究几乎处于空白。在这里，为使信息产业生态化方面的研究有所突破，笔者拟采用置换论证的方法，其逻辑基点为"在 A（信息化）走向 B（生态化）的过程中，因为 A（信息化）本身具有很多与 B（生态化）的相通、相连之处，故发展 A（信息化）即很大程度上相当于发展 B（生态化）"，试图说明信息化及信息产业化的发展将给海南走向生态现代化带来的积极意义。

第一节 关于信息化和信息产业化

一、信息化的概念

"信息化"(Informatization)概念的提出,可追溯到 20 世纪 60 年代初期。1963 年 1 月,日本学者梅田忠夫(TadaoUmesao)在日本《朝日放送》(Hoso Asahi)杂志上发表了一篇题为《论信息产业》的文章,从分析产业发展原因的角度,在研究工业化的同时,提出了信息化的问题[①]。当时,虽然没有正式使用"信息化"这一术语,但文章一发表,就立刻引起了日本学术界、政界、企业界和新闻界的广泛关注和热烈讨论。1964 年 1 月,日本《朝日放送》杂志又刊登了日本立教大学(Rikky-oUnievrsity)上岛(Kamishimn)教授的另一篇论文——《信息社会的社会学》,第一次使用了"信息社会"的概念,指出日本社会正在进入"信息产业社会",也就是梅田忠夫所预言的"信息产业时代"。1967 年,日本科学、技术与经济研究小组创造并开始应用了"Johoka"一词,"Johoka"即为信息化之意[②]。

1970 年,Masuda 第一次把日本学者使用的"Joho Shakai"译成英文"Informatization Society"。1977 年,法国的西蒙·诺拉和阿兰·敏克在为法国政府撰写的经济发展报告《社会的信息化》中,使用了法文单词 Informatisation,这一单词的英译"Informatization",随后便被世界各国普遍接受并使用至今。"Informatization"就是我们通常所说的"信息化"[③]。

由此可见,信息化的概念一开始是从社会产业结构演进的角度提出来的,它实际上反映的是当时起源于日本的有关社会发展阶段的一种新学说。简而言之,按照当时日本专家学者的理解,所谓信息化指的就是从物质生产占主导地位的社会向信息产业占主导地位的社会发展过程。

[①] 姜爱林:《中国信息化发展战略研究》,《电信软科学研究》2005 年第 9 期。
[②] 赵洁、康猛、李颖:《中国信息化的发展进程》,《中国管理信息化》2004 年第 10 期。
[③] 赵洁、康猛、李颖:《中国信息化的发展进程》,《中国管理信息化》2004 年第 10 期。

随着信息化在实践中迅速推进，人们对信息化概念的认识也逐步深化和丰富起来。中外学者根据自己的理解，从不同角度对信息化的概念加以定义，从不同的角度进行了讨论，形成了不同的观点，但人们还是形成了一些共识，即信息化是一种动态的过程，是社会形态发生重大转变的过程，这一过程不仅是经济结构和经济增长方式的转变，而且是整个社会结构的全面变革。

但从社会演变的角度看，所谓信息化就是工业社会向信息社会前进的过程，亦即加快信息高科技产业发展及其产业化，提高信息技术在经济和社会各领域推广应用水平并推动经济和社会发展前进的过程。它一般以智能化工具为代表的新生产力确立为主要标志，即信息产业在国民经济中的比重、信息技术在传统产业中的应用度和国家信息基础设施建设水平。信息化的目标不仅是发展信息产业，而且要提高社会各领域信息技术的应用和信息资源开发利用水平，而提高社会各领域的效率和质量，为社会提供更高质量的产品和服务。总体来说，信息化就是以信息技术的开发和使用为标志，以信息技术重整全社会资源平台，并以此来改变社会经济结构和资源配置方式的一个过程①。

二、信息化的内容

信息化是当今世界社会发展的必然趋势，是工业经济向信息经济、工业社会向信息社会演变的动态过程，其内容十分丰富。关于信息化的具体内容，可谓仁者见仁，智者见智。有学者认为，信息化包含了六个要素：信息源、信息传输网络、信息应用工程、信息人力资源、信息产业和信息技术、适合信息化发展的宏观环境。也有学者认为，信息化包含三个方面的内容：信息技术结构、信息技术产业和信息社会环境②。

综合前人的研究，依据信息化发展的目的和影响范围，将其划分为信息产业化、产业信息化、社会信息化三大方面，其侧重点各不相同。

---

① 吴晓波、凌云：《信息化带动工业化的理论与实践》，浙江大学出版社 2005 年版，第 11 页。

② 程祁慧、吴刚、施力：《经济增长的引擎》，冶金工业出版社 2002 年版。

信息产业化，指大力开发利用信息资源和信息技术，其目的在于发展壮大新兴的信息产业；产业信息化，指利用信息技术和新知识、新发明来改造传统生产技术和流程，以及在管理、决策中充分利用信息资源和信息技术，创造更高的价值；社会信息化，或称为社会系统的信息化（包括经济、社会、生活的信息化），指信息技术和基于信息平台的相关活动进一步渗透至社会生活的方方面面，它是信息化进程的最高境界，对人类社会的发展进步起着广泛而深刻的影响作用。

第二节 海南加快信息化建设的背景

由于海南尚未建立完备的传统工业体系，农业和旅游业在地方经济结构中占有非常重要的地位，所以不能简单套用"以信息化带动工业化"的战略，更合适的选择是充分利用全球化环境和知识经济时代所提供的跨越式发展机会，立足海南的资源优势，创造良好的机制环境，从全球范围内整合所需的相关资源，着力培养新的经济增长点，实现"生态省规划"和"信息智能岛战略"的内在统一，以信息化重塑海南的核心竞争力，确保海南的可持续发展。

2000 年 11 月 14 日，省委三届六次全体会议通过的《中共海南省委关于制定海南省国民经济和社会发展"十五"计划的建议》，专章论述了海南信息化建设问题，题目是推进国民经济和社会信息化，加快发展信息产业。其重点内容是：海南工业化起步晚，又是典型的岛屿经济，必须把推进国民经济和社会信息化作为覆盖现代化建设全局的战略举措，放在优先位置，以信息化带动工业化，发挥后发优势，实现产业结构升级和生产力水平的跨越式发展。"十五"期间，要不断推进信息智能岛建设，使海南的信息产业成为重要的先导产业，信息化水平进入全国较为先进的行列。政府行政管理、社会公共服务、企业生产经营要积极运用数字化和网络化技术，努力加快国民经济和社会信息化步伐。加强现代信息基础设施建设，形成技术先进、宽带高速、接入灵活、资源丰富、安全可靠的基础传输网络。利用信息技术加快发展信息产业，积极改造传统产业和带动相关产业，提高信息技术对国民经济增长的贡献率。

时任海南省委书记杜青林在这次全会上作了重要讲话。他代表省委常委会提出，"十五"期间，海南在坚持"一省两地"产业发展战略的同时，要紧紧围绕加快发展这个主题和结构调整这条主线，立足于比较优势和后发优势，进一步突出加快发展和结构调整的三个主攻方向，即海洋开发、信息化建设和生态建设。杜青林指出，海南作为典型的岛屿经济，推进信息化的后发优势明显，加快国民经济和社会信息化建设的有利条件较多，建设信息智能岛应该成为海南经济社会发展的一个努力方向。

第三节　海南发展信息产业的重要性

海南在经历了 10 多年的改革开放和多年特区建设之后，已经初步建成市场经济的良好体制和支撑现代化产业发展的基础设施，热带农业和旅游业已经发展成为两大支柱产业。但是，由于工业基础仍然薄弱，加上交通不便和运输成本高，海南在产业门类上的选择余地非常狭小。而信息技术革命正在世界范围内显示出它的巨大威力，自 20 世纪 90 年代以来，全球信息化的浪潮一浪高过一浪，信息产业成长的速度超出人们的预料。以美国为代表的西欧和北美的发达国家和地区，以日本、韩、台、新和香港等为代表的亚洲工业国家和地区，以及我国的广东、上海、北京等省市，近年来在传统产业不断萎缩的同时，信息产业和相应的知识经济领域却达到了 30％以上的增长速度。

随着信息技术革命的迅猛发展，使得世界各国和各地有机会在同一环境中公平竞争，这是我们所属的信息经济时代赋予海南参与国际经济体系的历史机遇。我们也知道，海南要发展，必须找到适合海南人文、地理和环境条件的经济增长点。而发展信息产业不存在对资源环境的压力，几乎没有污染，且信息产业附加值高，运输量小，软件开发和网上信息服务业几乎没有运输要求，这一特点对经济发展备受交通瓶颈困扰的海南，是十分有利的。发展以软件为主导的信息产业可以帮助我们绕过交通瓶颈，使经济发展水平到一个新的高度。由于现代信息技术具有开放性和共享性的特点，发展信息产业可以促进海南省更加开放，加快与国际市场接轨的步伐，在新的世界经济合作环境中寻求发展机会。

美国的硅谷在 30 年前还是一个荒坡，人才云集造就了硅谷的经济奇迹。海南的条件比硅谷好多了，人口不密集，自然条件非常好，海南在基础设施的建设方面也有了很大发展，相信只要努力创造条件，改善软环境把高科技人才吸引过来，海南发展信息产业将大有作为。

因此，海南要抓住全球信息化浪潮全面兴起的机遇，打破原有的产业格局，造就新的产业发展机会，使信息产业迅速发展成为全省的支柱产业，同时也为带动传统产业改造和产业结构升级换代，实现经济形态的"跨越式"演进。同时，为鼓励引进省内外、境内外项目、资金、人才，参与海南信息产业开发建设，建成海南"信息智能岛"，夺取 21 世纪发展的主动权。

在本章中，笔者也想通过置换论证说明一个问题：正因为信息产业是低消耗、无公害的产业，而海南的信息化以及信息产业发展速度目前达不到预期目标，这也在一定程度上意味着目前海南的信息产业生态化还做得不够，大有潜力可挖。海南拥有优美的自然环境，不可能走传统工业化道路，必须发展少破坏自然资源、低污染的新兴工业，这与信息产业的发展方向是一致的。可以预见，当信息产业与生态现代化建设形成最佳结合的时候，必然迎来海南信息产业生态化的春天。

第四节　海南信息化建设的现状

海南自 20 世纪 90 年代初期以来，相当重视全省信息基础设施建设和信息产业的发展。1993 年开始建设公共信息平台和发行具有职工医疗保障功能的金融 IC 卡。1997 年提出建设"信息智能岛"，并 1998 年初写进了省第三次党代会工作报告和省二届人大一次会议政府工作报告。1997 年初由省科协牵头全国最早建立了半官方的因特网俱乐部。1997 年 10 月在全国率先设立正厅级的主管全省信息化的信息产业常设机构——海南省人民政府信息化办公室[①]，后在新一轮机构改革中又将信息办更名为信息产业局，作为省政府的专业经济管理部门。1998 年 6 月海南省中小学计

---

① 中共海南省委党史研究室：《海南改革开放二十年纪事》，海南出版社 2004 年版，第 553 页。

算机教育研究会正式成立。1998 年和 1999 年政府分别在网络管理、软环境建设、人才引进、招商引资等方面推出一系列政策积极引导和推动，积极为信息产业的发展创造良好环境。与此同时还重视信息化教育，培养信息化人才。多层次的推动，使海南的信息化建设掀起了一股热潮。

与此相配套，1998 年 2 月，海南省政府发布《海南经济特区公共信息网络管理规定》政府令，第一次通过立法手段加强信息化建设和信息产业革命发展。1998 年 8 月，发布《关于推进信息产业和扶持高新技术信息产业发展的意见》，对信息产业给予政策倾斜，制定发布了海南省信息产业目录、域名管理办法，并把电子身份认证管理条例纳入 1999 年立法计划等。规章制度建设逐步完善，有力地推动了信息化向制度化发展①。

自 1998 年以来，海南信息智能岛建设从基础网络设施到信息系统应用，以及相关信息产业都取得令人瞩目的成绩。经过几年的建设，信息产业已成为海南经济增长最快的产业之一。"九五"期间，海南信息产业增加值占全省 GDP 的比重增至 4.58%，5 年年均增长 23.87%，为同期全省国内生产总值平均增速的 3.3 倍。

目前，海南已基本建成了先进适用的信息基础设施，通信发展迅速，成为特区经济建设的重要支撑从建省初期"打电话难"和"装电话难"发展到如今通信四通八达、联结五湖四海的电话网络；从建省初期没有 1 寸光缆到如今建成了大容量、安全可靠，能满足未来海南国民经济信息化需要的"三纵两横"光纤传输主干网络；从单一的电报、电话到如今无线寻呼、移动通信、网络服务的逐步普及，海南通信事业已从制约经济发展的瓶颈转变为大特区快速发展的动力。如今，海南光传输网纤芯总长度达到了 13 万芯公里，相当于可绕海南岛 85 圈，形成了"三纵两横"覆盖全省各市县骨干网络。城市光纤向小区、商住楼延伸。全省通达光缆的乡镇达到 99%、通达光缆农场达到 100%。截至 2002 年 10 月，海南电信割接成功的互联网改造使全省网络带宽比 1996 年提升 2 万多倍。

纵观海南电信业现状，不仅固定通信实现了有线、无线宽带高速传输，移动通信也实现了无线宽带接入，各大运营商在海南已经建成或即将

---

① 中共海南省委党史研究室：《海南改革开放二十年纪事》，海南出版社 2004 年版，第 563 页。

建成无线宽带局域和无线宽带城域网。随着信息智能岛建设的日益深入，海南社会信息化的应用范围将更加宽广，人们的学习、工作和生活方式将翻开全新的一页。

此外，海南有线电视基础网络也较早进行了统一规划建设，采用光纤与同轴电缆混合结构的有线电视传输网已覆盖全省主要城市和部分乡镇，用户发展到 40 多万户，有线电视线缆总长 2000 多公里。海口市有线电视传输网的频率已由原来的 300MHZ 升为 555MHZ（同轴传输）和750MHZ（光传输），其他市县的广电部门已经建成了各自的有线电视网。

海南还积极推进"电子社区"，并在海口、三亚、琼山、琼海等地选择了若干小区作为电子社区建设示范区。"电子社区"的主要功能是发展入户信息服务业，使住户方便快捷地获得教育、文化、医疗气象、旅行等方面的信息服务，社区的安全保卫、资费缴纳、家政服务、事故报告实现信息化网络管理。现在，海南省会城市海口市信息化指标体系综合指数也达到了较高水平，达到每百人拥有 63 部电话，每万人拥有城域网出口带宽 113221.94 千比特，按全国统一的信息化指标体系进行测评，结果显示：海口市综合指数为 108，高于全国平均水平（综合指数为 100）。其中电话普及率、主线普及率、移动电话普及率、公用电话普及率均居全国省会城市之首。

海南已建成了覆盖全省的高速宽带网，启动了电子政务、电子商务、电子社区等多项重点工程。"智能化农业信息处理系统"是经国家科技部批准立项的国家"十五"863 计划项目，已开始为用户在品种选择、栽培管理、节水灌溉、病虫害防治等方面提供技术指导，目前已在文昌、琼海、临高、儋州、东方、昌江建立了 6 个试验区 10 个示范点，使成千上万的农户和商家收益。作为旅游大省，海南新版旅游信息网也已开通，全国游客欲了解海南省旅游信息，上网一查便知，同时开通运行的还有"海南省旅游电子商务综合系统"。海南旅游信息网是集政府信息发布、行业管理业务、企业电子商务和共享数据库的综合性网站。其中"海南省旅游电子商务综合系统"包括网上企业电子交易、企业业务运营、企业内部管理、行业管理和行业信息交互五大网上旅游电子系统。

以上网站及系统的开发和实施，意味着海南省旅游业以整体形式有组织、有步骤地迈向信息高速公路，在全国率先朝信息网络多功能、多层次化发展。这必将提高全省旅游行业整体的社会效益、经济效益和管理效能。近几年，为加快推进生态省建设，海南一批企业相继安装了污染源自动监控设备——"电子眼"，只要轻点鼠标，企业排污情况一目了然。这些设备，与国家环保总局所建立的企业计算环境监理信息系统相连接。

近年来，海南省政府以应用为基础，按照智能岛的内涵要求，不断建立和完善行政、法律、企业、技术、教育五大支撑体系，大力推进信息化建设，并取得了初步成效。IC 卡使用范围不断扩大，网络漫游成为平常信息业务，PC 的作用越来越大，人们已经越来越多地体会到信息化对生活的影响。一句话，信息化在悄悄地改变着海南的经济发展环境。

第五节　海南信息产业的发展现状

近年来，海南走过的基本上是一条以"信息化带动信息产业"的发展道路。海南在信息化建设方面"早走了几步棋"：以超出经济发展的平均速度，较早地建成了一个先进的通信基础平台（邮电传输网），发展了四大应用系统（公共信息网、金融信息网、公安监控网、有限电视网），不仅为全省信息化奠定了良好的基础，而且通过发展服务，扩大应用，带动了信息产业，尤其是信息服务业的发展。

一、信息产业处于快速起步阶段

目前，海南省信息企业已发展到 300 多家，业务范围涉及通信、信息设备制造、软件开发、系统集成、网络接入服务等，信息产业增长速度成为全省增长最快的行业之一，主要体现以下三个方面：

第一，互联网方面。业务发展迅速，接入服务范围覆盖全省，一批提供接入服务和内容服务的供应商逐渐发展壮大。一些信息服务企业通过电视、广播等媒介开展信息增值服务，提供即时的国内外经济、科技信息，还有多家电话和传真信息服务台提供各类公共信息、娱乐信息、金融信息和其他信息。另外，电码电话防伪服务系统也已在全国 130 多个城市和地区展开业务。

第二，软件开发方面。目前，已有部分企业开发出一批有市场潜力的软件产品，包括网络安全、旅游预定、财务管理、酒店管理、建筑工程预算、股市分析、信息服务等，这些产品系统集成的能力逐步提高，信息产品销售市场逐步打开。

第三，信息设备制造业方面。PC 机、笔记本电脑、模糊控制器、智能仪表、软磁盘、光盘等一批生产项目已开始陆续投产。

二、国内知名信息企业相继来琼投资置业

随着"信息智能岛"建设的不断深化，催生了不少商机，孕育着许多机遇，国内一些知名信息企业纷至沓来。如北京大学青鸟责任有限公司分别在海南成立了海南北大青鸟软件有限公司和海南北大青鸟天意计算机有限公司，硬件生产与软件开发双管齐下；清华紫光集团与海南文昌电缆厂联合投资建设海南紫光笔记本电脑生产基地；天津环球磁卡股份有限公司与海南华安实业公司联合创立海南海卡有限公司，专门从事接触式 IC 卡、光卡以及有关专用配套设备的开发和制造等等。

三、境外政府及知名信息企业相继来琼寻求合作和发展

海南信息智能岛的建设还引起了国外一些政府机构和信息企业的关注，信息产业发展的潜力也被一致看好，境外信息企业也在海南掀起了一轮投资热潮。如加拿大工业部信息高速公路办公室与海南签订了共建"信息智能岛"的意向书；德国西门子公司与海南省签订了合作建设 IC 卡产业开发基地的意向书和备忘录；日本 NEC 公司与海南公共网络公司联合开发农业信息网络项目和软件开发基地项目；日本 NTT 公司与海南联通公司合作，联合建设移动通讯网络；美国 COMPAQ 公司与海南科力电子有限公司合资组建"海南康柏—科力软件开发中心"等等。

四、省级信息产业园开始启动

为进一步加快海南信息产业的发展，海南省政府决定在海口市划出一块土地建设省级信息产业园，采取更加灵活的运作机制、更加有效的鼓励措施和优惠政策带动全省信息产业的发展①。从 2007 年 5 月起，中国电子集团（CEC），中国电子商会、迪信通公司和海南省人民政府、澄迈县人民政府认真反复研究决定在澄迈县境内的市场开发区海南老城经济开发区创建中国海南生态软件园，该园的前期各项工作面完成，预计在 2008 年底全面开工建设，这个园区的启动意味着海南注入生态概念的信息产业全面启动，这是全国首创。

从以上几个方面我们可以看出，经过几年的发展，海南的信息产业和信息化发展取得长足进步，人们的信息化意识逐渐增强，这为迎接新的技术革命和社会经济全面发展奠定了坚实基础。另外，随着我国加入WTO，国内外信息化迅猛发展，这也为建设"信息智能岛"提供了有利的条件。再加上海南市场开放程度高，市场机制运转相对灵活，特别是自然环境、生活环境得天独厚，具有明显的后发优势。目前，海南正在通过建设生态省，探索一条既能创建一流生态环境，又能实现经济、社会协调快速可持续发展道路，这对发展软件业和信息服务业的人才、企业具有很强的吸引力。

第六节　海南信息产业生态化与发达国家的差距

信息产业是一个新兴产业，信息生态化更是一个崭新的课题。虽然在一些发达国家，这方面的研究和实践已经取得一定成绩，但对于欠发达地区的海南来说，这个课题还显得较为陌生，海南信息产业及其生态化道路还有一段很长的路要走。

一、世界信息产业发展现状

20 世纪 90 年代以来，以通信、计算机及软件产业为主体的信息产业凭借其惊人的增长速度，一举成为当今世界上最重要的战略性产业。它在

---

①　1998 年，海南省政府决定在海南大学筹建信息科技"两院一园"，即信息学院、信息科学技术研究院、信息科技产业园。1998 年底，海南大学信息学院和信息科学技术研究院正式成立，海南大学信息产业园项目也正式启动。

激烈竞争和产业结构升级中高速发展，增长速度基本保持在8％～10％之间，平均为同期世界GDP增长率的1.5倍。2001年全球信息产业总产值中，全球通信业的工业总产值达3648亿美元，而移动通信又是通信业中发展最为迅猛的行业，成为带动电子信息产业快速发展的火车头。据2004年的统计，全球公众移动通信总用户超过17亿户，占全球人口的26％。全球半导体产业经过2001年惨跌之后，2002年和2003年分别实现了2.3％和16.6％的增长率，2004年这一增长率达到27.8％，全球集成电路销售额达2128亿美元。自1997年以来，全球软件产业一直保持很高的增长速度，成为21世纪推动世界经济增长和社会发展的重要动力。据IDC[①]报告，2003年全球软件产业收入达到了1780亿美元，2004年增长到1890亿美元。另外，IDC还表示在2008年前，全球软件产业依然将稳步增长，年复合增长率将达到6.9％[②]。

世界电子信息产业不但总量增长势头迅猛，而且由于其技术含量高，附加值高，污染少、潜力大，能对国民经济及社会发展的其他各部门起带动作用，因此发达国家和新兴发展中国家均对本国的电子信息产业发展投入了极大的热情和关注。目前，信息产业已成为许多国家经济增长和社会发展的关键要素，其增加值在GDP中的比重不断提高，对世界经济增长的贡献率为18.2％，在美国经济的实际增长中所占比率则更是高达1/3。从亚洲新兴工业国家的产业演进过程看，以信息产业为代表的高科技产业是国民经济新的增长点。在东南亚金融危机中，新加坡以及我国台湾等地及时调整产业经济结构，通过发展电子信息制造业和服务业，及时摆脱了金融危机的不利影响，成为世界信息产业中举足轻重的一环。随着各国信息基础设施建设和全球信息化建设的发展，信息产业仍将保持高速增长。

当前，在全球的信息产品市场上，美国、日本依然处于主体地位，其

---

① IDC就是互联网数据中心。这个概念来源于国外，由于互联网的高速发展使许多网站的系统越来越复杂和庞大，对网站的访问速度的迫切要求使得能够提供足够带宽和高品质服务的网络数据中心应运而生。企业可以高速接入互联网企业网站放在电信机房里面直接上网，绕过了线路这个瓶颈，网站访问速率是专线上网最高速率的几倍甚至几十倍。

② 《IDC预测全球软件收入年均增长6.9％》，《网络世界通讯》（一周IT要闻）2004年11月5日。

信息产业走势对全球影响举足轻重。美国既是全球最大的电子信息产品生产国又是全球最大的产品销售市场。2001 年，美国电子信息产品产值占全球电子信息产品总产值近 31％，占全球市场近 39％的份额。日本是第二大生产和销售国，其电子信息产品产值占全球电子信息产品总产值的 20％，销售占全球总市场的 16.5％。美、日两国电子信息产品产值占全球电子信息产品总产值超过半数。另外，西欧生产占 21％，销售占 26.4％。除此之外其他国家和地区生产占 27％，销售约占 18.2％[①]。全球信息产业发展除了在总量上不断拓展外，还形成了新的发展态势，主要表现在以下几个方面：

第一，产业发展梯次化，产业分工全球化。信息产业具有广泛的国际性，其全球性采购、全球性生产、全球性经销的趋势日益明显。发达国家凭借其资金、技术和品牌优势，主要从事系统集成和高技术产品的开发与销售，而把技术含量较低的产品生产大量向发展中国家和地区转移，发达国家在行业中的地位更加突出。2003 年全球电子工业总规模达到了 1.16 万亿美元，美国、西欧、日本、韩国占据了 80％以上[②]。

第二，产品生产规模化，产品设计个性化。电子信息产品大部分都具有显著的规模经济效益，达不到一定生产规模，产品则很难在市场竞争中立足。目前，产品的生产规模越来越大，跨国公司彩电年产量一般在 400 万台以上，个人计算机和通信产品年产量规模普遍在 500 万台（万线）以上，彩管产量 300 万只以上，片式电阻的月产量甚至达到 100 亿只以上，国外主要片式钽电容器生产厂年产量均在 15 亿只以上。因此，信息产业进入门槛越来越高，没有巨额的资金投入，很难形成真正有竞争力的产品[③]。

同时，随着技术进步和生活水平的提高，消费个性化逐渐成为潮流，人们对电子产品的需求越来越多样化，这也是知识经济时代的重要特点。为了适应市场的这一变化，柔性生产技术得到快速发展，满足不同消费群

---

① 吴晓波、凌云：《信息化带动工业化的理论与实践》，浙江大学出版社 2005 年版。

② 樊哲高：《韩国成为第四大电子产品制造国》，《沿海企业与科技》2005 年第 1 期。

③ 电子信息产业模式研究课题组：《全球电子信息产业发展呈现五大趋势》，《人民邮电报》2003 年 7 月 8 日。

需求的产品应运而生，令人目不暇接。

第三，主导企业国际化，企业模式网络化。第二次世界大战后，跨国公司发展迅猛，它们凭借掌握的核心技术和资金优势，逐渐成为行业的主导，成为世界经济发展中举足轻重的力量。2000 年进入世界 500 强的 35家电子信息企业全部是跨国公司，其营业收入达 10426.15 亿美元，占全球电子信息产业的比例超过 85％①。

另外，全球信息化和信息网络化趋势也使电子信息产业传统发展模式面临严峻挑战。信息资源的开发利用至关重要，人才的核心作用更加突出，中小科技企业在开发创新中的灵活性重要作用日益明显，技术创新和知识创新对产业发展的影响越来越大，以信息网络为基础的新型企业模式开始崭露头角，并已显示出强大的生命力。

第四，产业界限模糊化，技术创新一体化。电子信息技术与机械、汽车、能源、交通、轻纺、建筑、冶金等技术互相融合，形成了新的技术领域和更广阔的产品门类：电信网、有线电视网和计算机通信网相互渗透、彼此融合、交叉经营、资源共享。随着数字化技术的广泛应用和信息产品的共享，个人计算机、传真机、手机等大量进入家庭，使投资类和消费类产品的边界趋于模糊，3C（Computer，Consumer，Coremlinication）技术的融合，使传统家用电器、计算机、通信逐步融为一体的信息家电出现。

第五，竞争核心技术化，竞争领域集中化。持续的技术创新不仅能够保证企业获得超额利润，关键技术或关键产品的技术创新更是能为企业树立行业领袖地位。因此，电子信息产业领域竞争的核心集中在关键技术的创新和垄断上。电子信息技术竞争的主要领域集中在软件、集成电路和新型元器件。软件是电子信息产品的核心，而集成电路、新型元器件则是电子信息产品制造业的基础，并具有较高的附加值。美国、日本在电子信息产品制造业的霸主地位源于掌握并垄断着这些领域的产品开发与生产技术。韩国以及我国台湾为提高其竞争力，也在大力发展关键元器件。印

---

① 电子信息产业模式研究课题组：《全球电子信息产业发展呈现五大趋势》，《人民邮电报》2003 年 7 月 8 日。

度、爱尔兰和以色列则在软件开发生产方面形成了独特的竞争优势。

第六，信息技术飞速发展。数字化、宽带化、智能化、个性化是未来信息产业的主流技术。进入 20 世纪 90 年代以后，数字化技术已成为通信和消费类电子产品的共同发展方向；通信网规模的扩大和业务的多元化需求，信息传输所占据的带宽飞跃增长，推动传输网不断刷新带宽的数量级；计算机技术的高速发展，促进了人工智能技术的发展；随着通信设备研发制造技术的不断创新，个性化的通信服务将迅速提高，21 世纪将是智能技术和通信个性化高速发展的时期。各种技术相互渗透，产品界限日趋模糊。数字化、多媒体等信息技术促进了电视、计算机、通信的逐步融合。技术进步对市场的影响越来越大，产品更新换代越来越快，电子技术的这种日新月异升级换代，为电子市场保持快速增长不断注入新的活力，并不断产生新的产品门类，以 IP 为基础的宽带多媒体网络成为网络建设和业务发展的重点。

通过对国外信息化发展的探索与分析，在全球化、信息化和可持续发展趋势下，信息产业逐渐在世界经济舞台上占据主导位置，发达国家、新兴工业化国家或地区都充分利用各自的比较优势，采取不同的发展模式，增强本国信息产业的国际竞争力。这是因为，信息产业具有鲜明的时代特征，在新型工业化、国民经济和社会发展中占据重要的地位。信息产业由于具有增长速度快、效益高的特点，是近 20 年来增长最快的产业。

在我国，2003 年电子信息产业销售收入也达 18800 亿元，比 2000 年翻了一番，其规模和效益指标均大大优于各行业的平均水平。而且，除了本身的直接增值作用外，电子技术还可渗透和服务于社会经济各领域，产生巨大的经济效益和社会效益。一是信息产业通过产品与服务广泛渗透到其他产业和部门的产品与服务中。例如，信息技术在工业设计、生产、控制等领域内被充分运用，计算机控制技术、计算机辅助设计、计算机辅助分析、计算机集成系统等已经被广泛应用于机械、电子、航空、航天、造船、建筑、轻工、纺织等产业领域，大大提高了这些产业所生产的产品质量；计算机和通信技术在传统产业中的运用，使传统产业的自动化程度越来越高，机器设备对人的依赖程度相应降低，在易腐易燃易爆的危险岗位，由"钢领工人"（即机器或其他机械手）来代替"蓝领工人"，使得传统工业在生产方式上发生重大变革，增强了安全性，降低了能耗，提高了产品合格率和生产效率，同时技术含量增加，加工更加精细，满足了消费日益提高的需求。二是信息产业直接向其他产业提供信息服务，直接影响其他产业的发展。如公路、铁路、航运、水运、航天、管道等运输方式因采用了先进的计算机和通信工具而发生了质的飞跃。

二、海南的差距

在工业经济中，国内生产总值的增长不仅与能源、原材料，如电力、钢铁、有色金属的消耗同步增长，而且还伴随着环境污染和生态破坏。但在信息经济中，由于信息产业是技术密集、知识密集、人才密集的高新技术产业，本身就具有节省物质资源和能源，且基本上不产生污染的特点。另外，由于电子技术在生产中的广泛应用，又会大大降低各产业中的物耗和能耗。因此在国内生产总值持续增长的同时，单位 GDP 所耗的能源和原材料却是下降的。可以说，信息产业是名副其实的低消耗、无公害产业。如前所述，虽然海南信息化建设和信息产业发展已取得很大成绩，但由于海南是典型的岛屿经济，存在着严重的"二元经济结构"现象，有80％以上的人口生活在社会经济发展水平相对低下的农村，尚处于欠发达阶段，信息产业的发展水平还相对较低，特别是信息产业生态化方面，与发达国家还存在较大差距，主要表现在以下几方面：

第一，信息产业发展的资金不足、发展较慢。与发达国家水平相比，海南通信企业人均业务收入、劳动生产率、利润指标均存在明显差距，总体管理水平不够高，运营效益较低，导致发展资金不足，进而阻碍了信息产业的发展。

第二，信息资源开发利用水平低。目前，海南信息资源开发和有偿使用的市场机制还未形成，信息知识产权较少且缺乏保障，对信息资源开发利用的深度不够，整体认识不足，信息资源开发管理体制不健全，基础工作薄弱，信息服务业弱小，拖了海南信息化的后腿。

第三，公共信息网络起步艰难。由于信息资源开发不够，上网运行的信息不多，以及资费等问题，导致公共信息网络用户发展缓慢，信息内需不足，导致公共信息网络系统起步艰难，尚难进入良好循环。此外，导致海南公共信息网络起步艰难的原因还有电信支撑网建设滞后于通信能力的发展，而通信产品制造业发展因缺乏统筹规划、协调发展，又滞后于网络建设。

第四，许多网站成了"面子工程"。这些网站信息来源单一，内容贫乏，更新缓慢。一些政府网站重视"电子"忽略"政务"，造成了电子政务"可有可无"的尴尬局面。

第五，电子信息产业基础薄弱。目前，海南电子信息产品制造业生产要素集约度参差不齐，层次不高，主要关键技术尚未摆脱受制于人的局面，全行业销售利润率远低于发达国家水平。电子信息产品中具有自主品牌和自主知识产权的产品较少，关键技术受制于人，科研成果转化为商品生产的不多，以企业为主体，产、学、研、用一体化的技术创新体系在大多数企业内尚未真正建立，薄弱的产业基础难以为信息化提供有效支撑。

第六，应用系统及软件商品化不够。近年来，海南已开发出不少有市场前景的应用软件和系统，但由于企业没有形成规模，缺乏将其进行商品化包装和推向市场的能力，致使本来有发展前途的软件和系统缺乏进一步开发的力量。

第七，人才缺乏。人才结构性矛盾突出，普通劳动力过剩，管理人才、技术带头人以及高层次、复合型人才严重短缺，反过来又成为信息产业发展的制约因素。

第八，对其他产业没有起到很好的促进作用。近年来，旅游业和高效热带农业被确定为海南经济发展的支柱产业，并已取得长足的发展和明显的经济效益。但是，由于市场信息采集、发布手段的落后，销售、交易渠道和方式闭塞，严重制约了这些支柱产业的进步发展。随着旅游业和高效热带农业产业化、商品化和现代化的不断发展，海南面临着产业升级和结构优化的紧迫任务。海南的社会公共服务很早就应用了电子信息技术，随着电子商务的发展，社会管理迫切需要更加规范、全面的信息化。省级机构改革正在推进，也迫切需要促进政府行为的转化，建立并完善与市场经济相配套的政府运行机制，建立政府决策智能支持系统，实现办公自动化和决策智能化。以上这些产业的发展和社会公共服务信息化方面，信息产业的促进作用还很有限。

综上所述，海南自提出"信息智能岛"战略以来，虽然在信息基础设施建设、扩大信息技术应用、促进信息产业发展以及改善信息化软环境等方面均取得了可喜的进步。但总体而言，海南信息产业发展仍处于初级阶段，总体规模小，科技含量低，技术力量薄弱，缺乏拥有自主知识产权的产品。由此，要实现海南信息产业可持续发展，需要多角度、全方位，充分发挥政府宏观调控和政策引导作用，统筹全社会产业发展资源，以更大的力度更自觉地加快海南信息产业的发展，重视和优先发展信息产业，加速推进海南信息化建设，大力推进"信息智能岛"战略，提高海南信息产业的技术水平。同时，必须进一步发挥政府、企业、社会的协同作用，采取各种措施防止和尽量减少信息污染等负面作用，加快信息产业生态化进程。

第八章　以"健康岛、生态省"为目标，
在全国率先实现生态现代化

从人类诞生的那一天开始，人类就生活在自然环境之中。自然环境为我们提供了生命支持、物质和文化服务。可以说没有自然，就没有人类文明。但是，随着人口增长和生活水平的提高，如果按照传统发展模式，人类的物质需求将逐步逼近自然环境的承载极限，自然环境有可能发生不可逆退化。事实上人类已经拥有毁灭地球的强大能力，而地球也已经越来越不堪承载人类需求的重负。虽然技术进步可以部分缓解环境压力，但仅仅有技术进步是不够的。人类生活模式和现代化模式的生态转型是必需的。在现代化进程中，如何科学地处理自然环境、经济发展和社会变迁的相互关系，实现文明进步与自然环境的互利耦合，是一个无法回避和日益突出的问题。

第一节　海南生态现代化的国内、国际背景

20世纪是人类发展最快的时代，也是生态环境最为恶化的时代：工业突飞猛进造成水污染和空气污染，生态资源日益减少，城市建设造成地球上大片大片的水泥森林。人类的生态环境不能令人满意，环境条件日益恶化，资源急剧消耗，各种污染严重威胁人们的生活、生命及其子孙后代，如茶叶、大米、水、肉等食品无不受污染，各种怪病层出不穷，各种灾害频频发生，生活在这个地球上越来越可怕了。从某种意义上说，人类正在挖自己的坟墓，正在自杀，正在丧失理智地向黑暗的深渊快速冲去。

1972 年,世界上首次以人类与环境为主题的大会在斯德哥尔摩召开①,大会发表了《联合国人类环境会议宣言》②,会议的口号是"只有一个地球"。这次大会首次明确提出:"保护和改善人类环境已经成为人类一个紧迫的目标。"联合国把每年的 6 月 5 日定为"世界环境日"。1973 年,联合国成立环境规划署。1987 年,联合国"世界环境与发展委员会"提供了一个报告《我们共同的未来》③,这个报告正式提出了"可持续发展"的理论和模式,给"可持续发展"下了一个定义:"既要满足当代人的需要,又不对后代人满足的需要能力构成危害的发展"④;这个报告"更是高度凝聚了当代人对可持续发展理论认识深化的结晶"⑤。1992 年在里约热内卢召开了世界环境与发展大会,有 183 个国家和地区的代表团参加了会议,规模空前⑥。这次会议提出了一个重要口号:"人类要生存,地球要拯救,环境与发展必须协调。"

当生态现代化思潮兴起之时,中国进入改革开放时期,工业现代化的环境压力、生态现代化的环保需要,成为中国现代化的双重挑战。中国作为最大的发展中国家,正处于经济转型和开始重视环境与经济发展的时

---

① 1972 年 6 月 5 日至 16 日联合国在瑞典的斯德哥尔摩召开"人类与环境会议",大会成立了由挪威首相布伦特兰夫人为首的"世界环境与发展委员会"。

② 《联合国人类环境会议宣言》简称《人类环境宣言》,1972 年 6 月 16 日第 21 次全体会议在斯德哥尔摩通过。《宣言》呼吁各国政府和人民为维护和改善人类环境,造福全体人民,造福后代而共同努力。《宣言》提倡对可更新资源和不可更新资源的开发和利用在规划时要妥善安排,以防将来资源枯竭。

③ 《我们共同的未来》报告分为"共同的问题"、"共同的挑战"和"共同的努力"三大部分,报告鲜明地提出了三个观点:(1)环境危机、能源危机和发展危机不能分割;(2)地球的资源和能源远不能满足人类发展的需要;(3)必须为当代人和下代人的利益改变发展模式。

④ WCED. Our common future:Oxford university press 1987. 1.

⑤ 《我们共同的未来——20 世纪人类环境意识的觉醒》,《环境保护导报》1999 年 12 月 29 日。

⑥ 1992 年 6 月 3 日至 14 日联合国在巴西的里约热内卢召开"世界环境与发展"大会,大会通过了《里约环境与发展宣言》(rio declaratfon)又称《地球宪章》(earth charter)。《宣言》的目标是通过在国家、社会重要部门和人民之间建立新水平的合作来建立一种新的、公平的全球伙伴关系,为签订尊重大家的利益和维护全球环境与发展体系完整的国际协定而努力,李鹏代表中国政府在世界环境与发展大会上签署《气候变化框架公约》。

期。改革开放以来，从原有经济体制束缚中解放出来的生产力迸发出空前的活力，使中国经济步入一个较快发展的新阶段。随着社会经济的不断发展，自然资源相对匮乏、生态环境脆弱与经济快速增长之间的矛盾不断加剧，黄河断流、长江大水灾、沙尘暴等严重的生态问题频频突现，使我国面临着环境问题的严峻挑战。中国现代化属后发外源性现代化，与西方发达国家的内源性现代化有着很大不同。在这样的背景下，寻求一条什么样的发展道路，使中国的现代化既不与国情相悖，又能跟上世界现代化发展的潮流呢？经济发展是现代化的核心。它的成败直接关系到现代化整体能否成功。由于对经济现代化内涵认识的不够，不了解其本身也是一个生态性发展的过程，因而在很长一段时期里，只注重产值、产量等经济指标，而忽略了其他方面的指标。因此，以生态范式诠释现代化、实践现代化，走一条复合型的生态性路径，就成为一条切实可行的途径。这就要求衡量经济发展"不仅要看经济增长指标，还要看人文指标、资源指标、环境指标"①。

一、国内、国际生态现代化的历史经验

生态现代化思想从诞生至今，不过区区二三十年的历史。在其发展过程中，这一思想一直处在一种开放的体系当中，有关的各方观点呈现出多元化特征，并且它的倡导者们在发展这一论说的过程中努力追求其实践的可操作性，以求达到理论逻辑与实践操作相互协调。就西方生态现代化理论的发展现状而言，它们仍处于方兴未艾的状态。当代西方生态现代化的实践经验和理论成果为我们积累了丰富的知识和信息。

第一，它完全摒弃了传统现代化观念中片面追求工业化、城市化等不合理内容，明确了生态现代化是超越工业化、走向全面合理化的社会发展过程。生态现代化思想主张对人类的现代化进程实行监控，在吸取其经济、政治、社会组织、人类观念、生活、交往方面的合理因素的同时，把生态化和系统化概念融入其中，从而达到社会各个领域的良性

---

① 《江泽民论有中国特色社会主义（专题摘编）》，中央文献出版社 2002 年版，第 283 页。

整合。

第二，西方生态现代化思想拒斥经济与生态之间势不两立的立场。这一思想体系对经济学与环境要素之间的关系进行了重新定义。在新的定义中，维持环境健康发展是长远经济发展的前提条件。此外，这一思想既否定只顾眼前利益的唯经济理论和单一增长论，也对放弃追求经济增长和反技术论等激进主张，它是人类对于环境问题的认识从"正"走向"反"之后，又向"合"的阶段产物。

第三，生态现代化需要创新和学习。西方生态现代化思想承认现代科学技术在实现生态改革中的关键地位，强调科学技术是实现经济生态化的主要手段。生态现代化要求环境友好的技术创新和制度创新，要求生态合理的结构转变和模式转变。在这个过程中，观念的变化是关键。在生态现代化先行的国家，创新和观念变化是本质所在。在生态现代化的后行国家，学习和观念变化是重点，地域性创新也必不可少。

第四，生态现代化需要国内合作与国际合作。生态现代化是一次生态革命，涉及经济、社会、政治、文化、环境管理和个人行为的生态合理的转变。世界只有一个地球，地球的大气循环、水循环、物质流动等，都是在全球范围内进行的，它们跨越了国界，超越了民族。全球气候变化、臭氧层破坏、空气污染扩散、资源和能源的合理开发与利用等，都需要全球的通力合作。在这一思想体系中，肯定了政府的宏观调控和社会各界广泛参与的综合效能。它主张尽量消除政府与环境运动之间存在的激烈的敌对性分歧，这一点是生态现代化思想受到西方发达国家政府欢迎与支持的主要原因之一[①]。

西方生态现代化思想体系相对于过去的环境论说而言，无论从对于环境问题产生根源的认识上，还是从解决生态危机的途径，都提出了更加合理的见解。

---

① 黄英娜、叶平：《20世纪末西方生态现代化思想述评》，《国外社会科学》2001年第4期。

二、国内、国际生态现代化的现实综合水平

各个国家的生态现代化进程不同步，2004 年有些国家达到生态现代化的发展期，有些处于生态现代化的起步期，有些尚没有进入生态现代化。"2004 年，大约有 58 个国家进入生态现代化。其中，丹麦等 10 个国家处于生态现代化起步期，瑞士等 48 个国家处于生态现代化的发展期"[①]。有 41 个发展中国家进入生态现代化，其中 7 个已进入生态现代化发展期（如表 8—1 所示）。

表 8—1　2004 年世界生态现代化阶段的地理分布

阶段	国家数	比例(%)	国家（个数）					比例（%）				
			非洲	美洲	亚洲	欧洲	大洋洲	非洲	美洲	亚洲	欧洲	大洋洲
发展期	10	8.5	1	3	2	4	—	3.2	13.6	9.1	9.8	—
起步期	48	40.7	13	10	8	16	1	41.9	45.5	36.4	39.0	33.3
合计	58	49.2	14	13	10	20	1	45.2	59.1	45.5	48.3	33.3
国家样本	118		31	22	22	40	3					

资料来源：《中国现代化报告 2007——生态现代化研究》、《国外社会科学》等。

中国是一个发展中国家，尚没有完成第一次现代化，也没有进入第二次现代化。但是，受国际环境运动的影响，中国在 20 世纪 70 年代就开始了环境保护工作（如表 8—1 所示）。在 1970—2004 年期间，中国生态现代化指数从 25 分上升到 42 分，根据经济增长与环境退化的脱钩程度，中国大约在 1998 年进入生态现代化的起步期（如表 8—2、表 8—3 所示）。

中国生态现代化的整体水平和多数指标水平，还有明显的国际差距。在 1970—2004 年期间，中国生态现代化与世界平均水平的相对差距在缩小（如表 8—3 所示）；这些成绩的取得主要靠国家对环境建设和生态保护的高度重视，发布和颁布了大量的相关法律、法规（如表 8—2 所示），主要靠全民环境、生态认识水平的提高。

[①] 《中国现代化报告 2007——生态现代化研究》，北京大学出版社 2007 年版，第 148 页。

表8—2 中国生态现代化的起步

第一阶段	第二阶段	第三阶段
现代环保探索期（1949—1977年主要法律、法规、大事）	现代化生态修正（1978—1998年主要法律、法规、大事）	生态现代化起步（1998年以来主要法律、法规、大事）
1951年发布《中华人民共和国矿业暂行条例》	1978年修改《中华人民共和国宪法》，对环保作出规定	1998年发布《全国生态环境建设规划》
1956年建立第一批自然保护区	1979年颁布《中华人民共和国环境保护法（试行）》	2000年发布《全国生态环境保护纲要》等
1963年发布《森林保护条例》	1983第二次全国环境保护会议提出"三同步"和"三统"	2001年颁布《中华人民共和国防沙治沙法》
1972年派团参加首次联合国人类环境大会	1984年成立国家环保局（1998年升级为国家环保总局）	2002年颁布《中华人民共和国清洁生产促进法》
1973年第一次全国环境保护会议	1989年颁布《中华人民共和国环境保护法》	2003年颁布《中华人民共和国环境影响评价法》
1973年发布《工业"三废"排放试行标准》	1991年颁布《中华人民共和国水土保护法》等	2003年发布《排污费征收使用管理条例》
1973年拟定《关于保护和改善环境的若干规定（试行）》等		2005年颁布《中华人民共和国可再生能源法》2002、2004

表8—3 1970—2004年中国生态现代化进程

项目	1970年	1980年	1990年	2000年	2002年	2004年
中国生态现代化指数	25	33	34	42	42	42
世界生态现代化最大指数	77	79	86	95	97	97
世界生态现代化最小指数	23	29	22	30	30	33
世界生态现代化平均指数	46	50	54	57	58	59
中国与最大值的差距						
绝对差距（世界最大/中国）	52	46	52	53	55	55
相对差距（世界最大/中国）	3.1	2.4	2.5	2.3	2.3	2.3
中国与平均值差距						
绝对差距（世界平均/中国）	21	17	20	15	16	17
相对差距（世界平均/中国）	1.8	1.5	1.6	1.4	1.4	1.4
中国的排名	75	80	92	87	84	84
参加排名的国家个数	76	84	96	101	106	98
参加评价的国家样本数	76	84	101	122	120	118

资料来源：表8—2、表8—3主要根据《中华人民共和国年鉴》、《中国现代化报

告 2007——生态现代化研究》等资料编制①。

三、世界生态现代化的前景分析

如果说，国家的经济现代化和社会现代化可以相对独立进行，那么，国家的生态现代化则必须国际合作。因为，生态现代化是现代化与自然环境的相互作用。国家的自然环境都包括三部分，即国土部分、国界周围部分和全球的自然环境。所以，世界生态现代化的前景，对每一个国家都有影响，对国土面积比较小的国家和发展中国家影响更大。

21 世纪世界生态现代化的前景分析是一个十分复杂的课题，要作全面的分析几乎是不可能的。根据过去世界生态现代化的实践经验和理论研究，结合目前世界环境科技发展的趋势，在这里，仅对影响中国生态现代化（特别是海南生态现代化）的未来国际环境的世界生态现代化先进水平和中等水平进行若干关键问题预测，希望能给后来研究者提供一些有价值的参考。

假设 21 世纪世界生态现代化的平均速度与 20 世纪后 30 年的平均速度大致相当，那么，可以对 21 世纪世界生态现代化水平进行估算。尽管这种估算不可能准确，但是，它将为分析世界和中国生态现代化（特别是海南生态现代化）的前景提供一种方法。

1. 21 世纪进入生态现代化的国家数量的估算。有两种估算方法：第一，根据生态现代化指数的年均增长率估算。2004 年，生态现代化指数超过 80 分的国家都已经进入生态现代化。假如没有进入生态现代化的国家，在未来能够大致保持它们在 1970—2004 年生态现代化的年均增长率，那么，它们生态现代化指数达到 2004 年的 80 分的时间，2050 年大约有 72 个国家进入生态现代化。第二，根据过去 34 年世界生态现代化的成绩进行估算。1970—2004 年期间，平均每 10 年约有 17 个国家加入生态现代化的行列，到 2004 年有 58 个国家进入生态现代化。假设在未来世界生

---

① 《中华人民共和国年鉴》1951—2005 年版；《中国现代化报告 2007——生态现代化研究》，北京大学出版社 2007 年版，第 157、243 页。1949 年以来我国制定了环境保护法律 9 部，自然资源保护法律 15 部，国家环境保护标准 800 多项，同时政府各有关部门和地方政府制定的环保法规有 660 多项。

态现代化能够取得与过去 34 年大致相当的成绩，那么，21 世纪将有 131 个国家将加入生态现代化的行列（如表 8—4 所示）。

表 8—4　21 世纪世界生态现代化水平的估计

（单位：进入生态现代化的国家数）

年份	1970	1980	1990	2004	2010	2020	2030	2040	2050	2060	2080	2100
	（根据过去 34 年世界生态现代化的成绩估算）											
国家数	58	66	74	82	90	98	114	130	131			
	（根据过去 34 年世界生态现代化指数的增长率估算）											
国家数	16	28	14	58	62	63	68	71	72	74	74	76

资料来源：根据《中国现代化报告 2007——生态现代化研究》，北京大学出版社 2007 年版，第 149 页编制。

2. 21 世纪生态现代化阶段的预期水平。根据环境压力指标和经济增长脱钩的程度来划分。如果部分或少数环境指标与经济脱钩，属于经典现代化的生态修正。如果主要环境指标与经济增长相对脱钩（环境压力增长慢于经济增长），表示进入生态现代化的起步期。如果主要环境指标与经济增长绝对脱钩（经济增长的同时环境压力稳定或下降），表示进入生态现代化的发展期。如果主要环境指标下降到环境可承受的程度，同时经济继续发展，表示进入生态现代化成熟期。如果主要环境指标下降到环境无害，同时经济继续发展，表示进入生态现代化稳定期。在稳定期，环境进步和现代化协同起来，逐步达到人类与自然互利共生（如表 8—5 所示）。

表 8—5　21 世纪生态现代化阶段的一种估计

阶段	大致时间	主要特征	判断标准
经典现代化	1970 年前	环境破坏、生态退化	经济增长与环境退化相连
现代化生态	1970 年前	部分环境指标改善	部分环境指标与经济脱钩
生态现代化起步期	1970—1992 年	环境与经济相对脱钩	主要环境指标与经济相对脱钩
生态现代化发展期	1992—2020 年	环境与经济相对脱钩	主要环境指标与经济绝对脱钩
生态现代化成熟期	2021—2050 年	环境与经济互赢	从环境可承受到环境无害
生态现代化稳定期	2050—2100 年	人与自然互利共生	环境进步与现代化同步

资料来源：根据《中国现代化报告 2007——生态现代化研究》，北京大学出版社 2007 年版，第 150 页编制。

2004 年，有 10 个国家达到生态现代化的发展期，有 48 个国家达到生态现代化的起步期，有 50 多个国家处于经典现代化的生态修正。如果继续保持过去 34 年的发展速度，处于发展期的国家，有可能在 2020 年前后进入生态现代化的成熟期，在 2050 年前后进入生态现代化的稳定期，在 21 世纪末前完成生态现代化；处于起步期的国家，则有可能在 2020 年前后进入生态现代化发展期，在 2050 年进入生态现代化成熟期，在 21 世纪末基本完成生态现代化；处于经典现代化的生态修正的国家，将先后进入生态现代化的起步期和发展期；其他国家也将先后进入生态现代化（如表 8—4、表 8—5 所示）①。

第二节　海南建设生态现代化的优越条件

有一首歌唱得好："海南岛、台湾岛，好比珍珠加玛瑙……"② 它们都以美丽绝伦的自然景观和得天独厚的自然资源著称于世。

海南岛地处热带北缘，热量丰富，光能充足，雨量丰沛，它拥有极丰富的生物资源，是我国发展热带大农业最主要的生产基地，又是我国热带生物资源重要物种的基因库。它还有丰富的水源和矿产资源，是一个自然条件得天独厚的宝岛。

海南有那么优越的自然条件，那么良好的生态环境，使它在中国的自然地理位置中显示出不同寻常的重要性。为了保护、恢复和发展海南独特的自然景观和生态系统，不让它们受到破坏，从 1965 年起，海南就开始划出一块地方来，建立了各种自然保护区，保护和发展那里的原始森林、珍稀物种、自然景观。到现在，海南省的自然保护区已经有 58 处，总面积 260 多万公顷，数量排在全国前列。在海南众多的自然保护区中，属于国家级的有 4 处，它们是：万宁大洲岛自然生态保护区，保护那里产燕窝的金丝燕；东方大田自然保护区，那里有国家一级保护动物坡鹿；海口市

---

① 《中国现代化报告 2007——生态现代化研究》，北京大学出版社 2007 年版，第 150 页。

② 歌词来自歌曲《海南岛、台湾岛，好比珍珠加玛瑙》，由琼籍台湾诗人林光瀚先生作词，台北比较音乐家学会廖又弘先生、台湾著名电脑音乐作曲家林二先生共同谱曲，琼台两岛艺术家几乎人人会唱。

东寨港自然保护区，那里有几万亩珍贵的红树林；昌江县坝王岭自然保护区，到那里可以看到珍稀动物"海南黑冠长臂猿"① 在大树上跳跃的身影。

海南气候温和，又经常下雨，加上太阳光照时间长，植物种类很多，植被生长又快，什么时候都是绿油油的，与云南的西双版纳一起，成为我国目前仅存的两个原始热带林区。古时候，海南岛长满了森林，又被称为"森林之岛"。后来由于历代开发过度，热带森林面积减少了很多；但是，经过建省后的努力控制和恢复，海南森林面积大幅度回升，至 2005 年底全省森林覆盖率为 55.5%，居全国前列。

一、良好的自然环境和社会基础

（一）天然的"大温室"

海南地处我国纬度最低的热带地区，气温确实很高，有"长夏无冬"的说法。一年中太阳在芒种和小暑前后两次直射头顶。白昼超过 12 小时的日数有半年之多，夏至之日可达 13 小时以上，即便是在冬至前后得到的光热也比我国其他地区多，仍可达到近 11 个小时。海南岛年平均气温在 23℃～25℃之间，终年高温的天气为全国之冠。但海南的热跟别的地方不同，不是闷热，而是暖热。这是为什么呢？原来，海南岛四面环海，雨量充足，又有海风调节，就显得不那么闷热了。因此，苏东坡曾给海南的天气下过这样一句评语："四时皆是夏，一雨便成秋。"②

海南岛是我国降雨最多的地区之一，全岛平均年降水量为 1600 多毫米，但降雨季和地区分配很不均匀。5—10 月降水量最多，集中了全年降

---

① "海南黑冠长臂猿"：长臂猿是四大类人猿之一，由于头上长有一顶"黑帽"而得名，不仅在社会行为方面与人类接近，而且生理结构和病态学方面也接近人类。美国《时代》周刊 2000 年列出的全球最濒危的 25 种灵长类动物中，"海南黑冠长臂猿"是数量最少的一种。在 20 世纪 50 年代，在海南澄迈县、屯昌县以南的 12 个市县原始热带雨林中，尚有黑冠长臂猿 2000 只左右。1980 年成立省级自然保护区时，长臂猿只剩下 7 只。1988 年成立海南猫王岭国家级自然保护区时发展到 13 只，至 2003 年初发展到 24 只。

② 900 多年前宋代大文豪苏东坡先生被贬海南时给海南怡人的气温下了这样一句评语，暑气不酷，一张凉席便可舒爽过夏，海南岛沿海居民对此也有着切身体会。见（清）李调元：《南越笔记》卷一："四时皆是夏，一雨便成秋，了瞻记中语也。"

水量的七八成，其他月份较少，使岛上形成明显的干湿季节。从地区上看，东南部由于在海风之冲，降水量最大，西南部位于背风坡，雨量最小。中部山区，夏热而酷暑，冬有轻霜但不严寒，同时较凉爽；昼夜温差大；雨量丰沛。

海南岛独特的气候条件，使它可以称得上是一个天然的"大温室"。海南岛良好的生态环境、美丽的自然景观和独特的人文景观，是世界上少有的一块未受污染的"绿洲"，每年到这里来避寒、观光、冬泳、度假的中外游人络绎不绝。

（二）负离子含量全国最高

负离子是空气中一种带负电荷的气体离子，有人把负离子称为"空气维生素"，并认为它像食物的维生素一样，对人体及其他生物的生命活动有着十分重要的影响，有的甚至认为空气负离子与长寿有关，称它为"长寿素"。

如果没有好的新陈代谢，人体将无法吸收外界营养，体内塞满有害无益的老化垃圾，整个身体的生理机能趋于衰弱，进而引发各种疾病。负离子是复苏生命、促进新陈代谢必不可少的要素。据科学家研究发现，人体内的负离子数量会随着空气质量的不同而时刻改变。在烟雾缭绕的办公室，在沉闷的空调室内，在汽车尾气污染严重的大街上，人体内的负离子数量会急剧降低，从而极大地影响人体的新陈代谢和健康。当负离子增加时，以细胞膜为首的所有细胞的功能会明显转佳，血液中的钙、钠的离子化率便会上升，使血液成为弱碱化，有利于营养物质的充分吸收和老化废物的完全排除，从而使血液得到最好净化。据专家研究发现，负离子主要有以下几点重要作用：

1. 对神经系统的影响。可使大脑皮层功能及脑力活动加强，精神振奋，工作效益提高，能使睡眠质量得到改善。负离子还可使脑组织的氧化过程力度加强，使脑组织获得更多的氧。

2. 对心血管系统的影响。据学者观察，负离子有明显扩张血管的作用，可解除动脉血管痉挛，达到降低血压的目的，对改善心脏功能、心肌营养也大有好处，有利于高血压和心脑血管患者的病情恢复。

3. 对血液系统的影响。研究证实，负离子有使血液变慢、延长凝血时间的作用，能使血中含氧量增加，有利于血氧输送、吸收和利用。

4. 对呼吸系统的影响。负离子对呼吸系统的影响最明显，这是因为负氧离子是通过呼吸道进入人体的，它可以提高人的肺活量。有人曾经试验，在玻璃面罩中吸入空气负氧离子 30 分钟，可使肺部吸收氧气量增加 2％，而排出二氧化碳量可增加 14.5％，故负氧离子有改善和增加肺功能的作用。

海南岛是全国负离子"平均值"最高的地方，全岛的"平均值"达每立方厘米 5500 个以上，原始森林和自然保护区"平均值"高达每立方厘米 15000 个以上，省会海口市也有每立方厘米 4000 个以上[①]!

（三）二氧化硫、二氧化碳、粉尘排放量全国最少

二氧化硫（SO_2）是一种无色具有强烈刺激性气味的气体，它不仅对人体健康有害，还能危害植物、腐蚀金属，对生态环境的影响很大。

二氧化硫易溶于人体的体液和其他黏性液中，长期的影响会导致多种疾病，如：上呼吸道感染、慢性支气管炎、肺气肿等。二氧化硫在氧化剂、光的作用下，会生成使人致病、甚至增加病人死亡率的硫酸盐气溶胶；据有关研究表明，当硫酸盐年浓度在 $10ug/m^3$ 左右时，每减少 10％的浓度使死亡率降低 0.5％。在高浓度的 SO_2 的影响下，植物会产生急性危害，叶片表面产生坏死斑，或直接使植物叶片枯萎脱落；在低浓度 SO_2 的影响下，植物的生长机能受到影响，造成产量下降，品质变坏。另外，大气中的二氧化硫对金属的腐蚀主要是对钢结构的腐蚀。据统计，发达国家每年因金属腐蚀而带来的直接经济损失占国民经济总产值的 2％～4％。由于金属腐蚀造成的直接损失远大于水灾、风灾、火灾、地震造成损失的总和，且金属腐蚀直接威胁到工业设施、生活设施和交通设施的安全。二氧化硫形成的酸雨和酸雾危害也是相当的大，主要表现为对湖泊、地下水、建筑物、森林、古文物以及人的衣物构成腐蚀。同时，长期的酸雨作用还将对土壤和水质产生不可估量的损失。

---

① 负离子数量是衡量空气是否清新的重要标准之一。据世界卫生组织规定，负离子浓度每立方厘米不低于 1000～1500 个，为清新空气。北京天安门负离子含量为 400 个/cm^3，而在海南热带雨林中负离子含量可达 5 万个/cm^3，个别地方如吊罗山瀑布附近高达 12 万个/cm^3。

二氧化碳（CO_2），常温下是一种无色无味气体。燃烧化石燃料，农业、畜牧业及垃圾处理等都会向大气中排放二氧化碳。在空气中，氮和氧所占的比例是最高的，它们都可以透过可见光与红外辐射。因二氧化碳不能透过红外辐射。故二氧化碳可以防止地表热量辐射到太空中，具有调节地球气温的功能。如果没有二氧化碳，地球的年平均气温会降低至－23℃。但是，二氧化碳含量过高，就会使地球仿佛捂在一口锅里，温度逐渐升高，就形成"温室效应"[①]，地球的气温平衡状态被打破。

近几十年来，由于人口急剧增加，工业迅猛发展，呼吸产生的二氧化碳及煤炭、石油、天然气燃烧产生的二氧化碳，远远超过了过去的水平。而另一方面，由于对森林乱砍滥伐，大量农田建成城市和工厂，破坏了植被，减少了将二氧化碳转化为有机物的条件。再加上地表水域逐渐缩小，降水量大大降低，减少了吸收溶解二氧化碳的条件，破坏了二氧化碳生成与转化的动态平衡，就使大气中的二氧化碳含量逐年增加。

2004年海南人均CO_2排放（0.9吨/人）、人均SO_2排放（6.37千克/人）比全国平均数小得多，这说明海南的工业化程度较低，生态基础较好。

（四）温泉含稀有元素最丰富

从民间的传统可以得知，温泉对肠胃道消化系统方面的疾病有一定的疗效，对湿疹、菌癣、创伤等皮肤科疾病，以及关节炎、风湿痛、神经痛等疾病也有一定的疗效。据科学研究，酸性的温泉水对高血压、胃溃疡、关节风湿等有辅助疗效，温泉热浴可使肌肉、关节松弛，达到消除疲劳功能。温泉的功效是因为它带来的热与酸性刺激传递到大脑，刺激副交感神经，使肌体内的类胰岛素生长因子等物质增加，能提高肌体的自我治愈能力。

海南岛有丰富的地下水，毫不夸张地说，随便在哪儿打个井，都会有

---

① "温室效应"：是指透射阳光的密闭空间由于与外界缺乏热交换而形成的保温效应，就是太阳短波辐射可以透过大气射入地面，而地面增暖后放出的长短辐射却被大气中的二氧化碳等物质所吸收，从而产生大气变暖的效应。大气中的二氧化碳就像一层厚厚的玻璃，使地球变成了一个大暖房。据估计，如果没有大气，地表平均温度就会下降到－23℃，而实际地表平均温度为15℃，这就是说温室效应使地表温度提高38℃。

泉水喷出来，而且很多是温泉和优质矿泉，含有丰富的稀有元素。如海南最大的温泉之一七仙岭温泉，有自喷泉眼 7 只，日出水量 3860 吨，水温高达 94℃。热水矿化度 0.3 克/升、pH 值为 9.5、含氟量 9.4 毫克/升、硅酸量 120 毫克/升，属硅酸重碳酸钠型水，是理想的医用矿泉水。濒临万泉河的官塘温泉，温泉日流量万吨，水温 68℃～84℃，属富含氟、硅、锂、锶的低铁、重碳酸钠型热矿泉水。而光雅泉水富含氯、钠、溴、砷、硫化氢等各种矿物质，对多种疾病均有疗效。由于海南的温泉含稀有元素最丰富，以保健、疗养为目的绿色旅游正在海南悄然兴起。

（五）较好的生态保护意识

保护和改善生态环境是全人类面临的共同挑战，是当今世界各国日益重视的重大问题。海南省是生态环境保存良好的地区之一，又是一个后发展地区，保护和建设好生态环境，加快经济发展，提高人民生活水平，实现现代化，是历史赋予我们的使命。海南省提出"生态立省"① 的口号，作出"建设生态省"的重大决策，就是要探索一条可持续发展道路，既不为发展而牺牲生态环境，也不为单纯保护环境而放弃发展；既创建一流的生态环境，又促进经济社会健康快速发展，高水平、高质量地把海南建设好。海南实施生态现代化战略有着较为良好的社会基础。生态知识在全省得到了较好的普及和推广，公民的生态意识日益增强，崇尚绿色消费、追求健康生活方式逐渐成为一种社会风气；而保护生态环境、实现人与自然的和谐共处也日益成为社会各界的共识。这些都为海南生态现代化的建设提供了良好的社会环境基础。

当然，也有不足之处。例如，社会上受经济利益驱使而忽视生态效益、破坏生态环境的短视行为仍时有发生；公民的环保行为带有较多的偶发性，缺乏足够的生态自觉；绿色消费品市场不完善，在绿色产品的供应、环境标志的统一使用等方面还有待改进，种种存在的问题都需要妥善加以解决，才能有效推动海南实现生态现代化的进程。

---

① 在 2006 年 1 月海南省三届人大第四次会议上，时任省长卫留成代表海南省人民政府所作的工作报告中第一次提出"生态立省"的口号。

二、海南生态现代化的情景分析

海南良好的生态环境，是世界级的稀有资源。海南是全国唯一的热带海岛省份，现代旅游五要素：阳光、沙滩、绿色、空气、海水在这里实现了完美组合。近年来，随着海南旅游的持续升温，许多人已经能够亲身领略海南旖旎的风光，感受海南独特的魅力。海南这块"净土"，绝不能走"先发展，后治理"的路子，海南承受不起传统发展模式带来的生态环境之痛。海南是经济欠发达地区，工业化水平、城镇化水平、城乡居民收入水平偏低和经济总量小的"三低一小"① 矛盾十分突出。在建省办大特区之初，贫穷落后的海南也曾想"一夜暴富"。在经历股票热和房地产泡沫之后，经济跌入谷底，较长时间陷入萧条、沉闷和发展战略艰难选择的困惑之中。同一时期，热带高效农业、旅游度假业、海洋产业和资源型工业却悄然崛起。全球可持续发展的呼声与海南退而求其次的发展状况，启发了海南的发展思路：海南未来真正能给中国发展作出贡献的，可能不是工业，不是科技，而是保护和发展好独特的、不可替代的热带自然环境；大特区的探索试验所能引领和示范全国的，应当主要是绿色发展的道路和模式。

在认识到良好的生态环境是海南最大的特色和优势的基础上，1996年初，海南省委、省政府提出"建设新兴工业省、热带高效农业基地、热带海岛休闲度假旅游胜地"的"一省两地"产业战略②，1999年7月30日，省二届人大常委会第八次会议通过《海南生态省建设规划纲要》，《纲要》提出"生态省建设的总体目标是：用30年左右的时间，建立起发达的生态经济，形成布局合理、生态景观和谐优美的人居环境，使经济综合竞争力进入全国先进行列，环境质量保持全国领先水平"③。"一省两地"产业发展战略和生态省战略的确立，构成了海南经济社会发展战略的总框架。

---

① "三低一小"：工业化水平低、城镇化水平低、城乡居民收入水平低、经济总量小。2004年时任海南省委书记的汪啸风提出海南要下功夫主攻"三低一小"主要矛盾。

② 1996年海南省一届人大四次会议通过《海南省国民经济和社会发展"九五"计划和2010年远景目标纲要》，用法律的形式确立海南"一省二地"产业战略。

③ 《海南生态省建设规划纲要》分序言、正文（八大部分）、附件（两个附件）三大部分，"海南生态省建设的总体目标"在正文的第二部分。2005年5月27日海南省第三届人大常委会第十七次会议通过纲要的修编内容，体现了纲要的与时俱进。

海南人民已经认识到，生态是海南发展的核心竞争力，抢占了这个战略制高点，也就赢得了科学发展、和谐发展的先机。人与自然和谐发展的生态文化氛围正在海南逐步形成。通过开展各种形式的生态省设宣传、教育、研讨、竞赛等活动，全省民众生态环保意识有了明显提高。越来越多的企业开始自觉履行环境保护责任，有的还转向发展环保事业和环保产业；越来越多的公众开始对环境污染和生态破坏行为进行监督，拒食野生动物成为一些人的自觉行为；行政决策失误造成生态环境破坏的现象大为减少。

海南省发展的历程已经显示，坚持"生态立省"，就是立足自身最大的优势，站在较高的战略起点上谋求自身的生存和发展，通过自身的试验，一定能走出一条示范全国的经济发展与环境保护双赢的可持续发展之路。

第三节　海南生态现代化战略的必然选择

海南是在工业文明、全球化扩张所带来的生态环境破坏和污染中被保留下的"几块净土之一"。海南是带着良好的生态环境和洁净的空气保持经济的快速增长并且进入小康社会的，海南成为令人向往的全国旅游首选之地，也是综合生活质量最高的地区之一。1999 年，海南率先提出建设生态省的跨世纪发展战略，意在探索一条既不为发展经济而牺牲生态环境。也不为消极保护环境而放弃发展经济的可持续发展之路[①]。从海南的经济发展战略看，建设生态省、绿色的发展是经济发展的主旋律。

一、海南生态现代化的战略目标

生态现代化同经济和社会现代化一样，是一个可以预期的过程。21世纪生态现代化应该是相对有序的和可以部分预期的。例如，物质经济比重下降、物质经济效率上升、人均自然资源下降、资源生产率上升、经济增长与环境退化脱钩现象在扩大、环境管理国际合作在增加等。

---

① 1999 年海南省第一个提出建设生态省后，2000 年国务院颁发了《全国生态环境保护纲要》，明确提出大力推进生态省、生态市、生态县和环境优美乡镇的建设。

（一）生态现代化的基本要求

生态现代化不是要限制经济发展，而是采用预防、创新和结构生态化原则，改善经济发展与自然环境的关系，实现经济增长与环境保护的双赢，人与自然互利共生、协同进化。它是一个生态系统转型与变迁的过程。在这里，包括经济、社会、政治、文化、环境管理和人类行为模式等都要转型，生产结构和方式、消费结构与方式、环境政策和管理等方面都要变化。

虽然生态现代化的概念比较抽象，但其要求比较具体。可以概括地说生态现代化的基本要求是"三化一脱钩"，即生产和消费的非物化和绿色化，经济和社会的生态化，现代化与环境退化脱钩。生态现代化的基本要求如表8—6所示。

表8—6 生态现代化的基本要求

基本要求	基本要求的具体内涵
非物化（轻量化）	高效：提高物质生产率、资源生产率、能源生产率、土地生产率等，实现资源、能源使用的高效率化
	低耗：降低经济和社会的物质消耗、资源消耗、能源消耗等，实现资源、能源使用的低消耗化
	高品：提高经济的服务比例、文化知识信息比例、经济品质和生活品质等，实现经济发展的非物化
	低密：降低经济和社会的物质密度、资源密度、能源密度、碳密度等，实现经济和社会发展的轻量化
绿色化	无毒：降低对环境和健康的有毒物、有毒废物的生产和排放，实现无毒化
	无害：降低对环境和健康的有害物、有害废物的生产和排放，实现无害化
	清洁：发展环保技术、清洁生产、绿色产品、清洁能源、绿色交通和绿色生活，实现绿色化
	健康：提高经济和社会中环境友好、人体无害、安全优质的绿色要素比例，实现和谐化
生态化	预防：发展生态农业、生态工业、生态旅游、生态城镇、保护自然和生物资源
	创新：环境友好的知识创新、技术创新和制度创新，提升生态效率和生态文化
	循环：提高废物再循环、再利用、再制造和废物处理率
	双赢：经济发展的同时，加强生态重建，降低生态退化，实现经济与环境双赢

续　表

基本要求	基本要求的具体内涵
经济与环境退化脱钩	经济与物质脱钩：经济发展与物质需求增长脱钩 经济与资源脱钩：经济发展与自然资源消耗增长脱钩 经济与能源脱钩：经济发展与能源消耗增长脱钩 经济与污染脱钩：经济发展与环境污染增长脱钩 经济与生态退化脱钩：经济发展与生态退化脱钩 生态现代化的最终目标—经济与环境互利耦合：经济发展与环境进步良性耦合，人与自然互利共生和协同进化

资料来源：此表根据《中国现代化报告2007——生态现代化研究》，北京大学出版社2007年版，第111页；何晋勇、吴仁海，《生态现代化理论及在国内环境决策中的应用》，《社会科学研究》2000年第6期，第17—20页编制。

（二）海南生态现代化的预期指标

海南生态现代化的核心内容和基本目标是建立起发达的生态产业体系，形成布局合理、生态景观和谐优美的人居环境，使经济综合竞争力进入全国先进行列，环境质量保持全国领先水平。笔者通过查阅大量的海南发展历史资料，特别是改革开放以来海南经济社会发展的历史资料，综合同期全国的发展情况和相关、相近省市的发展情况，经过分析和预测，列出了海南生态现代化建设的有关主要预期指标（如表8—7所示）。

表8—7　海南生态现代化主要预期指标

指标 ＼ 年份	2015	2030	2050	备注
1. 人均GDP（按1998年价格，元）	21405	59057	189403	GDP增长预测：1998—2010年年均增长9.5%；2011—2030年年均增长8%；2031—2050年年均增长6%
2. 人口自然增长率（%）	9.0	7.5	6.0	
3. 清洁能源占一次能源比例（%）	70	90	95	
4. 主要城市空气质量	一级	一级	一级	
5. 主要江河湖库水质达标率（%）	100	100	100	按功能达标

年份 指标	2015	2030	2050	备注
6. 近岸海域水质达标率（%）	100	100	100	按功能达标
7. 主要城镇噪声达标率（%）	100	100	100	按功能达标
8. 森林覆盖率（%）	63.8	70.5	77.9	含果林等经济林
9. 天然林覆盖率（%）	21.5	24.0	26.0	实施生态移民政策
10. 沙化土地治理率（%）	100	100	100	强化海防林保护
11. 水土流失治理率（%）	95	98	99	
12. 单位种植面积化肥施用量（千克/公顷）	152	121	96	指所有耕作面积包括水田、坡地等
13. 单位种植面积农药使用量（千克/公顷）	1.0	0.7	0.5	指所有耕作面积包括水田、坡地等
14. 精准平衡施肥覆盖率（%）	60	95	100	
15. 农作物良种覆盖率（%）	90	98	100	
16. 万元工业增加值排污量				
（1）万元工业增加值废气排放量（万标 M³/万元）	4.23	2.93	1.8	
（2）万元工业增加值废水排放量（吨/万元）	296	237	177	
（3）万元工业增加值工业废水排放量（吨/万元）	97	68	40	
（4）万元工业增加值工固体排放量（吨/万元）	0.003	0.002	0.001	
17. 万元工业增加值能耗（吨标煤/万元）	1.11	0.80	0.60	
18. 国家优秀旅游城市个数	10	12	15	
19. 推行 ISO14000 环境管理体系的企业占应推行企业总数的比率（%）	85	100	100	
20. 城镇生活垃圾无害化处理率（%）	75	100	100	
21. 乡村生活垃圾无害化处理率（%）	75	100	100	
22. 城市气化普及率（%）	95	98	100	
23. 农村气化普及率（%）	70	93	98	主要是天然气、沼气

年份 指标	2015	2030	2050	备注
24. 城乡饮用水达标率（%）	98	100	100	
25. 国家园林城市个数	3	8	12	
26. 城市人均公共绿地面积 （m²）	15	17	19	
27. 城镇人均居住面积（m²）	17	18	20	
28. 农村人均居住面积（m²）	21	25	29	
29. 中小学、幼儿园生态教育 普及率（%）	100	100	100	
30. 城镇居住生活垃圾分类覆 盖率（%）	75	95	98	按人口计

根据表8—7提出的目标，海南生态现代化从发展期向成熟期过渡时（大约在2030年），其目标可以概括为以下几方面：

第一，生态环境质量保持全国领先水平。适宜绿化的土地全部植树种草，森林覆盖率达到70.5%以上，生物多样性丰富；绝大部分地区水土流失和荒漠化得到根本治理；大气、水体、近岸海域环境质量达国际先进水平。

第二，建设发达的生态产业体系。使生态型产业在国民经济中占主导地位，农业基本实现生态化生产，工业企业全部开展清洁生产，生态旅游成为旅游业的一个重要支柱。

第三，人居环境舒适优美。城镇每户居民拥有一套生态功能比较齐全的住宅，居民区供水、能源、交通、通信、环保等基础设施比较完善。城镇空闲土地全部种花种草，农村住宅区环境清洁、优美，实现城乡绿化、美化和净化。

四是形成繁荣的生态文化。建设健全生态环境保护法律法规体系和执法监督机制，全民形成强烈的生态环境保护意识，在全社会养成自觉的生态保护行为。

二、目前海南各项现代化的生态修正

地球上的所有生命，都离不开物质和能源，人类也是如此。人类所需要的物质和能源来自于自然环境，可以说，人类和自然环境的关系是贯穿人类历史长河的一个永恒主题。在过去的漫长岁月里，人与自然的关系，在不同历史时期和不同地域有不同认识。

生态现代化是世界现代化的生态转型，是第二次现代化的一个重要方面。没有完成第一次现代化的发展中国家，不可能直接进入第二次现代化和启动生态现代化。但是，它们既受到生态现代化和第二次现代化的影响和吸引，也受到压力。没有完成第一次现代化的发展中国家，通常会选择在完成第一次现代化的同时，吸收生态现代化的部分做法，对第一次现代化进行生态修正。海南在经历房地产泡沫、"非典"和禽流感围攻后，在中央"科学发展观"框架要求下，对第一次现代化进行认真的生态修正，修正的主要方法有：一是加大生态保护的地方性法律法规修订工作和规划工作，建立生态现代化的框架目标；二是边污染边治理，即控制和治理工业污染，尽量减少和控制人的生活污染；三是加强环境保护和管理，如进行环境监测、环境评价、污染罚款等；四是建设和保护生物多样性，如建立国家级、省级自然保护区等；五是引进、开发和推广高效低能的绿色技术和绿色服务；六是发展生态农业、绿色农业和循环经济；七是建立健全经济发展与环境退化相脱钩的市县经济社会综合考核体系，该考核体系要更多地体现科学发展、生态保护；八是强化以人为本、以人为中心，经济社会发展要充分考虑人的幸福系数。

在建设"生态省"的号召下，海南人脚踏实地做了一些基础性工作，主要表现在三个方面：

1. 最大限度地恢复森林面积，做实生态省的自然基础。建设生态省，重要内容之一就是实施严格的封山育林制度，采用自然修复为主、人工帮助为辅的方法，最大限度地恢复森林面积和提高森林生长质量。海南中部山区是生物多样性重要地区和海南江河源头区、重要水源涵养区，在维护全省生态平衡，减轻自然灾害，确保生态安全方面具有核心作用，2004年国家环保总局把该区批准为"国家级生态功能保护区"。2005年，省政府批准实施海南中部山区国家级生态功能保护区规划，将中部山区国家级生态功能保护区分为生物多样性保护区、水源涵养保护区、生态产业与社会经济活动区三大类型区，总面积96.8万公顷，约占全省土地面积的

28.5％。规划并统筹安排了 18 个生态保护、生态产业示范和环境治理项目，总投资 46.5 亿元。"十五"期间，海南人工造林 423 万亩。至 2005 年底，全省森林覆盖率已从建省时的 38.3％提升到 55.5％，远高于全国 18％的平均水平。天然林的覆盖率也从建省时的 4％提高到 19％[①]。

2. 实施工业发展"双大"战略[②]，做实生态省的经济基础。生态省建设，经济发展是根本。海南"十一五"规划纲要将城乡经济发展作统一考虑。按照人口资源分布、产业布局和环境承载能力，将全岛划分为"琼北综合经济区、琼南旅游经济圈、西部工业走廊、东部沿海经济带、中部生态经济区"五个功能经济区，明确各区域的功能定位[③]。经过多年努力，海南也已经摸索出了一条既能发展好工业，又能保护好环境的可持续发展之路。在"不污染环境，不破坏资源，不搞低水平重复建设"的"三不"原则指导下，实施"大企业进入、大项目带动"的工业发展战略，海南建成了天然气生产、石油化工、汽车工业、南药生产、玻璃生产等一批新兴工业基地。把工业相对集中在西部工业走廊，控制在不对全局造成破坏、自身又可以净化和治理的范围之内，避免了中小企业遍地开花。这种新型工业发展战略，不是对生态省建设的否定，而是对生态立省内涵的丰富和强有力的经济支撑。

3. 以文明生态村建设为综合载体，做实生态立省的社会基础。生态立省，需要全省城乡的共同努力。在海南这个农业占绝对优势的省份，生态省建设的成败，关键取决于农村。从 2000 年以来，海南省委、省政府有组织地在全省范围开展了以"优化生态环境、发展生态经济、培养生态文化"为主要内容的文明生态村创建活动[④]，文明生态村建设也从生态省

---

① 王明初、陈为毅：《海南生态立省的理论与实践》，《红旗文稿》2007 年第 14 期。
② "双大"战略即"大企业进入，大项目带动"战略，2003 年 12 月在海南省全省经济工作会上，海南省时任省长卫留成第一次提出这个战略。
③ 《海南省国民经济和社会发展十一五规划纲要》于 2006 年 1 月在海南省第三届人代会第四次会议上通过。
④ 海南的文明生态村创建活动，起源于保亭县 1997 年开始的扶贫新村建设、澄迈县 1999 年开始的文明家园建设、原琼山市 1999 年开始的生态文明村建设，经过 2000—2002 年两年多的摸索和提高，在 2002 年 4 月召开的海南省第四次党代会上，省委工作报告号召全省开展创建文明生态村活动，这一决策开了全国先河。

建设的综合载体发展为社会主义新农村建设的综合载体。2002 年，海南省第四次党代会曾明确提出了用 5—8 年的时间，把全省半数以上的自然村建成文明生态村的中长期目标。文明生态村建设是生态省建设的细胞工程，必须从细微处做起。建设生态环境从治理农村脏乱差的环境面貌入手，利用海南得天独厚的生态条件，修路、植树，美化、绿化，改善了农民的生活环境；发展生态经济把经济发展和生态优化融为一体，大力发展热带高效农业，增加了农民收入；培育生态文化则通过思想道德和科技文化教育，转变农民群众的思维方式、生活方式，提高了农民的整体素质和农村的整体文明程度。

三、海南生态现代化的运河路径

生态现代化的运河路径即指综合生态现代化路径，因为它相当于在工业文明与知识文明、物质文明（高效农业文明、工业文明、现代旅游服务业文明）与生态文明之间，发掘一条"现代化运河"（如图 8—1 所示）[①]。

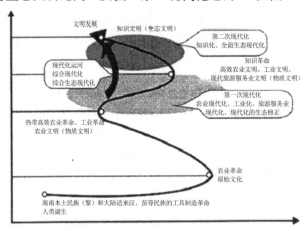

图 8—1　海南省生态现代化的运河路径：
综合生态现代化的路径示意图

---

① "现代化运河"的主要特点是：具有目标性、人为的导向性、先进经验的可借鉴性及路径的快速修正性，"现代化运河"可以让生态现代化建设较落后的国家少走弯路、缩短实现生态现代化的时间。

我们沿着这条运河前进，就意味着瞄准了未来世界前沿，协调推进生态现代化和两次现代化，迎头赶上世界先进水平。这不是先行国家走过的老路，而是一条新开辟的通向未来世界前沿的新路。

在21世纪，世界生态现代化基本有三条可供选择的基本路径：全面生态现代化路径、综合生态现代化路径和现代化的生态修正路径。国家生态现代化的路径选择具有起点依赖性和路径依赖性。根据生态现代化的规律，结合我国国情，选择综合生态现代化路径（运河路径）才是中国的一个合理选择。

综合生态现代化是综合现代化和生态现代化的一种有机结合，主要包括绿色工业化和绿色城市化，生态效率和生态结构的提升，生态制度和生态观念的改善，经济发展与环境保护的双赢以及国际地位的提高。

综合生态现代化是发展中国家的一种选择，是综合现代化与生态现代化的复合体。它要求合理处理经济发展与环境保护的关系；在保持经济发展的同时，推动现代化的生态转型，逐步赶上生态现代化的世界先进水平，实现生活现代化。

在人类历史的长河中，先后发生了工具制造革命、农业革命、工业革命和知识革命四次意义深远的革命，人类文明也随之发生转变。2004年，世界先进水平已经进入知识文明时代，许多发展中国家仍然处于工业文明时代。发展中国家为了迎头赶上世界先进水平，不应只是跟踪和简单模仿发达国家的老路，而应在工业文明和知识文明两个阶段之间，开辟一条"现代化运河"，使绿色工业化、绿色城市化、信息化、知识化和生态协调发展，并逐步向知识化和生态现代化转型，最终赶上生态现代化的世界先进水平，这就是综合生态现代化路径。

中国现代化的目标是在21世纪末达到世界先进水平，全面实现现代化。那么，毫无疑问，海南省作为中国的一部分，也应该同步全面实现现代化。要实现这个目标，就需要推进生态现代化，而中国目前尚不具备全面生态现代化的条件，又不能重复发达国家"先污染、后治理、再转型"的老路，中国需要走一条经济与环保协调发展的新路，综合生态现代化是一个比较现实的选择。海南综合生态现代化的基本思路应是在21世纪前50年，采用综合生态现代化原理，协调推进生态现代化和综合现代化，协调推进绿色工业化、绿色城市化、知识化、轻量化、生态化，实现经济增长与环境退化的绝对脱钩，达到生态现代化的世界中等水平，基本实现生态现代化；在 21 世纪后 50 年，全力推进知识化、轻量化、绿色化和生态化，实现经济与环境的互利耦合，全面完成生态现代化。

四、海南生态现代化的路径图[①]

海南生态现代化水平虽然在国内相对较高，但在世界范围内仍然是比较低，属于世界低等水平行列，处于生态现代化的起步期。要完成海南生态现代化的战略目标，首先是要和中国生态现代化战略同步，完成三项基本任务。

第一项基本任务是海南紧跟中国生态现代化的发展，实现三个台阶提升。在 21 世纪，中国生态现代化的国际水平分三次升级，在 2020 年前从低等水平升级为初等水平，在 2050 年前从初等水平升级为中等水平，在 21 世纪末以前从中等水平升级为世界先进水平。其中，在 21 世纪前 50 年，中国生态现代化的国际水平要上两个台阶，从低等水平到中等水平；在 21 世纪后 50 年，再上一个台阶，达到世界先进水平。

第二项基本任务是海南紧跟中国生态现代化的历史进程，实现三个阶段期的目标（如表 8—8 所示）。在 2030 年前后进入生态现代化的发展期，在 2050 年前后达到生态现代化的成熟期，在 2080 年前后达到生态现代化的稳定期。其中，在 21 世纪前 50 年，中国生态现代化的历史进程要上两个台阶，要前进两个阶段；在 21 世纪后 50 年，再前进一个阶段。

第三项基本任务是海南紧跟中国生态现代化水平的世界排名，实现排名提高 80 位左右。在 21 世纪前 50 年，中国生态现代化指数的世界排名提高 60 位左右；在 21 世纪后 50 年，世界排名再提高 20 名左右。

海南生态现代化不仅要紧跟中国生态现代化的战略目标，还应有自己更好更快的发展，才能真正实现"健康岛、生态省"的战略目标。

---

① 图 8—1 三点特别说明：一是海南的本土民族——黎族（古百越族的一个分支——骆越人）在海南已生存了 1 万多年，其工具制造革命在海南岛上完成，而后来迁徙来海南的汉族、苗族、回族等民族其工具制造革命在大陆完成；二是海南农业文明时代，工业革命的同时也伴随着热带高效农业革命；三是海南的知识革命应包括高效农业文明、工业文明和现代旅游服务业文明。

表8—8　中国（海南）生态现代化路径图的时间阶段

两大阶段	六小阶段	时间	阶段目标
路径创新 2001—2050	起步阶段 绿色两化 发展阶段	2001—2010年 2011—2020年 2021—2050年	生态现代化水平接近初等，进入世界前80名 生态现代化水平升级为初等，进入世界前60名生态现代化水平升级为中等，进入世界前40名，2001—2050年中国在世界排名提升60位
迎头赶上 2051—2100年	成熟阶段 绿色社会 生态社会	2051—2060年 2061—2080年 2081—2100年	生态现代化水平保持为中等，进入世界前40名 生态现代化水平保持为中等，进入世界前30名 生态现代化水平升级为先进，进入世界前20名，2051—2100年中国在世界排名提升20位

资料来源：根据《中国现代化报告2007——生态现代化研究》，北京大学出版社2007年版，第197、198页编制。

中国及海南生态现代化路径图包括21世纪前50年和后50年两大阶段。由于统计数据缺乏、统计口径差别等问题，本文采用合成的方法，将中国及海南生态现代化的生态进步监测指标结合起来，以全国各项监测指标平均值为主，辅以海南与全国平均值相比差异较大的一些重要监测指标，重点讨论21世纪前50年中国及海南生态现代化的路径图。由于中国生态现代化受国内和国际许多因素的影响，具有很大的不确定性，上述预测只是一种据理推算，算是提出一种可供参考的方案（如表8—8所示）。

（一）海南生态现代化路径图——环境质量指标（如表8—9所示）

从表8—9可知：

（1）全国生态响应现代化环境质量方面的目标是：2010年环境质量有所改善，环境与经济相对脱钩；在2020年部分指标达到世界中等水平，部分环境指标与经济绝对脱钩；在2050年全面超过世界中等水平、超过当年世界平均水平和2004年的发达国家平均水平。海南实现生态现代化环境质量方面的目标与全国基本相同，但同一时期海南人均CO_2排放、人均SO_2排放全国最低，达到世界先进水平。

表8—9 海南生态现代化的路径图——环境质量指标①

项目	2004—2010年			2011—2020年		2021—2050年			
全国目标综述	环境质量有较大改善，控制工业和空气污染，环境与经济相对脱钩			环境质量部分指标达到世界中等水平，环境与经济部分指标绝对脱钩		环境质量全面超过世界中等水平，环境与经济全部绝对脱钩			
全国任务综述	控制SO_2排放，减少空气颗粒物浓度，降低工业有机废水和固体废物密度等			颗粒物浓度年下降2%，工业有机废水和固体废物密度年下降2%～4%等		空气颗粒物浓度比2004年减少72%、工业有机废水和固体废物密度减少87%和88%			
生态现代化的水平	世界低等水平			世界初等水平		世界中等水平			
生态现代化的阶段	起步期			起步期		发展期间→成熟期			
全国检测指标	增长率（%）	2004年	2010年	增长率（%）	2020年	增长率（%）	2030年	2040年	2050年
人均CO_2排放（吨/人）	2.0	2.7	3.2	2.5	4.0	−0.5	3.9	3.7	3.5
人均SO_2排放（千克/人）	1.0	15	16	0.5	17	−1.0	15	14	13
全国颗粒物浓度（微克/米²）	−2.0	80	68	−2.0	56	−3.0	41	30	22
项目	2004—2010年			2011—2020年		2021—2050年			
工业有机废水（千克/万美元）	−5.0	37.3	24.7	−4.0	16.5	−4.0	10.9	7.3	4.8

① 表8—9资料来源及说明：根据1984年至2004年《世界银行的世界发展指标》、《中华人民共和国年鉴》、《中国统计年鉴》、《中国环境年鉴》、《海南行政年鉴》、《海南年鉴》、《海南统计年鉴》、《中国现代化报告2007——生态现代化研究》等资料整理。其中颗粒物浓度为国家平均水平。生物多样性损失的数据为哺乳期动物受威胁比例。增长率为达到阶段的目标所需要的年均增长率与实际增长率会有区别。2004年的数值为2004年或者可获得的最近年数据。指标后括号内的字为该指标的单位。发达国家指标为高收入国家平均值。是根据它们过去20多年年均增长率的预测数，表8—10至表8—14的相关说明和表8—9相同。

续　表

项目	2004—2010 年			2011—2020 年		2021—2050 年			
工业固体废物（千克/万美元）	−1.0	13.4	12.6	−2.0	10.3	−6.0	5.6	3.0	1.6
生物多样性损失（%）	−1.0	16	15	−1.0	14	−1.2	12	11	9
发达国家主要监测指标（对照）									
颗粒物浓度（微克/米³）各国平均值		29	28		25		23	20	18
工业有机废水（千克/万美元）（各国平均值）		5.9	6		5		5	4	4
海南与全国平均值相比差异较大的监测指标									
海南人均 CO_2 排放（吨/人）	0.3	0.90	0.92	0.5	0.97	−1.7	0.91	0.84	0.79
海南人均 SO_2 排放（千克/人）	−5.0	6.37	4.68	−0.5	2.80	−3.0	2.06	1.52	1.12

（2）全国生态响应现代化的环境质量方面的任务是：人均 CO_2 和 SO_2 的排放从增加到下降，空气颗粒物浓度全国年均下降 2%～3%，工业有机废水密度年均下降 4%～5%，工业固体废物密度年均下降 1%～6%，生物多样性损失年均下降 1%左右等；人均 SO_2 排放下降 16%，空气颗粒物浓度约下降 72%，工业有机废水密度约下降 87%，工业固体废物密度约下降 88%，生物多样性损失约下降 41%等[①]。全国空气和水环境质量

----

① 《中国现代化报告 2007——生态现代化研究》，北京大学出版社 2007 年版，第 200 页。

达到世界中等水平。海南生态响应现代化环境质量方面的任务与全国大致相同。从表8—9中可以看出，海南人均CO_2排放、人均SO_2排放比全国平均值小得多，这说明海南的工业化程度较低，生态基础较好。海南要达到有关目标要求，比国内其他地区有着独特的优势。

（二）海南生态现代化的路径图——土地质量指标（如表8—10所示）

表8—10　海南生态现代化的路径图——土地质量指标①

项目	2004—2010 年			2011—2020 年			2021—2050 年			
全国目标综述	土地质量有所改善，部分指标达到世界中等水平			土地质量明显改善，多数指标达到世界中等水平			森林覆盖率和自然保护区比例等达到世界先进水平			
全国任务综述	控制水土流失和荒漠化，提高森林覆盖率等			改善土地利用结构，治理水土流失和荒漠化等			森林覆盖率和自然保护区比例比2004年提高1倍左右、水土流失和荒漠化比例约下降40%等			
生态现代化的水平	世界低等水平			世界初等水平			世界中等水平			
生态现代化的阶段	起步期			起步期			发展期→成熟期			
全国监测指标	增长率（%）	2004 年	2010 年	增长率（%）	2020 年		增长率（%）	2030 年	2040 年	2050 年
森林覆盖率（%）	2.0	18	21	2.0	25		1.1	28	31	35
国家保护区比例（%）	7.0	8	12	3.0	16		1.0	17	19	21
水土流失面积比例（%）	−2.0	37	33	−1.0	30		−1.2	26	23	21
荒漠化面积比例（%）	−1.0	27.5	26	−1.0	23		−1.2	21	18	16
农业用地比例（%）	−1.0	59	56	−1.0	50		−1.1	45	40	36

① 表8—10中，水土流失比例为水土流失面积占国土面积的比例。荒漠化比例为荒漠化面积占国土面积的比例（海南指标类同）。建设用地比例，为城乡居住、工矿、交通和水利建设用地占国土的比例。

续　表

项目	2004—2010 年			2011—2020 年		2021—2050 年			
建设用地比例（%）	2.0	3.3	3.7	2.0	4.5	2.5	5.8	7.4	9.5
发达国家主要监测指标（对照）									
森林覆盖率（%）（各国平均值）		29	30		31		32	34	35
农业用地比例（%）（各国平均值）		36	35		35		34	33	33
海南与全国平均值相比差异较大的监测指标									
海南森林覆盖率（%）	1.8	54.5	60.7	1.0	67.1	0.5	70.5	74.1	77.9
海南荒漠化面积比例（%）	−2.0	11.8	10.5	−3.0	7.7	−1.5	6.6	5.7	4.9

从表8—10可知：

（1）全国生态响应现代化的土地质量方面的目标是：2010年土地质量和结构有所改善，部分指标达到世界中等水平；在2020年，土地质量多数指标占到世界中等水平，土地质量和结构明显改善，在2050年，森林覆盖率和自然保护区比例达到世界先进水平，水土流失和荒漠化得到有效控制，土地利用结构达到有可比性的发达国家的平均水平，海南的森林覆盖率比全国的平均值高得多，约是发达国家平均值的2倍，海南必须保持这一生态优势，继续加大天然林保护力度和人工林种植的强度，使海南森林覆盖率始终保持世界顶级水平。

（2）全国生态响应现代化的土地质量方面的任务是：森林覆盖率年增长1%～2%，自然保护区年增长2%左右，水土流失和荒漠化土地比例年下降1%～2%，农业用地比例年下降1%左右，建设用地比例年增长2%

左右等；森林覆盖率提高到 35% 左右，自然保护区比例提高到 21% 左右，水土流失和荒漠化比例下降到可以理解的程度 21% 和 16%，农业用地比例达到 36% 左右，建设用地比例达到 9% 左右等。森林覆盖率、农业用地比例和建设用地比例的总和约为 80%，其他 20% 土地为自然景观，包括江河、湖泊、雪山、沙漠和戈壁等。海南的主要任务是控制建设用地和农业用地，防止水土流失，治理荒漠化；特别是建设用地比例年增长率必须小于全国平均水平。

（三）海南生态现代化的路径图——生态效益指标（如表 8—11 所示）

表 8—11　海南生态现代化的路径图——生态效益指标[①]

项目	2004—2010 年			2011—2020 年			2021—2050 年			
全国目标综述	资源和物质生产率有较大提高，经济与环境相对脱钩			资源和物质生产率达到初等水平，经济与环境部分绝对脱钩			资源和物质生产率达到世界中等水平，经济与环境全部绝对脱钩			
全国任务综述	提高资源生产率，降低经济能源和物质密度			淡水和物质生产效率提高 2～3 倍，工业能源密度下降一半			淡水和物质生产效率提高 14～34 倍，农业化肥、工业能源和经济物质密度下降 60%～90%			
生态现代化水平	世界低等水平			世界初等水平			世界中等水平			
生态现代化阶段	起步期			起步期			发展期→成熟期			
全国监测指标	增长率（%）	2004年	2010年	增长率（%）	2020年		增长率（%）	2030年	2040年	2050年
农地生产率（美元/公顷农地）	4.0	352	445	3.0	599		2.0	730	889	1084
淡水生产率（美元/立方米）	8.0	3	4	8.0	9		5.0	15	25	40
农业化肥密度（千克/公顷）	−1.0	278	257	−2.0	210		−2.0	171	140	114

---

①　表 8—11 中，农地生产率为农业用地的生产率，为农业增值/农业用地。经济物质密度为物质直接投入/GDP，本表数据为钢铁产量/GDP。物质生产效率为工农业增加值/工农业劳动力。

项目	2004—2010 年			2011—2020 年		2021—2050 年			
工业能源密度（千克油/美元）	−5.0	0.49	0.33	−3.0	0.24	−2.0	0.20	0.16	0.13
经济物质密度（千克/万美元）	−2.0	2390	1953	−2.0	1596	−6.0	859	463	249
物质生产效率（美元/劳动力）	9.0	1522	2782	8.0	6007	7.6	12496	25995	54079
发达国家主要监测指标（对照）									
农业化肥密度（千克/公顷）（各国平均值）		121	118		113		109	104	100
工业能源密度（千克油/美元）（各国平均值）		0.19	0.17		0.14		0.11	0.09	0.08
海南与全国平均值相比差异较大的监测指标									
海南农地生产率（千克/公顷农地）	2.0	3616	4072	2.0	4964	1.0	5483	6057	6691
海南农业化肥密度（千克/公顷）	−2.0	190	168	−2.0	137	−1.2	121	108	96

从表 8—11 可知：

（1）全国生态经济现代化的生态效率方面的目标是：在 2010 年，经济增长与环境退化相对脱钩；在 2020 年，资源和物质生产率达到世界初等水平，主要环境压力指标与经济增长绝对脱钩；在 2050 年，经济的生态效率达到世界中等水平，经济与环境退化绝对脱钩。海南生态效率方面的目标与全国平均值基本相应，但个别目标高于全国平均值，如农地生产率一直保持高于全国平均值6倍以上。

（2）全国生态经济现代化的生态效率方面的任务是：农业土地生产率年增长3％左右，经济淡水生产率年增长3％～5％，农业化肥密度、工业能源密度和经济物质密度年下降1％～6％，物质生产效率年提高7％～9％等；农业土地生产率提高2倍，淡水生产率提高约14倍，农业化肥密度、工业能源密度和经济物质密度下降60％～90％，物质生产效率提高34倍等。海南生态效率方面的任务和全国平均值基本相同。

（四）海南生态现代化的路径图——生态结构指标（如表8—12所示）

表8—12　海南生态现代化的路径图——生态结构指标①

项目	2004—2010 年			2011—2020 年		2021—2050 年			
全国目标综述	经济结构绿色化和生态化取得初步进展			经济结构绿色化和生态化达到世界初等水平		经济结构绿色化和生态化达到世界中等水平			
全国任务综述	发展生态农业、循环经济和生态工业，降低资源消耗和环境损失			有机农业和国际旅游收入提高2～5倍，控制环境损失		生态农业、生态工业中等水平，资源消耗和环境损失比例低于世界平均水平			
生态现代化的水平	世界低等水平			世界初等水平		世界中等水平			
生态现代化的阶段	起步期			起步期		发展期→成熟期			
全国检测指示	增长率（％）	2004年	2010年	增长率（％）	2020年	增长率（％）	2030年	2040年	2050年
有机农业比例（％）	12.0	0.1	0.1	12.0	0.4	12.0	1.1	3.5	11
循环经济（铝的循环利用率）	3.0	21.0	25.0	3.0	34.0	3.0	45.0	61.0	82

---

① 资料来源及说明：资料来源及其说明和表8—9相同。表8—11中，农地生产率为农业用地的生产率，为农业增加值/农业用地。经济物质密度为物质直接投入/GDP，本表数据为钢铁产量/GDP。物质生产效率为工农业增加值/农业劳动力。

续　表

项目	2004—2010年			2011—2020年		2021—2050年			
绿色旅游收入（美元/人）	8.0	21.0	33.0	8.0	72.0	7.0	142	278	548
资源消耗比例（%）	−1.5	3.21	2.92	−1.5	2.51	−2.0	2.05	1.68	1.37
环境损失比例（%）	1.0	2.84	3.01	0.5	3.17	−5.0	19.0	1.14	0.68
环保投入比例（%）	1.0	1.2	1.3	0.5	1.3	0.2	1.4	1.4	1.4
发达国家主要检测指标（对照）									
有机农业比例（%）（各国平均值）		4	6		15		27	42	54
资源消耗比例（%）（各国平均值）		1.5	1.3		1.1		0.9	0.7	0.6
海南与全国平均值比差异较大的监测指标									
海南绿色旅游收入（美元/人）	10.0	168	298	9.0	706	9.0	1671	3957	9337
海南资源消耗比例（%）	−2.0	1.9	1.68	−2.0	1.37	−2.0	1.14	0.94	0.76

从表8—12可知：

（1）全国生态经济现代化的生态结构方面的目标是：在2010年，经济结构绿色化和生态化取得初步进展；在2020年，经济结构绿色化和生态化达到世界初等水平；在2050年，经济结构绿色化和生态化达到世界中等水平，生态经济达到世界中等水平。

（2）全国生态经济现代化的生态结构方面的任务是：有机农业比例年增长12%左右，循环经济比例年增长3%左右，绿色服务年增长7%左右，资源消耗比例年下降2%左右，降低环境损失，保持环保投入等；有机农业比例提高到 10% 左右，铝循环利用率达到 80% 左右，人均国际旅游收入提高 25 倍，资源消耗和环境损失比例下降 57%～76%；生态农业、生态工业和绿色服务达到世界中等水平，资源消耗和环境损失比例低于世界平均[①]。

海南生态经济现代化的生态结构方面具有明显的优势，就目前而言很多指标优于全国。从表 8—12 可以看出，2004—2050 年海南的绿色旅游收入始终是全国平均值的 8 倍以上，资源消耗比例始终是全国平均值的 59% 以下。除环保投入、绿色旅游收入和世界先进国家有一定差异外，其余的指标与世界先进国家很接近，因而海南生态经济现代化的生态结构方面的各个阶段目标，应比全国提前 15—20 年实现。

（五）海南生态现代化的路径图——绿色家园指标（如表 8—13 所示）

表 8—13 可知：

（1）全国生态社会现代化的绿色家园方面的目标是：在 2010 年，人居环境有所改善；在 2020 年，人居环境基本达到世界中等水平，90% 的人口安全饮水，城市生活废水和废物处理率达 70%；在 2050 年，人居环境基本达到先进水平，城市空气质量达到国家一级标准。海南生态社会现代化的绿色家园的目标和全国平均目标要求大致一样。但海南的城市空气质量、农村人口密度指标起点高，目前这两项指标都已超过世界发达国家的水平，因而在制定海南社会现代化的绿色家园方面的目标时，海南的城市空气质量、农村人口密度要有更高的要求，至 2050 年海南的城市空气质量优于全国平均水平约 9 倍，农村密度比全国平均值少 2 倍多，同时也大大超过世界发达国家的平均值。

（2）全国生态社会现代化的绿色家园方面的任务是：安全饮水和卫生设施普及率达到 100%；生活废水和城市废物处理率年增长 2%～8%，城市 SO_2 浓度和农村密度年下降 2% 左右；2050 年城市生活废水和废物处理率达到 100%，城市 SO_2 下降 66%，农村人口密度下降 62%；城市空气质量平均达到国家一级标准等。海南要继续突出城市空气质量、农村人口密度两个世界领先的优势，至 2050 年海南的城市 SO_2 浓度年下降 2.7%，农村人口密度年下降 1.8%。

---

① 《中国现代化报告 2007——生态现代化研究》，北京大学出版社 2007 年版，第 204 页。

表 8—13 海南生态现代化的路径图——绿色家园指标①

项目	2004—2010 年			2011—2020 年			2021—2050 年			
全国目标综述	城乡人居环境有所改善			人居环境基本达到世界中等水平			人居环境基本达到世界先进水平			
全国任务综述	农村普及安全饮水和卫生设施,城市提高废水和废物处理率			安全饮水普及率达到 90%,城市生活废水和废物处理率达到 70%			安全饮水和卫生设施普及率、城市生活废水和废物处理率达到 100%,城市空气质量达到国家一级			
生态现代化的水平	世界低等水平			世界初等水平			世界中等水平			
生态现代化的阶段	起步期			起步期			发展期→成熟期			
全国监测指标	增长率 %	2004 年	2010 年	增长率 %	2020 年		增长率 %	2030 年	2040 年	2050 年
安全饮水普及率（%）	0.68	77	80	1.20	90		0.40	94	98	100
卫生设施普及率（%）	4.82	44	59	2.00	72		1.20	81	91	100
生活废水处理率（%）	8.00	14	22	7.00	42		2.80	56	74	97
城市废物处理率（%）	2.00	51	57	2.00	70		1.20	79	89	100
城市空气质量（微克/米³）	−1.00	55	50	−2.00	41		−2.60	31	24	18
农村人口密度（人/平方公里）	−2.00	559	476	−2.00	389		−2.00	317	259	212
发达国家主要监测指标（对照）										

① 表 8—13 中,城市空气质量为 SO_2 浓度;农村人口密度为农村人口/可耕地;安全饮水普及率是指城乡居民饮水不受旱涝等灾害影响的卫生水的普及率。

续　表

项目	2004—2010 年			2011—2020 年		2021—2050 年			
城市空气质量（微克/米³）（各国平均值）		17	16		16		16	15	15
农村人口密度（人/平方公里）（各国平均值）		202	196		186		177	169	160
海南与全国平均值比差异较大的检测指标									
海南城市空气质量（微克/米³）	−2.00	8	7.1	−3.00	5.2	−3.00	3.8	2.8	2.1
海南农村人口密度（人/平方公里）	−2.00	190	168	−3.00	124	−1.00	112	101	92

（六）海南生态现代化的路径图——绿色生活指标（如表 8—14 所示）

表 8—14　海南生态现代化的路径图——绿色生活指标①

项目	2004—2010 年	2011—2020 年	2021—2050 年
全国目标综述	社会生活的绿色化和轻量化取得进展	绿色化、轻量化和环境安全达到世界初等水平	绿色化、轻量化和环境安全达到世界中等水平
全国任务综述	发展绿色能源和交通，提高服务收入和消费比例，降低自然灾害的影响	绿色能源和绿色消费提高 1～4 倍，自然灾害影响率下降 10%～30%	绿色能源、绿色交通、绿色消费和环境安全超过世界平均水平
生态现代化的水平	世界低等水平	世界初等水平	世界中等水平

---

①　表 8—14 中，绿色能源指现代可再生能源供给的比例；绿色交通 CO 排放/汽车；服务收入比为服务业增加值与工农业增加值之比；自然灾害死亡率为 10 年平均值。

续　表

项目	2004—2010 年			2011—2020 年		2021—2050 年			
生态现代化的阶段	起步期			起步期		发展期→成熟期			
全国监测指标	增长率（%）	2004年	2010年	增长率（%）	2020年	增长率（%）	2030年	2040年	2050年
绿色能源（%）	2.00	1.7	1.9	2.00	2.3	5.00	3.8	6.2	10
绿色交通（千克 CO/辆）	−1.00	200	188	−2.00	154	−1.50	132	114	98
服务收入比	2.50	0.69	0.79	2.00	0.97	3.30	1.34	1.85	2.57
人均服务消费（美元/人）	10.00	125	268	10.00	695	7.80	1473	3121	6615
自然灾害死亡率（百万分之）	−0.50	2.6	2.5	−0.50	2.4	−0.50	2.2	2.1	2.0
自然灾害受灾率（万分之）	−1.00	1095	990	−3.00	730	−8.00	317	138	60
发达国家主要监测指标（对照）									
绿色交通（千克 CO/辆）（各国平均值）		107	95		77		63	52	42
人均服务消费（美元/人）（各国平均值）		6583	8330		12330		8251	7016	9991
海南与全国平均值比差异较大的监测指标									
海南绿色交通（千克 CO/辆）	−2.00	149	132	−2.00	108	−2.00	88	72	59
海南绿色能源（%）	3.00	5.3	6.3	3.00	8.5	4.00	12.6	18.6	57.6

从表 8—14 可知：

（1）全国生态社会现代化的绿色生活方面的目标是：在 2010 年，社会生活的绿色化和轻量化取得进展；在 2020 年，社会生活的绿色化、轻量化和环境安全达到世界初等水平；在 2050 年，社会生活的绿色化、轻量化和环境安全达到世界中等水平，部分指标达到发达国家水平。由于海南是旅游省，同时又是生态基础较好的省，因此海南生态社会现代化的绿色生活方面的目标可以定的更高些，实现期可以定得更早，2025 年海南的绿色交通和绿色能源目标，提前 25 年达到 2050 全国平均目标值。

（2）全国生态社会现代化的绿色生活方面的任务是：绿色能源年增长 2%～7%，交通污染年下降 1%～2%，服务收入比值年增长 2%～3%，人均服务消费年增长 7%～10%，自然灾害死亡率持续下降，自然灾害受灾率年下降 1%～8%；绿色能源提高 5 倍，服务收入比值提高约 3 倍，人均服务消费提高约 50 倍，交通污染下降 50%，自然灾害死亡率下降 22%，自然灾害受灾率下降 95% 等。由于海南大量使用天然气、沼气、液化气、太阳能等清洁能源，海南的交通污染下降 60%，海南的绿色能源增长 5.2 倍。绿色能源、绿色交通、绿色消费和环境安全等全面超过世界平均水平。

五、海南生态现代化的突破口

现代社会的环境问题，绝大多数是人为的问题，需要人来解决。生态现代化不是简单地从污染治理入手，而是从改变人的行为模式出发，通过改变经济和社会发展模式，达到环境保护和经济发展双赢的目的。概要地说，生态现代化要解决三个问题：人的行为模式的生态转型、经济发展模式的生态转型、社会发展模式的生态转型。人的行为，既受社会现实的影响，又受自身观念的支配。如果个人不能建立和具备现代生态观念，那么，人的行为模式的生态转型是不可能的。经济发展模式的生态转型，基本特点是"三化一脱钩"，即经济的轻量化（非物化）、绿色化、生态化、经济增长与环境退化脱钩。经济与环境良性耦合，可以称为生态经济。社会发展模式的生态转型，主要特点也是"三化一脱钩"，即社会结构和社会生活的轻量化（非物化）、绿色化、生态化、社会进步与环境退化脱钩。生活质量与环境进步正向耦合，可以称为生态社会。随着三个问题的解决，将逐步实现生态现代化。显然，这些内容也是海南生态现代化的重要内涵。所以，21 世纪前 50 年，海南生态现代化，可以把生态经济、生态社会和生态意识作为突破口（如表 8—15 所示），以"三化一脱钩"为主攻方向，从源头入手，解决发展与环境的冲突，实现现代化模式的生态转型，争取实现环境管理模式从"应急反应型"向"预防创新型"的战略转变。

表 8—15　海南生态现代化的突破口

	特点	生态经济	生态社会	生态意识
轻量化（非物化）	高效、低耗、高品、低密	提高能源生产率，降低消耗；提高经济品质，降低能源密度	提高生活品质，降低资源消费；提高绿色服务比例	节约意识、效率意识
绿色化	无毒、无害、清洁、健康	降低有毒、有害物，推进绿色工业、绿色服务等，达到清洁、环保、健康	绿色城市化、绿色家居、绿色能源、绿色消费等	健康意识、环保意识
生态化	预防、创新、循环、双赢	发展生态农业、工、旅游业、海洋产业、发展循环经济	生态城市、农村，生态建设，废物利用，生态文化	创新意识、循环意识
现代化与环境退化	逆向脱钩、正向耦合	经济能耗、物耗、废物和有毒有害排放的负增长	能耗、物耗和有毒、有害物排放负增长	公平意识、平衡意识

第四节　海南实现生态现代化应采取的宏观措施

生态现代化建设具有长期性、综合性、系统性和复杂性，涉及各市县、各部门和各行业。海南要实现生态现代化，就要将生态现代化作为构建和谐社会的重要组成部分和强大推动力，在人与自然和谐的基础上达到人与人、人与社会的高度和谐，就必须深刻反思传统现代化实践模式，采取科学的发展模式，进行一系列有利于推进生态现代化的制度设计和制度创新。要积极采取行政、法律、经济、科技等手段，加强部门协调，努力拓宽融资渠道，建立健全法律法规体系，加强科技支持，为生态省建设提供有力保障。

（一）转变经济增长方式

传统粗放型经济增长方式在发展经济的同时会造成资源的浪费和环境污染的加重，强调经济、社会、生态三大效益有机结合的生态经济发展模式应该是海南 21 世纪经济发展的基本模式。要实现经济的持续快速增长必须强化科技的作用，完善科技创新体制。世界经济发展的历程雄辩地证明：技术创新是人类财富之源，是经济发展的巨大动力。著名经济学家萨缪尔森认为：科技进步对资源的可持续利用及改善环境质量具有不可替代的重要作用[1]。因此，为了实现生态现代化的宏伟目标，海南应加强区域的科技创新能力建设，通过科技创新推动环保产业的发展，引导绿色的消费时尚，促进资源的可持续利用和生态环境的保护与建设。

（二）实施生态规划，加强生态协调

生态规划设计是生态现代化建设的指导依据和框架，对生态现代化目标的实现具有非常重要的作用。海南要创建"健康岛、生态省"，实现生态现代化，就必须强化生态规划意识，重视生态规划立法；就应在各项规划和建设中贯彻生态理念，合理进行空间布局，维护良好的城乡生态格局。由于海南是独立的海岛这种独特的地理位置，使其具有相对独立的生态环境系统，受外在区域环境的影响下较少，这也是海南的一个优势。

（三）建立生态环境监测预警系统

应建立一整套行之有效的生态环境监测预警系统，以便对可能出现的生态环境问题进行及时掌控，做到"防患于未然"。为此，对主管部门来说，应建立"省—市（县）—镇（乡）"多级监控体系，落实责任，分片管治，以提高工作效率；同时，应增加专项资金投入，采用先进的仪器设备进行环境质量和污染源跟踪监测，以提高监测结果的准确性，实行网络化管理；另外，还应建立完善的监督机制，开辟举报专线，充分调动群众的参与积极性。

---

[1] 参见〔美〕保罗·萨缪尔森、威廉·诺德豪斯著，萧琛等译：《微观经济学》，华夏出版社 1999 年版，第 48 页。

（四）制定生态倾斜的地方政策

制定政策措施是一个国家和地区实现其社会经济发展既定目标的法宝。海南要想使生态环境得以有效改善，最终建成"健康岛、生态省"，就必然要在有关政策的制定过程中实行生态倾斜，鼓励和引导有利于生态保护和建设的产业或部门发展，避免由不可持续社会经济行为所带来的资源环境损害的产生。借鉴国外先进经验，结合自身实际情况，海南可以在以下几方面实行生态政策倾斜：

1. 开征生态税。广义的生态税应包括开采利用自然资源和使用具有污染性产品的行为税以及"排污税"。前者如开发森林资源税等；后者是指对各种形式的垃圾征税，包括企业"三废"和居民生活垃圾。目前燃料生态税在发达国家得到了较为广泛的应用，美国、澳大利亚、荷兰等国家也早已开征了居民垃圾税，收到良好效果。海南的工业化水平比较低，工业排污量也比较低，这是一大优势，但也因第一次现代化尚未完成，也应预防随着工业化的发展，排污量的增加；海南应充分利用现有的优势和后发优势，促进可更新能源的开发利用，有效减少污染物的排放，改善生态环境。

2. 从财税和金融政策上对高新技术产业和生态型产业给予扶持。高新技术产业和生态型产业具有高利润、高附加值、低能耗、少污染等特点，对于生态现代化战略目标的实现具有积极的意义。海南应对这类企业在财政上给予资助、税收上给予优惠、融资上给予倾斜照顾，通过扶持促进其快速、持续、健康发展。

3. 立项审批环节向生态工程项目广开"绿灯"，对污染企业严格把关。在立项审批时，由环保专家坐镇把关，凡是会加重资源环境压力的企业项目都要加以严格控制，高污染企业严禁上马；而对生态环境改善有利的生态工程项目和生态型产业、高新技术产业则实行政策倾斜。

4. 制定和实施生态移民及生态补偿政策。根据《海南生态省建设规划纲要》的规划要求，切实加强各个生态保护区的生态建设，对居住在海南中部山区（国家级生态功能保护区）、国家原始森林保护区、红树林保护区等特殊生态区域的居民，若因交通等原因造成生产生活不便的，实行异地移民，让他们走出大山，政府给予生产生活的扶持和补助；若交通方便、生产生活有保障的居民政府给予生态补偿。通过以上两个生态保护政策，以减少山地居民对生态的破坏。

5. 加强政府宏观调控，形成综合决策和部门协调机制。生态现代化追求的是经济、社会和生态三者的协调和进步，因此，它不是单纯某个部门、某个产业自身的问题，而是涉及社会经济的方方面面，需要各部门的通力协作和配合。而要协调好如此众多的部门和行业间的关系，则必须要有一个高效的综合管理机构和一套健全的行之有效的协调管理机制，同时还应有与之配套的监督机制。对海南来说，首先，应该成立一个主要领导挂帅的"生态现代化建设委员会"之类的机构，负责全省生态现代化的战略部署、方针制定，以及相关政策、计划和重大项目的审定，同时也负责海南对内对外的区域生态协调合作及其岛域内社会经济各系统部门间的协调组织和管理工作；其次，经济、社会、环保、交通、城建等各部门也应成立出本系统主要领导和市（县）镇（乡）分管领导坐镇指挥的"生态现代化建设领导小组"，在省"生态现代化建设委员会"的管辖领导下负责本系统发展战略目标和对策的制定工作，并协调处理系统内各部门间的关系；再次，各产业单位也应在"生态现代化建设领导小组"的指导下制定相应的发展措施和目标，使自身的发展符合生态原则和具有可持续性。这样，从上到下形成多层次的、体系完备的生态现代化领导组织机构，有利于部门间的协调持续发展和生态共建，能保障生态现代化的顺利实施。

第五节　以"健康岛、生态省"为奋斗方向，全面实现海南生态现代化的预期目标

海南建设生态省，是实现生态化的基本路线。海南生态省建设的根本目的就是要探索一条可持续发展的道路，"既不为发展而牺牲生态环境，也不为单纯保护环境而放弃发展，既创建一流的生态环境，又促进经济健康快速发展，高水平、高质量地把海南建设好"[①]。建设生态省，是一项科学系统工程，其基本措施就是运用生态学原理和系统工程方法，遵循生

[①]　2007 年 7 月 14 日海南省委书记卫留成在"第二期科学统筹管理——海南省现代领导干部领导力专题培训班"举办的海南"大企业进入，大项目带动"战略——"政企对话"上的总结讲话。

态进化规律和发展规律，以保持海南环境资源独特优势，实现可持续发展为前提，把环境保护、资源合理开发利用和高效生态产业发展有机结合起来，促进全省国民经济持续快速健康发展和社会文明进步，为城乡居民创造健康、安全、舒适的生活环境，使海南全省逐步走上经济、社会、人口、资源、环境相互协调和相互促进的发展道路。

一、树立"保护式开发"的新理念，切实保护好海南的生态环境

对生态环境的治理和保护，许多国家和地区走的是"先污染后治理"的常规之路，付出了巨大的代价。但也有一些国家和地区认识到"先污染后治理"并非"铁律"，于是破常规地提出了"保护式开发"的新理念，在发展过程中统筹兼顾，既发展经济又保护环境，避免了许多环境问题。"保护式开发"理念的要义是"在保护中开发、在开发中保护"，开发与保护"两不误"。毫无疑问，建设"健康岛、生态省"应践行这样的理念。

第一，注重综合平衡。全省的中长期规划和年度计划，应把生态环境问题容纳进来，把它与经济、社会、人口等问题进行综合平衡，实现协调发展。要有系统观念，不能"就生态而论生态"，"头痛医头，脚痛医脚"。必须坚持污染防治与生态保护并重，生态保护和开发建设并重，同步推进。

第二，合理布局生产力。生产力布局要同生态环境保护的要求相一致，开发和建设活动必须符合生态环境条件和自然资源状况，生产对资源的需求同自然的供应能力相平衡。唯此才能促进生态系统的良性循环和环境质量的提高。

第三，明确政策导向。所制定的政策和制度应充分体现"预防为主、防治结合"以及"总量控制、全程控制、综合控制"的思想[1]。进一步完善"污染者付费"[2]的生态环境保护政策管理体系。完善环境影响评价制

---

[1] 1983 年召开的第二次全国环境保护会议，把保护环境确定为我国的一项基本国策，并且制定了"预防为主，防治结合""谁污染、谁治理""强化环境管理"三大环境保护政策。参见刘毅、孙秀艳：《我国环境与发展关系正在发生重大变化》，《人民日报》2006 年 4 月 20 日。

[2] "污染者付费"也称"污染者治理"，是指对环境造成污染的组织或个人，有责任对其污染源和被污染的环境进行治理。20 世纪 70 年代初经济合作与发展组织（OECD）理事会首先提出了"污染者负担原则"。参见张梓太、吴卫星编著：《环境保护法概论》，中国环境科学出版社2003 年版，第 63 页。

度和"三同时"① 制度，防止在治理老污染源时，产生新的环境问题。

第四，灵活运用手段。兼顾使用行政手段和经济手段，善于运用法律手段。建立"宏观靠行政（政府），微观靠经济（市场）"的生态环境约束机制。在市场经济条件下，资源配置的有效性与资源利用的外部性负效应使市场在生态建设上出现"失效"，因而要侧重依靠政府的主导作用——尤其在规划、法规、政策的制定和调控、推进清洁生产等方面的主导作用。在市场微观行为方面，必须充分利用环境税（费）、排污权交易②、ISO14000 标准③、环境标志等经济手段治理生态环境问题。在对经济行为进行规范的立法中，提出生态环境要求，内容可以是笼统的，但条文不可省略。

二、环境污染防治与生态环境建设

（一）环境污染防治

通过前述有关章节的内容不难看出，海南环境污染治理工作的压力不大，但是预防的任务相当艰巨。

海南省环境污染防治的重点是工业污染和城镇污染，目标是切实保护好饮用水源地、居民文教区、风景名胜区和旅游区，在经济增长、城市化加快的同时保持一流的生态环境。

1. 工业污染防治。以水污染和大气污染防治为重点，加速治理老污染源，严格控制新污染源。按照海南省环境功能分区管理的原则，采取有

---

① "三同时"制度是指一切新建、改建和扩建的基本建设项目（包括小型建设项目）、技术改造项目、自然开发项目，以及可能对环境造成损害的其他工程项目，其中防治污染和其他公害的设施和其他环境保护设施，必须与主体工程同时设计、同时施工、同时投产，最早规定于1973 年的《关于保护和改善环境的若干规定》。参见张梓太、吴卫星编著：《环境保护法概论》，中国环境科学出版社 2003 年版，第 82 页。

② 排污权交易是指在一定的区域内，在污染物排放总量不超过允许排放量的前提下，内部各污染源之间通过货币交换的方式相互调剂排污量，从而达到减少排污量、保护环境的目的。

③ ISO14000 标准是国际标准化组织（ISO）制定的环境管理体系国际标准。ISO14000 认证已经成为打破国际绿色壁垒、进入欧美市场的准入证，通过 ISO14000 认证的企业可以节能降耗、优化成本、满足政府法律要求，改善企业形象，提高企业竞争力。ISO14000 已经成为一套目前世界上最全面和最系统的环境管理国际化标准，并引起世界各国政府、企业界的普遍重视和积极响应。

力措施，把有限的工业污染源控制在限定区域内，把主要污染物排放总量控制在规定的限度内。把产业结构调整、淘汰落后工艺设备及规模化集约经营同污染治理结合起来，坚决取缔、关停一批布局不合理、低水平重复建设、污染严重、治理无望的小企业，加快水泥、制糖（酒精）、饮料食品生产企业重组进程，实现全省主要工业污染物的总量控制达标。

2. 城镇环境污染防治。重点防治生活污水、生活垃圾、噪声和机动车尾气污染。认真贯彻"统一规划、优化结构、合理布局、配套建设、综合整治"的方针。加快城镇环境基础设施建设，在主要城镇推行环境综合整治。城镇和开发区要本着节约、高效的原则，采取多种处理，防治水污染。实行节约用水，合理开发利用水资源，推行清污分流和污水资源化，加快城市工业污水和生活污水治理。加快城市垃圾无害化处理场的建设，大力开展固体废物综合利用。改善能源结构，发展民用燃气，减少烟尘排放，禁止用伐木手段提供薪柴作为能源。严格控制交通噪声、建筑施工噪声、工业噪声、社会生活噪声及环境噪声污染，确保各环境功能区特别是居民文教区环境噪声达标。

3. 海洋环境污染防治。加强海洋环境管理，完成海南省近岸海域分类管理。采取积极措施，防止新的经济开发对近岸海域的水质污染，大力治理陆岸污染源，有效控制近岸海域的污染趋势，使局部受污染的海域环境质量有所改善。重点抓好海口湾、三亚湾、洋浦港、清澜港等港湾的污染综合整治，加强海洋倾废区的管理，杜绝违反规定的倾废行为。预防和控制海洋石油开发和海上石油运输溢油污染。加强对海洋开发建设项目的环境管理，防止新的海上开发项目对海洋环境的污染。

（二）践行"保护式开发"理念，加强不同生态圈的建设和保护

抓住生态环境保护的重点，才能更好地把"保护式开发"的理念落到实处，实现开发与保护"两不误"。笔者认为，其重点是生态圈环境保护、工业污染及城镇污染防治、地质环境保护和水资源合理利用及水环境改善四个方面，其中，生态圈保护是"重中之重"。因为，海南岛是一个相对独立的地理单元，与大陆相隔，岛内难以进行有效的物、能之间的交流，生态功能脆弱。建设健康岛首先要从生态功能区划的层次上，切实加强不同生态圈的建设和保护。根据海南岛的自然环境状况，并参考海南省有关

环境保护的规划，应加强以下四个生态圈的保护：

1. 海洋生物圈保护。保护近海环境，控制陆地污染源和海上污染源，保护海洋生物资源和珊瑚礁，加强海洋自然保护区的建设与管理。珊瑚礁具有重要的生态价值，能够有效减缓海浪对海岸冲击，被誉为"海底森林"，必须切实加强对珊瑚和海洋生物资源的保护，使其得到逐步恢复，使海洋生态系统进入良性循环。严禁采挖珊瑚礁，保持和恢复海南岛近岸珊瑚礁，加强对西沙群岛、南沙永署礁等珊瑚礁核心区的保护管理。以三亚珊瑚礁国家级保护区为基地，研究珊瑚恢复技术，促进珊瑚礁的加速生长和恢复。保护海洋渔业资源，加大渔政管理力度，认真实行休渔制度。严格禁止掠夺式的作业方式，划定海洋特殊功能保护区，加强对幼鱼保护区、禁渔区和海龟、玳瑁等珍稀海洋动物重点繁殖地的保护与管理。重点保护本岛周围的浅海环境，增强渔业可持续发展后劲。

2. 海岸生态圈保护。海岸生态圈包括沿海滩涂、红树林、沿海国家特殊保护带和内海泻湖等，是水陆生态交错带。要大力营造和更新改造现有的沿海防护林，保护沿岸红树林，规范管理滨海采矿和养殖活动，以确保沿海国家特殊保护带合龙，逐步形成防护、经济、热带风光三位一体的多功能防护林体系，杜绝养殖业和滨海采矿业对海岸的破坏和污染。

一是禁止乱采滥挖滨海锆矿产资源，严禁破坏沿海国家特殊保护林带；二是在开采滨海锆钛矿时，认真做好矿区复垦工作，把复垦与海岸带的生态恢复和建设有机结合起来；三是严格管理沿岸养殖项目，禁止毁林养殖。

3. 沿海台地生态圈保护。沿海台地生态圈包括沿海平原、台地和低丘地区，是海南省人口密度最高、人类活动频繁的生态交错带。合理利用土地，大力植树造林，治理水土流失和防治荒漠化，是沿海台地生态保护和建设的基本要求。要基本遏制住土地进一步退化和局部地区荒漠化的趋势，杜绝人为因素造成新的水土流失，确保各类人工生态系统稳定，并逐步进入良性循环。

一是做好林地利用规划，严格执行林地使用审批制度，实行林地面积总量控制和森林分类管理与分类经营制度；二是重点加强道路、河流、农田、热作园、果园防护林网以及水土流失严重地区和荒漠化地区水土保持林、防护林建设；三是严格贯彻《中华人民共和国土地管理法》等法律规则，抓紧制订全省土地利用规划，合理开发利用土地资源，严格保护耕地，明确规定基本农业保护区，建立严格的基本农田保护制度，实现耕地总量的动态平衡；四是鼓励和扶持群众进行土地治理，对西部地区采用生物措施和工程措施，逐步缩小水土流失和荒漠化面积；五是注重耕地的用养结合，鼓励增施有机肥，提高土壤肥力，增强农田综合生产能力。

4.中部生态护育区保护。中生态护育区主要包括中南部海拔300米以上丘陵山区，该区是海南的水源涵养、生物多样性富集区，也是海南的生态敏感区和我国生物多样性保护的重点地区之一。要对热带天然雨林进行封育，增强其生态恢复能力和生态服务功能。

一是杜绝烧山垦植现象，对超过25度坡度以上的坡地全部实行退耕还林，逐步提高热带天然雨林的郁闭度；二是对现有林相较好的热带天然雨林进行封山护林，对现有天然残次林进行封山育林，逐步提高天然雨林的郁闭度和林分质量，建成以热带雨林为主体的热带天然林体系；三是集中力量（尤其是护林资金和人力）重点建设尖峰岭、五指山、吊罗山、霸王岭等自然保护区，保护热带雨林、珍稀濒危物种和水源涵养区，将海南中部地区主要自然保护区联片成网，形成整体性的自然保护区体系；四是建设珍稀濒危和农用、药用野生物种就地保存和迁地繁衍基地；五是加大野生动物保护执法力度严禁非法猎杀、出售和消费野生动物；六是开展生物多样性系统调查研究，建立生物多样性信息和监测网络。

在开发利用中切实保护土地、森林、水、矿产、海洋资源，增加湖泊、水库和城市水面；减轻生态环境压力，提高生态效益，是海南生态化的重要内容。重点加强热带天然雨林和沿海防护林等生态公益林建设，治理水土流失和土地沙化，保护生物多样性。杜绝烧山垦植、毁林开发等人为破坏生态环境的行为，有效遏制局部区域生态环境恶化的趋势，促进全省自然生态环境进一步改善。

三、产业的选择与发展

生态省建设的一个重要目的，就是要逐步形成与生态环境相协调的产业经济结构和生产方式，即从传统的高投入、高消耗、低效益、低产出的粗放型增长方式，逐步转向低投入、低消耗、高效益、高产出的集约型增长方式。产业发展要坚持"一省两地、生态立省"的战略，大力发展热带高效农业、海岛度假旅游和科技含量高的新兴工业，并引导各类产业向生态化的方向发展。鼓励发展生态农业、生态旅游业等与生态环境相互促进的产业，如知识文化产业、服务业等不依赖物质消耗增长而实现经济增长的产业，以及综合利用废弃物的产业。各项产业的发展都要与生态环境建设相互协调、相互促进，在生态环境资源可持续利用的基础上，实现各个产业之间的协调持续发展。在各产业领域，通过优化内部生产结构、延长产业链、采用环保工程等手段，提高资源利用效率和经济效益，减少废弃物排放，促进生态环境的良性循环。

　　生态产业是近年来异军突起的着眼于保护生态系统持续发展能力的可持续产业，其商品的生产和使用（或服务的提供）充分考虑资源和环境问题，采用特定的产业工艺与技术，使其所消耗的资源最少、对环境的污染最小。发展生态产业是"健康岛"题中应有之义。在当前买方市场条件下，消费者的环保需求（特别是"非典"之后）对健康的追求强力地推动着生态产业的发展。随着人们收入水平的提高及环保、健康意识的不断增强，生态消费将是今后的主要消费趋势。"谁拥有生态产品，谁就拥有市场"[①]，目前，全球已出现一个由生态产品及其生产技术以及相关的服务构成的庞大的"生态市场"。发展健康岛的生态产业前景十分广阔。考察生态环境破坏行为，其动因一般都是物质贫乏。物质贫乏迫使人们漠视生态环境而对其进行掠夺性经营和开发，形成了物质贫乏和环境退化恶性循环。海南中部山区是全省较贫困的地区，恰恰又是森林生态护育区，是海南生物多样性保护最具价值的地区，同时也是海南地面水源敏感区。保护、恢复和发展热带森林生态系统，对维护健康岛生态平衡起着举足轻重的作用。这其中就存在保护与开发的矛盾，解决这一矛盾的良策就是发展生态产业。

　　（一）发展生态农业

　　大力发展热带高效农业，并积极向生态农业方向转变。充分发挥海南

---

①　蔡晓燕、汪兴涛：《ISO14000 和我国企业的生存发展》，《经营管理者》1997 年第 4 期。

的热带农业资源和生态环境优势，将现代科学技术和传统有机农业技术相结合，运用系统工程方法，全面规划、合理组织农业生产，促进农业生态系统的良性循环，实现农业高产、优质、高效地持续发展。重点推广以节水为主的精准灌溉、以配方施肥为主的精准平衡施肥和以培育优良品种为主的精准育种、播种。尤其要根据海南省的土地适宜性，按照效益最优化原则，在利于农业生态系统改善，农田综合生产能力增强的前提下，大胆调整并优化农业生产结构，提高农业经济综合效益。

发挥海南农业的区位、季节和品牌优势，大力发展冬季瓜菜、热带水果、远洋捕捞、近海深水养殖、热带花卉、商品林、种子种苗和南药等，使农、林、牧、渔协调发展，提高农业生态系统的综合生产力和经济效益。大力发展农产品的粗加工、精加工、包装、保鲜、储藏、运输和销售业，形成种养—加工—运销配套成龙的产业链，提高农产品的质量和附加值，减少农业废弃物的排放。

发展生态农业的主要方向和具体措施：一是把林草业作为特殊产业来抓，因地制宜发展果木林、经济林和牧草种植，扩大绿色植被覆盖面积；二是推广应用低残留、高效、低毒农药和生物防治技术，广泛使用生物肥料和无公害农药，禁止使用有机磷农药，尽可能少施化学农药；积极推广秸秆、粪便沼化还田，加快有机废弃物的资源化处理；推广使用可降解农膜，减少农业的白色污染；三是建立无公害农产品、绿色食品、有机农产品的生产基地，创建品牌，扩大规模，逐步提高健康、安全食品的份额，提高海南农产品的档次和知名度；四是加快发展海洋生态产业，尤其是海洋生物制品业。海洋资源是健康岛的战略财富。海洋渔业、海洋养殖业可以作为生态产业发展，为21世纪膳食结构的改变提供丰富、健康的海洋食品。要利用丰富的海洋生物资源提取海洋生物生理活性物质，开发海洋药物和生物制品，为医疗、保健提供优良的海洋生物药品。

（二）发展生态旅游业

把海南的热带海岛旅游资源优势和生态环境优势有机结合起来，关键是旅游开发要服从于生态环境保护，使自然景观与人文景观的保护与开发相互协调、相互促进。在发展观光旅游、度假休闲游、康乐保健游的同时，积极发展以认识大自然、享受大自然、爱护大自然为内容的生态旅游，重点推出海洋生态游、热带雨林考察游、动植物观赏游、登山探险游等专项产品。

一是加强生态保护的宣传教育，普及生态旅游知识，提高环境意识，倡导文明旅游；二是科学制定以生态保护和建设为基础，以生态旅游为核心的生态化旅游发展规划，做到全省旅游区规划、设计的审批权高度集中，在规划建设生态旅游区时，要尊重自然、顺应自然，建筑设施要突出特色，与周围环境融为一体。在政府规划的指导下，引入市场机制，以企业开发方式为主，引导企业利用海南的生态环境资源优势，加快旅游景区的建设，扶持和规范自然保护区、森林公园的建设和管理，在有效保护的前提下进行适度开发。合理建设旅游设施、景点，设计好旅游线路；三是加快建设一批具有生态旅游特色的景区，推出生态旅游的名牌拳头产品，主要包括三亚南山文化旅游区、兴隆热带花园、亚龙湾国际旅游度假区、七仙岭温泉度假区、西沙海洋生态旅游区、中国热带农业科学院植物园、铜鼓岭生态旅游区、尖峰岭国家森林公园、吊罗山国家森林公园、蓝洋国家森林公园、海口及三亚植物园、海口热带海洋世界、东山湖野生动物园、东寨港红树林自然保护区、观光农业示范区等重点景区；四是以海南文昌航天发射城为依托，建设集旅游观光、航天科普为一体，现代的、信息化的、生态化的航天文化旅游区[1]；五是严格执法，规范旅游业管理。

（三）发展生态工业

海南工业发展必须与生态省建设目标一致，即坚持"不污染环境，不破坏资源，不重复建设"的三不原则。在产业方向上，鼓励发展有利于生态环境建设的产业；在布局上，对重化工业（主要是利用海洋油气资源的重点工业项目）实行集中布点；在企业生产过程中，推行清洁生产。

1. 大力发展利用海南本地资源、科技含量高的生态型工业，包括天

---

[1] 海南文昌航天发射城筹建已久，早在20世纪70年代就有此动议，但因备战等原因长期耽搁下来。直到2007年8月22日国务院第189次常务会议批准文昌建航天发射城，2007年8月30日胡锦涛主席批示同意。该航天发射城重要的规划之一是建设航天主题公园，航天主题公园建成后，将会成为世界规模最大、并颇具国际影响力的航天文化旅游区。一方面，它将推动国际间开展航天技术合作；另一方面，也将对海南发展特别是旅游业发展起巨大促进作用。参见《揭秘文昌航天城六大优势：能极大促进旅游发展》，《城市快报》2007年9月28日；另见《航天发射城落户文昌始末：筹建三十年一朝定乾坤》，《广州日报》2007年9月28日。

然饮料、保健食品、生物制药、以热带花卉为原料的化妆品、清洁造纸、绿色化工等制造业。积极创造条件，发展环保工业和消耗少、效益高的绿色技术产业。

2. 利用现代技术、生态工程逐步改造传统产业。在对橡胶加工、糖厂、酒精加工等企业进行重组和改造的过程中，完成生产工艺和产品结构的调整，对污染严重、效益低下、治理无望、低水平重复建设的企业进行关停和转产。

3. 按照集中工业布局、把污染源控制在有限范围内的原则，将重化工业项目集中安排在洋浦经济开发区、海南老城经济开发区等西部工业走廊内，防止遍地开花。各市县应根据自身的比较优势和特点，发展无污染的特色工业，也要集中布局，原则上将项目集中在工业开发区或城市的工业区内。

4. 推广清洁能源和可再生能源。大力发展天然气和太阳能，因地制宜地开发新能源，建立起以燃气（含沼气）为主的、以太阳能开展利用为重点的清洁能源结构，最大限度地减少环境污染。加快南海天然气的开发利用和输气管网建设，提高天然气覆盖率。高度重视太阳能的研发和利用，提高再生能源的比例。不再建设新的燃煤电厂，逐步改造现有燃煤、燃油电厂。

5. 发展生态型高科技新兴工业。围绕农业、海洋资源开发、交通、通信业、旅游业等，发展生态型高科技新兴工业，尤其是海洋矿业、海洋油气开发还要大力发展。在新的起点上，发展天然饮料、保健食品、生物制药、以热带花卉为原料的化妆品、清洁造纸、绿色化工等生态制造业。争取世界各地的信息产业、生命科技产业、新能源和可再生能源科技产业、新材料科技产业、海洋科技产业来海南落户发展，或在海南建试验基地。

（四）发展生态化的文化、教育、体育及会展产业

文化、教育、体育及会展产业发展的空间很大，且都是绿色产业，非能耗产业，我们必须大力发展这些产业，以此推动海南生态省建设。文化产业是朝阳产业，热带海岛旅游业要提高竞争力就必须提高文化含量，与文化产业互动发展。健康岛发展体育产业最大的优势在于气候和海洋，要

吸引更多的运动队伍来冬训和度假。会展产业素有"城市面包"之称，带动系数为1：9，即展览场馆收入1元，相关收入为9元。要充分发挥"健康岛"的效应，把会展产业做实做强做大[①]。

（五）发展环保产业

这是生态产业的重要组成部分，是环境治理和生态资源开发的配套产业。一方面，健康岛生态环境保护任务日趋繁重，亟须环保产业提供优质、高效、经济、配套的技术装备和技术支持；另一方面，全球性产业结构向资源利用合理化、废物产生减量化、环境无污染或少污染方向调整。海南的经济社会发展对健康岛特别是环保产业来说是机遇更是挑战，必须利用环境资源优势，精心培育、发展环保产业，从而壮大健康岛的经济基础和生态基础。

四、人居环境建设与生态环境建设

海南的人居环境建设，应充分利用优良的环境质量和独特的少数民族历史文化风情，把居住环境的改善与生态环境建设有机地结合起来，建设一批规划布局合理、基础设施配套齐全、生态和谐、居住条件舒适的具有热带特色的生态型社区，为居民提供方便、舒适、健康的生活和工作环境。

（一）科学地编制全省城镇总体规划

城镇居住社区建设要充分体现土地资源利用的合理性和节约性，充分考虑环境的承受能力，保护好自然景观的完整性，人文建筑要纳入自然景观中进行整体设计，并注意突出地方景观特色。在老城区改造和新城区的建设中，城市的供排水、交通、能源、通信、地下管网、绿化等城市服务设施子系统，都要统一规划，实施全系统配套建设，防止"挖路不止"的现象。

（二）做好城镇绿化、美化、净化工作

海南城乡应把治理"脏、乱、差"作为改善生态环境的一项重要举措来抓，杜绝乱搭、乱建、乱占现象。推动城镇实行生活垃圾定点倾倒、集

---

① 刘瑛：《会展经济——诱人的"城市面包"》，《辽宁经济》2003年第7期。

中堆肥处理，实现资源化利用；加快建设分散与集中相结合的生活污水处理系统，减少生活污水对城镇环境的危害。

（三）加快完善生态型城乡生活综合服务功能

积极推广城镇生态型住宅小区建设，创建具有海南热带海滨特色的新型生活区；积极发展农村生态型村庄，因地制宜地发展小水电、液化气、沼气、太阳能等清洁能源，逐步减少薪柴的使用，保护农村生态环境。

五、生态建设的保障措施

政府、企业和个人都是生态环境保护和建设的基本力量，政府始终是"车头"。必须充分依靠行政、法制、教育以及科技四个轮子推进海南生态化。

加强政府引导，建立完善的生态法规体系、健全的生态管理体制和良好的生态运行机制，普及生态科学知识和生态教育，培育和引导生态导向的生产方式和消费行为，形成提倡节约和保护环境的社会价值观念，使全社会牢固树立起建设生态省的共同理想、坚持可持续发展的共同信念和"破坏生态环境就是破坏生产力，保护生态环境就是保护生产力，改善生态环境就是发展生产力"[①] 的生态经济观。

（一）行政保障

生态现代化建设是一项跨市县、跨部门、跨行业的开拓性、综合性系统工程，必须切实加强领导。当前而言，就是要紧扣业已成熟的生态省战略，实行生态省建设一把手负责制和目标责任制，由各级党政一把手亲自抓、负总责，把生态省建设成效列入工作业绩考核内容。给海南各地的生态现代化建设加上一个紧箍咒。

要建立健全环境与发展综合决策机制，在制订国民经济和社会发展中长期规划、产业政策、产业结构调整和生产力布局规划、区域开发计划时，都要充分考虑生态环境的承载能力和建设要求，进行必要的环境影响评估。各个部门在制定和实施经济、社会、环境政策时，要相互协调配

---

① 这是2001年1月27日时任总书记的江泽民同志考察海南时的讲话，旨在增强广大干部群众的环保意识和生态意识。

合，提倡在考虑全面信息基础上的综合决策。要将生态省建设目标纳入各级政府的国民经济和社会发展中长期规划和年度计划，每年在政府工作报告中部署相应工作目标和建设任务，切实做到生态环境保护和建设贯穿于社会经济发展的全过程。

（二）法制保障

按照生态化建设的要求，要抓紧在生态环境保护和生态产业发展滞后的领域立法，要着重制定有关资源有偿使用、生态环境补偿和公共环保工程设施有偿服务的法规规章。

同时，加大执法力度，强化执法检查，实行定期检查与经常性检查相结合，逐步杜绝环境保护工作有法不依、执法不严、执法效率不高的现象。完善政府内部行政监察制度，加强对各级领导干部执行生态、环境、资源的法律法规情况的监察监督，特别是监督各有关部门在审批土地开发和建设项目时，是否认真执行审批程序，严格把好生态环境保护关。建立健全监督机制，加大执法监督力度，公开揭露和批评污染环境、破坏生态的违法行为，对严重污染环境、破坏生态的单位和个人予以曝光。

（三）教育与社会保障

加强国民生态教育，要"从娃娃抓起"，把生态教育作为学生素质教育的一项重要内容，推行多种形式的生态教育，普遍提高学生的生态意识，努力培养具有生态环境保护知识和意识的一代新人；对各级领导干部、企业法人代表、各级生态环境管理部门干部，重点加强生态环境保护知识和可持续发展知识的培训。

把生态教育与计划生育宣传教育密切结合起来，严格控制人口数量，优化人口布局，提高人口素质。通过开发式移民和生态移民，将中部生态敏感区内生产和生活条件恶劣的居民迁移至平原台地，帮助贫困农民脱贫，减轻贫困人口对山区生态环境的压力。

将生态示范区建设与生态科普基地建设结合起来，建设集生态教育和生态科普、生态旅游、生态保护、生态恢复示范等功能于一体的生态景区。

建立生态环境建设的公众参与机制，培育公众的生态意识和保护生态的行为规范，激发公众保护生态的积极性，在全社会提倡并逐步形成节约资源、爱护生态环境的社会价值观念、生活方式和消费行为习惯。

（四）经济保障

建立以生态环境为导向的经济政策，运用产业政策引导社会生产力要素向有利于海南生态建设的方向流动。

1. 改变海南经济特区优惠政策的普惠方式。凡对生态环境有不良影响的建设项目和生产企业，要取消其享受海南经济特区现有优惠政策的待遇，不再让其享受税收等各项优惠从而限制其发展，削减对环境的危害。

2. 运用消费政策引导社会消费倾向。如鼓励绿色消费行为，限制"白色污染"消费行为，对使用一次性餐具的服务业征收高额环境污染补偿税（费）；禁止生产和销售不可降解塑料和含氟利昂制冷剂，特别是遵守国际削减氟利昂协议和计划，积极建设"无氟省域"（即按照国家进度削减氟利昂，实现全省禁用氟利昂的目标）。

3. 多渠道筹措生态建设资金。确保全省财政每年对生态环境保护与建设的投入占财政总支出的比例，以及全社会生态环境保护与建设的投入占国内生产总值的比例都不低于生态建设的计划要求；省内农业综合开发资金、商品粮基地建设资金、农田基本建设资金、扶贫资金等农业发展资金的使用要与生态省建设结合起来，可进行适度集中，优先安排生态农业项目建设；积极创造条件，设立生态建设专项资金；农村试行生态环境建设社会投工投劳制度，组织农村群众依靠自己劳动，改善住区的生态环境；开展形式多样的交流、合作，开拓国际援助渠道，争取利用国际资金和技术援助及优惠贷款。

4. 建立和健全自然资源与环境补偿机制。按照"资源有偿使用"的原则，对主要自然资源征收资源开发补偿税（费），实行集中管理，重点用于生态环境建设。

5. 探索和制定海南国民经济核算新体系。克服现有国民经济核算指标体系不能较好反映经济活动对资源消耗和生态环境影响的不足，研究并试行把自然资源和生态环境成本纳入国民经济核算体系，使有关统计指标能够充分体现生态环境和自然资源的价值，较准确地反映经济发展中的资源和环境代价，引导人们从单纯追求经济增长转到注重经济、社会、环境、资源协调发展的轨道上来。

（五）技术保障

大力引进和推广先进适用的科技成果。在清洁生产、生态环境保护、资源综合利用与废弃物资源化、生态产业等方面，积极开发、引进和推广应用各类新技术、新工艺、新产品。对科技含量较高的生态产业项目和有利于改善生态环境的适用技术，予以享受高新技术产业的有关优惠政策。同时，还要注意建立生态环境信息网络，提高国际知名度；加强专业人才队伍建设；制订和执行生态产业、环保产品技术管理标准，努力推动生态产业快速健康发展。

总之，海南生态现代化的核心思想是全面实施可持续发展战略，实现经济效益、社会效益与环境效益的统一，实现近期目标与长远目标的统一。海南的经济社会发展，要以"健康岛、生态省"为奋斗目标，跨越"高消耗、高污染"的传统工业化发展阶段，突破"先污后治理"、"先破坏后恢复"的传统发展模式，运用现代科学技术和管理方法，利用优美的生态环境，发展高效的生态型经济。通过前面的分析我们看到，海南具有发展热带高效农业和旅游业的优越条件，把生态环境建设与农业和旅游业发展有机结合起来，以良好的生态环境促进农业和旅游发展，以生态农业和旅游业的发展促进生态环境建设，以一流的环境质量吸引资金、技术和人才，发展科技含量高的新型工业，这是海南争创经济特区新优势、实现跨越式发展的战略抉择。可以预期，在环境污染防治、生态建设、产业发展、人居环境建设、生态文化建设等领域，把生态环境改善与社会经济统筹考虑，积极实施可持续发展战略，全面实现"非物化（轻量化）、绿色化、生态化，经济发展与环境退化脱钩"，就能把海南建成为具有良好的热带海岛生态系统、发达的生态产业、自然与人类和谐的生态文化、自然与人类互利共生和协同进化的"健康岛、生态省"，从而在全国率先全面实现生态现代化。

结　语

　　纵观全球，当前人类社会已经进入重新审视和协调人与自然的关系，积极寻求经济有效性和生态安全性以及生活幸福度的有机统一，从而全面推进社会经济可持续发展的重要历史时期。随着 21 世纪社会经济的迅速发展，环境问题也越来越成为国际社会关注的一个焦点。胡伯首先提出的生态现代化理论，已然成为发达国家的环境社会学的一个主要理论。在过去 20 多年里，许多发达国家选择了生态现代化，并取得显著成效。

　　回顾改革开放以来，特别是海南建省以来，海南现代化发展战略酝酿、变迁、争执及确定的全过程，不能不深深感到马克思、恩格斯在《德意志意识形态》中一再强调指出的，历史世代交替中，每一代都会给后一代留下一定的生产力、资金、制度以及具有一定文明素质的人，它们会为后一代在新发展新创造中所改变，但也预先规定了后一代创新活动的性质以及他们所能达到的限度①，这一段论述是多么正确。海南现代化的发展，确实无法脱离与超越历史给海南人民所提供的主客观条件。然而，海南又是幸运的，因为当海南开始自己的现代化历程时，海南不仅和中国改革开放的大潮紧密相连，而且立刻卷入了全球化进程，可以直接地广泛地利用世界物质生产与精神生产成就来弥补自己的不足。然而，事实又表

---

　　①　"历史不外是各个世代的依次交替，每一代都利用以前各代遗留下来的材料、资金和生产力；由于这个缘故，每一代一方面在完全改变了的活动来改变旧的条件。"参见马克思、恩格斯：《德意志意识形态》，人民出版社 1961 年版，第 41 页。"历史的每一阶段都遇到有一定的物质结果、一定数量的生产力总和、人和自然以及人与人之间在历史上形成的关系，都遇到有前一代传给后一代的大量生产力、资金和环境，尽管一方面这些生产力、资金和环境为新的一代所改变，但另一方面，它们也预先规定新的一代的生活条件，使它得到一定的发展和具有特殊的性质。"参见马克思、恩格斯：《德意志意识形态》，人民出版社 1961 年版，第 33 页。

明，人们在经过反复认识、反复探索、反复实践之前，并不能因为有了这么有利的外在条件，就立刻能从带有很强主观性的自发状态进入自由状态。人们往往想简单地移植其他开发区的发展模式，企图一夜暴富，一蹴而就，一步登天；显然，这是不太现实的，海南只有经过反复的思考和探索，方能逐渐明智和明确地选择自己的发展战略。

海南现代化的实际进展又清楚地表明，即使确定了生态现代化发展战略，并不等于在实际工作中就能保证所有人、所有方面都能真正按照这一发展战略行动。生态现代化付诸实施时，必须面对大量的困难与阻力，应对来自内外各个方面的挑战。生态现代化发展战略也会在应对这些挑战，克服这些困难与阻力的影响的进程中，使自身逐渐充实，并将日渐成熟、日臻完善。

生态是海南发展的核心竞争力，抢占了这个战略制高点，就能赢得科学发展、和谐发展的先机。海南建省办经济特区以来的历程已经显示，坚持生态立省、建设生态现代化，就是立足自身最大的优势，站在较高的战略起点上谋求自身的生存和发展，通过自身的试验，走出一条示范全国的经济发展与环境保护双赢的可持续发展之路。我们有理由相信，生态现代化同样可以为解决当前海南的环境问题和可持续发展提出新的思路。

与内陆省份相比，海南建设生态现代化有着十分有利的条件，系统边界清晰，有完整的热带生态经济基础，产业结构易调整，管理机构建立健全。而且海南的生态要素与现代经济要素相互作用和耦合的程度仍处在浅层次，将可利用的知识经济资源投入现存的初级生态经济系统，促使现代化升级，即建设生态现代化，或者说建设生态化的现代化，完全是有可能的。这对海南来说是一个具有战略性、全局性和长期性的宏伟构想，需要我们从理论到实践进行认真、深刻和不懈的探索，以及锲而不舍的持续努力。

毋庸讳言，海南生态现代化实现程度在与世界生态现代化先行国家相比时显得很低，生态农业、生态工业、生态旅游业等均未成熟，部分产业的发展对海南资源利用和环境保护还带来一定消极影响，海南资源浪费、环境污染和生态失衡的趋势仍在继续。如果不转变发展模式，海南将面临巨大的环境风险，如果发展模式转变力度不够，海南仍将出现普遍的环境危机，亟待我们在经济发展模式、社会发展模式、人的行为模式实现生态转型。

实现经济发展模式的生态转型是重中之重。建设生态现代化，关键是凸现 GDP 中的"生态效应"，即切实提高经济增长质量，根据生态经济学原理和循环经济理论，以最少的资源环境代价谋求经济社会最大的发展。重新整合配置环境资源，优化产业布局，调整产业结构，不断提升产业层次和经济质量，加快发展生态农业、生态工业、生态旅游、生态海洋经济、生态文化、信息等产业，走可持续发展之路。发展生态农业，重点是以发展绿色农产品为农业结构调整的方向，降低农业在 GDP 的比重，提高绿色农产品在农业中的比重，不断提高农产品竞争力。继续实施新型工业化战略，走绿色工业化道路，降低新增环境压力。发展生态工业是走新型工业化道路，运用循环经济和工业生态学理论，大力推行清洁生产，从工业源头和生产全过程控制工业污染，构建 TRANBBS 城市生态工业系统。第三产业发展凸现生态旅游的主导作用，要把生态理念融入旅游的各个环节，把生态文化与商业、服务业、房地产业等的发展有机结合。而具有全国最大、战略地位又极为重要的海域的海南生态化海洋经济的发展，则完全有可能使海南现代化在不太远的将来走在全国乃至世界前列。作为一种无污染、无噪声、高附加值的绿色产业，信息产业化与海南生态省的建设目标和"信息智能岛"战略的内涵完全相符，它的发展将给海南走向生态现代化带来积极意义，要实现海南的生态现代化，就必须以更大的力度更自觉地加快海南信息产业化的发展，加速推进海南信息化建设，提高海南信息产业的技术水平。

建设生态现代化，必须把经济增长与环境保护综合起来考虑，把生态建设看成发展之义、发展之举，走可持续发展之路，加快推进发展模式由先污染后治理型向生态亲和型转变，绝不能以牺牲环境为代价来换取一时的发展。要继续推进循环经济，降低资源消耗，建设资源节约型经济。继续实施污染治理工程，逐步清除重点地区和重点产业的污染遗留。要结合海南省的省情，合理建立绿色 GDP 政绩考核体系，对各级政府的考核，尤其是经济指标的考核，必须重视节约资源、循环经济的内容，不能再把粗放型的指标一直沿用下去，对各级领导干部的政绩衡量不仅要看经济增长指标，还要看社会发展指标，特别是人文指标、资源指标、环境指标；不仅要为今天的发展尽力，更要对明天的发展负责，为今后的发展提供良好的基础和可以永续利用的资源与环境。愈是加快发展，生态的声音愈要大，不能人为地把两者对立起来。那种只讲发展不要生态，或者光强调生态而不讲发展的观点都是片面的、不正确的。现代化并不是非生态的，而是积极支持生态环境发展的现代化。

实现社会发展模式的生态转型是当务之急。在中国这样一个东方大国，所要实现的是具有中国特色的社会主义现代化，衡量一个社会现代化的水平和程度，应该而且也必须将生态现代化作为一项重要指标，将人与自然的和谐以及人与人、人与社会的和谐作为重要的价值追求。我们的党，我们的政府，作为代表最广大人民根本利益的执政党、执政者，对此必须有足够的坚定的认识。

海南省作为中国的一部分，也应该同步全面实现现代化。要实现这个目标，就需要推进生态现代化，实现社会发展模式的生态转型是当务之急。

社会发展模式的生态转型，主要特点是"三化一脱钩"即社会结构和社会生活的轻量化（非物化）、绿色化、生态化、社会进步与环境退化脱钩、生活质量与环境进步正向耦合。

海南要以"三化一脱钩"为主攻方向，从源头入手，解决社会发展与环境的冲突，实现现代化模式的生态转型，必须实施新型城市化战略，走绿色城市化道路。要以人为本，以人为中心，特别是以人的全面发展为中心，建设绿色家园和幸福家园，不断提高人民生活品质和人民生存的幸福指数。要继续实施文明生态村、镇建设，改善人居环境，发展绿色能源和绿色交通。要建立生态补偿机制，发挥生态服务功能，同享现代化成果。要完善自然灾害减灾机制，发挥城市功能，保障环境安全。要倡导生态的生活方式，实施绿色消费工程，扩展绿色产品的市场空间。此外，还要大力推行节能减排，实现能耗、物耗和有毒、有害物排放负增长。

实现人的行为模式的生态转型是关键所在，现代社会的环境问题，绝大多数是人为的问题，需要人来解决，生态现代化不是简单地从污染治理入手，而是从改变人的行为模式出发，提升人们的现代生态意识是关键所在，没有现代生态意识，就没有生态现代化。所以，提升人民的现代生态意识，是生态现代化的成败关键。

近几年，南渡江、万泉河等河流污染问题和生态环境恶化，已经引起社会的广泛关注。如果我们不能找到科学理论和有效办法，那么，海南环境恶化的趋势还将继续。显然，这是我们不愿意看到的，改变人的行为模式，提高人们生态意识已经刻不容缓。

党的十七大把科学发展观明确写进党章，亦提出了建设"生态文明"的时代要求，中共海南省五次党代会提出"生态立省"的战略目标，这说明了中央和海南省都高度重视生态建设，切实把生态文明建设作为落实科学发展观的重要抓手，海南要实现跨越式发展，必须走自己特色之路，充分利用自己的生态优势，把生态建设自始至终融入到现代化建设中，真正做到人类与自然和谐共生，自然与经济协调发展，生态保护与现代化建设密切结合。当然，现代化模式的生态转型是一个系统工程，生态现代化建设，更需要大力促进环境友好的技术创新、环境友好的制度创新、生态和环境领域的区域合作，确保海南的资源安全、能源安全和生态安全等。做到了这些，我们可以大胆的预计，在21世纪后50年，随着生态现代化建设的全面完成，海南自然环境和人民生活将发生翻天覆地的变化。海南的山依然是自然的山，海南的人更是健康的人，海南将成为中国乃至世界最具魅力的地区之一。山青水清空气清，人美物美生活美。不是桃源，胜似桃源。这是海南生态现代化的前景，也是我们心底的期盼。

总的说来，生态现代化研究为中国提供了一种经济与环境双赢的新模式，海南的资源、环境等特点决定了海南的发展需要也必须走综合生态现代化这条路。这是时代的抉择，也是海南人民的抉择。

图表索引

主要参考文献

一、档案

广东省档案馆馆存档案

海南省档案馆馆存档案

海口市档案馆馆存档案

儋州市档案馆馆存档案

澄迈县档案馆馆存档案

五指山市档案馆馆存档案

二、调查报告、资料汇编、方志、文集

1. 林缵春：《海南岛之产业》，1946 年 4 月，海南省档案馆存。

2. 《中国 21 世纪议程——中国 21 世纪人口、环境与发展白皮书》，中国环境科学出版社 1994 年版。

3. 日本国际协力事业团、海南中日合作计划办公室：《中华人民共和国海南岛综合开发计划》，1987 年，海南省档案馆存档案。

4. 海南省海洋渔业厅：《2002 年海南省海洋环境状况公报》，2003 年。

5. 海南省国土环境资源厅：《2002 年海南省环境状况公报》，2003 年。

6. 广东省统计局编印：《广东省地市县概况》，1983 年。

7. 《太平广记》排印本，汪绍楹校点，人民文学出版社 1959 年版。

8. 陈铭枢修，曾塞纂，郑资约编：《海南岛志》，上海书店出版社2001年版。

9. 顾祖禹：《读史方舆纪要》（卷105），《广东六》。

10. 唐胄：《正德琼台志》，上海古籍书店1982年版。

11. 万历《琼州府志》（卷2），《沿革志》。

12. 陈植撰：《海南岛新志》，商务印书馆1949年版。

13. 《日人占领海南岛时之建设概要》，海南省档案馆馆存档案。

14. 黄有光：《海口文史资料第3辑》，海南出版社1986年版。

15. 《毛泽东文集》第5卷，人民出版社1996年版。

16. 《周恩来选集》下卷，人民出版社1984年版。

17. 《关于广东省海南岛发生的大量进口和倒卖汽车等物资的严重违法乱纪事件的调查报告》，海南省档案馆馆存档案。

18. 《海南岛农业生产调查报告》，1954年7月，广东省档案馆馆存档案。

19. 中共海南省委党史研究室：《海南改革开放二十年纪事》，海南出版社1999年版。

20. 马世骏主编：《中国海南岛大农业建设与生态平衡论文选集》，科学出版社1987年版。

21. 中国人民大学书报资料中心：《海南岛——发展战略研究资料集》。

22. 中共海南省委宣传部理论处：《1997海南省理论研讨会论文集》，海南出版社1997年版。

23. 《邓小平文选》第3卷，人民出版社1993年版。

24. 海南省统计局：《海南第一次农业普查资料》，1997年。

25. 中国21世纪议程管理中心：《中国21世纪议程高级国际圆桌会议文集》，科学出版社1995年版。

26. 国家海洋局：《海洋大事记》1994年版。

27. 海南省海洋与渔业厅：《2000年度海南省海洋环境状况公报》，2001年。

28. 海南省海洋与渔业厅：《海南省珊瑚礁资源摸底调查报告》，1998年。

29. 杨哲昆、李澄怡、赵全鹏：《海南旅游报告书》，海南出版社2006

年版。

30. 电子信息产业模式研究课题组：《全球电子信息产业发展呈现五大趋势》，《人民邮电报》2003 年 7 月 8 日。

31. 信息产业部经济体制改革与经济运行司：《2003 年电子信息产业经济运行统计公报》，2004 年 4 月 5 日。

32. 《江泽民论有中国特色社会主义（专题摘编）》，中央文献出版社 2002 年版。

33. 台湾总督府官房调查课编：《海南岛》，1939 年 2 月 20 日。

34. 《日人占领海南岛时之建设概要》，海南省档案馆馆存资料。

35. 小野卯一：《五年间海南岛农业开发概观》，1944 年 10 月。

36. 南支调查会：《海南岛读本》，1939 年 4 月 10 日。

37. 兴亚院政务部：《中国南部矿产资源调查报告》，1941 年 2 月。

38. 小叶田淳：《海南岛史》，东都书籍株式会社发行，昭和十八年二月在台北印刷。

39. 海南抗战拼年纪念会编：《海南抗战纪要》，（中国台北）文海出版社 1998 年版。

40. 中国科学院民族研究所广东少数民族社会历史调查组、中国科学院广东民族研究所编：《黎族古代历史资料》（上册）。

41. 《嘉庆重修一统志》（广东），中华书局 1987 年影印本。

42. 江泽林主编：《海南经济可持续发展文集》（海南 2001），海洋出版社 2002 年版。

43. 苏云峰：《海南历史论文集》，海南出版社 2002 年版。

44. 唐惠建编辑：《海南开发研究与探索》，海南省人民政府社会经济发展研究中心 1989 年版。

45. 海南省统计局工交处编：《海南省工业概况——1991 年》，海南省统计局 1991 年版。

46. 史捍民：《企业清洁生产使用指南》，化学工业出版社 1997 年版。

47. 董长德、陈全：《企业如何实施环境管理体系——ISO14000 环境管理标准实施指南》，中国环境科学出版社 1999 年版。

48. 国家环境保护总局：《全国生态现状调查与评估综合卷》，中国环境科学出版社 2005 年版。

49. 海南省文化历史研究会主编，王春煜、庞业明编选：《岑家梧学术论文选》，长江出版社 2006 年版。

50. 王一新、宋攻文、种润之：《新时期海南热点调查》，海南出版社2006 年版。

51. 许公武译：《海南岛》，新中国出版社 1948 年版。

三、报刊杂志

《人民日报》《光明日报》《经济日报》《中国旅游报》《南方日报》《南方周末》《中国环境报》《人民邮电报》《海南日报》《海口晚报》《南国都市报》《法制时报》《海南经济报》《海南特区报》《商旅报》《文献》《历史教学问题》《国外社会科学》《中国政法大学学报》《海南大学学报（人文社科版)》《海南师范学院学报（社科版)》《今日海南》《生活报》《民主与法制》《自然辩证法研究》《教学与研究》《理论探索》《中国人口·资源与环境》《经济与社会发展》《农业考古》《中国经济周刊》《国际贸易》《统计研究》《海洋开发与管理》《世界农业》《热带地理》《电信软科学研究》《中国管理信息化》《辽宁经济》

四、著作

1. 罗荣渠：《现代化新论：世界与中国的现代化进程》，北京大学出版社 1993 年版。

2. 罗荣渠主编：《现代化——理论与历史经验的再探讨》，上海译文出版社 1993 年版。

3. 姜义华、吴根梁、马学新：《港台及海外学者论传统文化与现代化》，重庆出版社 1988 年版。

4. 姜义华：《百年蹒跚——小农中国的现代觉醒》，（中国香港）三联书店 1992 年版。

5. 姜义华：《理性缺位的启蒙》，上海三联书店 2000 年版。

6. 何传启：《东方复兴：现代化的三条道路》，商务印书馆 2003 年版。

7. 孙儒泳、李博、诸葛阳、尚玉昌：《普通生态学》，高等教育出版社 1993 年版。

8. 杨桂华、钟灵生、明庆忠：《生态旅游》，高等教育出版社 2000 年版。

9. 邹统钎：《现代饭店经营思想与竞争战略》，广东旅游出版社 1998 年版。

10. 吴晓波、凌云：《信息化带动工业化的理论与实践》，浙江大学出版社 2005 年版。

11. 程祁慧、吴刚、施力：《经济增长的引擎》，冶金工业出版社 2002 年版。

12. 何传启：《第二次现代化》，高等教育出版社 1999 年版。

13. 马崇明：《中国现代化进程》，经济科学出版社 2003 年版。

14. 姚志勇：《环境经济学》，中国发展出版社 2002 年版。

15. 许涤新：《生态经济学》，浙江人民出版社 1987 年版。

16. 丁文锋：《经济现代化模式研究》，经济科学出版社 2000 年版。

17. 杨忠直：《企业生态学引论》，科学出版社 2003 年版。

18. 严茂超：《生态经济学新论》，中国致公出版社 2001 年版。

19. 杨万江：《农业现代化测评》，社会科学文献出版社 2001 年版。

20. 吴晓波、凌云：《信息化带动工业化的理论与实践》，浙江大学出版社 2005 年版。

21. 中国现代化战略研究课题组、中国科学院中国现代化研究中心：《中国现代化报告 2007——生态现代化研究》，北京大学出版社 2007 年版。

22. 吴晔、安哲、梁永琳编选：《爆炸！爆炸》，华岳文艺出版社 1988 年版。

23. 田炳信：《邓小平最后一次南巡》，广东旅游出版社 2004 年版。

24. 夏明文：《土地与经济发展——理论分析与中国实证》，复旦大学出版社 2000 年版。

25. 徐滇庆、于宗先、王金利：《泡沫经济与金融危机》，中国人民大学出版社 2000 年版。

26. 金涌、李有润、冯久田：《生态工业：原理与应用》，清华大学出版社 2003 年版。

27. 何方：《应用生态学》，科学出版社 2003 年版。

28. 孟赤兵等主编：《循环经济要揽》，航空工业出版社 2005 年版。

29. 〔美〕R. 卡尔逊著，吕瑞兰、李长生译：《寂静的春天》，京华出版社 2000 年版。

30. 〔美〕阿兰·兰德尔：《资源经济学》，商务印书馆 1989 年版。

31. 〔英〕罗杰·珀曼等：《自然资源与环境经济学》，中国经济出版社 2002 年版。

32. 〔美〕罗伯特·海尔布罗纳著，俞新天、邓新裕、周锦钦译：《现代化理论研究》，华夏出版社 1989 年版。

33. 〔瑞士〕Suren Erkman，《工业生态学》，经济日报出版社 1999 年版。

34. 〔美〕弗·卡普拉、查·斯普雷纳克著，石音译：《绿色政治——全球的希望》，东方出版社 1988 年版。

35. 〔英〕韦伯斯特著，陈一筠译：《发展社会学》，华夏出版社 1987 年版。

36. 〔美〕西里尔·E. 布莱克著，杨豫等译：《比较现代化》，上海译文出版社 1996 年版。

37. 柳树滋：《海南发展的绿色道路——生态省建设的理论与实践问题研究》，海南出版社 2001 年版。

38. 林明江：《海南·台湾比较与发展》，海南出版社 1995 年版。

39. 符泰光、李颜、赵德钦、彭智福：《海南现代经济发展史》，西南师范大学出版社 1999 年版。

40. 吴士存：《世界著名岛屿经济体选论》，世界知识出版社 2006 年版。

41. 北京大学世界现代化进程研究中心：《现代化研究——第二辑》，商务印书馆 2003 年版。

42. 廖逊：《开放的成本》，南海出版社 1993 年版。

43. 谢宗辉：《海南经济发展与环境保护》，海南出版社 1991 年版。

44. 张德铜：《海南农业发展的区位优势与产业构建》，南海出版社 1998 年版。

45. 迟福林：《海南新体制构架与实践》，海南出版社 1991 年版。

46. 王如松、林顺坤、欧阳志云：《海南生态省建设的理论与实践》，化学工业出版社、环境科学与工程出版社 2004 年版。

47. 钟业昌：《海南经济发展研究》，中国科学技术出版社 1991 年版。

48. 彭庆海：《海南工业发展思考》，海南出版社 1997 年版。

49. 王建国：《海南的过去、现在与未来》，海南出版社 1994 年版。

50. 蔡慎坤：《海南十年反思》，三联书店中国香港有限公司 2000 年版。

51. 夏鲁平：《海南绿色发展之路——海南发展 20 年的回顾与反思》，南海出版社 2004 年版。

52. 江泽林：《海南省优势农产品区域布局研究》，中国农业出版社 2005 年版。

53. 杨德才：《工业化与农业发展问题研究——以中国台湾为例》，经济科学出版社 2002 年版。

54. 颜家安：《海南科技经济评论与研究》，新华出版社 1997 年版。

55. 符大榜：《海南发展问题研究》，海南出版社 2004 年版。

56. 李克等著：《海南经济特区定位研究》，海南出版社 2000 年版。

57. 刘咸主编：《海南发展战略思考——上册》，中国和平出版社 2005 年版。

58. 卢云亭、王建军：《生态旅游学》，旅游教育出版社 2001 年版。

59. 沈德理：《非均衡格局中的地方自主性——对海南经济特区（1989—2002 年）发展的实证研究》，中国社会科学出版社 2004 年版。

60. 许士杰主编：《海南省——自然、历史、现状与未来》，商务印书馆出版 1988 年版。

61. 黎雄峰：《海南社会简史》，海南出版社 2003 年版。

62. 温长恩、杨世高、范信平、李永兴主编：《海南资源环境与空间发展研究》，海南人民出版社 1989 年版。

63. 中国现代化战略研究课题组，中国科学院中国现代化研究中心：《中国现代化报告——地区现代化之路》，北京大学出版社 2004 年版。

64. 中国现代化战略研究课题组，中国科学院中国现代化研究中心：《中国现代化报告——经济现代化研究》，北京大学出版社 2005 年版。

65. 中国科学院可持续发展战略研究组：《2007 中国可持续发展战略报告——水：治理与创新》，科学出版社 2007 年版。

66. 中国科学院：《2007 科学发展报告》，科学出版社 2007 年版。

67. 汪民安、陈永国、张云鹏主编，《现代性基本读本——上》，河南大学出版社 2005 年版。

68. 曹锡仁、詹长智、张一平、肖义旺合著：《进步与缺憾：海南特区现代化问题研究》，中国经济出版社 1999 年版。

69. 孙斌、徐质斌主编：《海洋经济学》，山东教育出版社 2004 年版。

70. 海南省政府社会经济发展研究中心：《91 海南社会经济发展研究》，南海出版社 1992 年版。

71. 唐镇乐：《海洋经济：蔚蓝色的思考与实践》，知识出版社 2000 年版。

72. 常辅棠主编：《海南自然历史文化探源丛书——自然海南》，南方出版社 2006 年版。

73. 廖逊、邹良贤、耶白堤主编：《98 海南社会经济发展研究》。

74. 吴士存、朱华友编著：《越南、马来西亚、菲律宾、印度尼西亚、文莱——五国经济研究》，世界知识出版社 2006 年版。

75. 黄德明：《海南产业发展论——兼论开放条件下多元经济社会的产业发展》，南海出版社 1995 年版。

76. 李仁君：《海南区域经济发展研究》，中国文史出版社 2004 年版。

77. 廖逊、张金良：《走出"泡沫"——海南经济发展战略转折》，南海出版社 1997 年版。

78. 海南特区经济年鉴编辑委员会编：《海南特区经济年鉴》，新华出版社 1989、1990、1991、1992、1993、1994、1995 年版。

79. 许士杰主编：《当代中国的海南》（上、下），当代中国出版社 1993 年版。

80. 海南省统计局主编：《海南统计年鉴》，中国统计出版社 1996、1997、1998、1999、2000、2001、2002、2003、2004、2005、2006 年版。

81. 黎雄峰：《海南社会简史》，海南出版社 2003 年版。

82. 吴永章：《黎族史》，广东人民出版社 1997 年版。

83. 苏智良等著：《日本对海南的侵略及其暴行》，上海辞书出版社 2005 年版。

84. 马大正：《海角寻古今》，新疆人民出版社 2000 年版。

85. 王一新等：《牵手台湾——海南台湾经济比较与合作研究》，海南出版社 2006 年版。

86. 〔美〕保罗·萨缪尔森、威廉·诺德豪斯著，萧深等译：《微观经济学》（第 16 版），华夏出版社、麦格劳·希尔出版公司 1999 年版。

87. 马克思、恩格斯：《德意志意识形态》，人民出版社 1961 年版。

88. Stanley E. Manahan, Industrial Ecology, 1999 by CRC Press LLC.

89. Arth P. J. Mol, The Environmental Movement in An Area of Ecological Modernisation. Geofonm, 2000 (31) .

90. Weale, Albert 1992, The New Politics of Pollution, Manchester University Press, p. 15.

91. Janicke, M. Staatsversagen, 1986, Die Ohnmacht der Politik in der Industriegesellsehoft, Munich/zurich, Piper.

92. So Alvin, Y. (1990), Social Change and DeveloPment, The-Lontemational Professional Publishers.

93. John S. DryZek, The Politics of the Earth, Environmental Discuss. Oxford University Press, 1997.

94. Mol, A. 1997, Ecological Modernization : industrial transformations and Environmental reform, in Redelift, M. and

woodgate，G.（eds），The international Handbook of Environr- nental Sociology，Elgar Publishing inc，USA.

95. Hajer，The Politics of Environment Discourse Ecological Mode- rnisation and Police Process. Oxford University Press，1995.

96. Chrisioff，P. 1996，Ecological Modrnization，Ecological Moder- nities. Discourses of the Errvironment，edited by Darier，Eric， Blackwell Publishers. Ltd. ，Oxford，UK.

97. WCED，Our common future Oxford：Oxford：University Press， 1987，1.

五、论文

1. 姜义华：《中国走向现代化的和平革命与新理性主义》，《文史哲》 1996 年第 3 期。

2. 姜义华：《中国现代化进程大众中所有制关系变革析评》，《现代与 传统》1995 年第 1 期。

3. 姜义华：《论中国近代化现代化进程中传统文化的双向运动》，《复 旦学报》1988 年第 3 期。

4. 吴涛：《海南建设健康岛的两大"生态问题"》，《海南师范学院学 报》（社会科学版）2004 年第 2 期。

5. 唐少霞：《海南发展生态旅游的思路》，《海南大学学报》（人文社 会科学版）2001 年第 3 期。

6. 黄景贵：《海南特区工业化的现状及对策——兼及工业化进程的衡 量指标》，《海南大学学报》（人文社会科学版）2003 年第 3 期。

7. 韩勇、霍国庆：《海南信息化与智能生态岛战略》，《中国软科学》 2002 年第 5 期。

8. 李学丽：《生态现代化的哲学探讨》，《自然辩证法研究》1999 年第 15 卷第 4 期。

9. 陈为毅：《海南岛：应实现从经济特区到生态经济特区的跨越》， 《海南师范学院学报》（人文社会科学版）2001 年第 5 期。

10. 符国基：《海南生态省生态可持续发展定量研究——生态足迹方法的应用》，《农业现代化研究》2006 年第 1 期。

11. 张继军、胡荣桂：《琼台现代化水平的比较分析》，《农业现代化研究》2006 年第 1 期。

12. 莫创荣：《生态现代化理论与中国的环境与发展决策》，《经济与社会发展》2005 年第 3 卷第 10 期。

13. 陈为毅：《加入 WTO 与海南农业的发展》，《海南师范学院学报》（人文社会科学版）2002 年第 4 期。

14. 周祖光：《关于海南生态农业的调研》，《农业环境与发展》2003 年第 4 期。

15. 司徒纪尚、许贵灵：《海南黎族与台湾原住民族都是古越族后裔》，《寻根》2004 年第 2 期。

16. 司徒纪尚：《海南岛历史上土地开发的研究》，《文献》1987 年第 1 期。

17. 许道男：《支持海南省海洋经济发展的金融路径探索》，《海南金融》2006 年第 12 期。

18. 戴小枫、刘继芬、路文如：《第二次绿色革命的目标、任务与技术选择》，《世界农业》1998 年第 5 期。

19. 郑良文、黄少辉：《海南岛旅游资源分析》，《热带地理》1985 年第 5 期。

20. 张建萍：《生态旅游与当地居民利益》，《旅游学刊》2003 年第 1 期。

21. 蒙国莲：《寻找生态与发展的结合点，构建社会主义和谐社会》，《理论前沿》2005 年第 19 期。

22. 杨忠直：《商业生态学与商业生态工程探讨》，《自然辩证法通讯》2003 年第 4 期。

原版后记

我在海南担任领导干部已有 10 余年，对这片热土已经爱得深沉，对这里的人们也视如衣食父母般敬爱，总有一种情感无法释怀。

在海南这 10 余年的工作和了解，感受颇深的是海南还是个欠发达地区，海南的发展还相对落后。但海南同样拥有全国独一无二的优越自然生态环境，生态优势已使海南在全国新一轮又好又快发展中抢得先机，只要坚持环境保护和经济发展协调推进，海南同样可以凭借强劲的后发优势实现赶超。

如何才能沿着正确路径加快推进海南现代化进程？这正是本人对海南这个第二故乡无法释怀的情感，并久久在内心荡漾。但苦于才学粗浅，涉猎不深，迟迟未付诸行动。读博期间，在和导师姜义华教授的交流和探讨中，得益于姜老师的点拨和指导，思路渐于清晰，故下决心对这一课题进行系统深入研究。

因于公务缠身，我一直在工作和学习两端奔波，与其他在校专职研修的同学相比，另有一番艰辛，无形中对论著写作也造成了一定干扰。所幸的是，复旦大学的师长与同学没有抛弃我，姜义华教授在选题、提纲拟制、资料查阅、论著修改等方面均给予了悉心指导和热心帮助。朱荫贵教授、戴鞍钢教授、章清教授、金光耀教授等的不吝赐教使我获益匪浅，乐敏老师给了我很多指导和帮助，刘士岭、李朝军、闻丽、尚红娟、张一平等同学也给了我无微不至的帮助。唏嘘感恩之际，一并致谢！

在查找和收集资料的过程中，复旦大学图书馆、广东省档案馆、广东省立中山图书馆（文德分馆）、海南省档案馆、海南大学图书馆、海南师范大学图书馆、海口市档案馆、儋州市档案馆、五指山市档案馆、澄迈县档案馆为我提供了大量有价值的资料。海南师范大学中文系曾德立老师、李翔婷同学为我搜集和复印了大量资料。海南大学旅游学院杨雅林老师、吴冰同学也为我借阅有关资料提供了无私帮助。海南省委政策研究室徐冰同志、省政府研究室一处马斌同志、省档案局管理研编处林玉美同志为我查阅有关资料提供了便利和帮助。在此致以深深的谢意！

同时，感谢我的上级领导、我的同事、我的部下对我工作的支持，让我有尽可能多的时间去完成本书。在书稿打字、排版过程中，感谢我的爱人朱娜付出的巨大劳动。

本书初稿自 2007 年 10 月完成之后，得到了各级领导和诸多专家学者的指正、指导，对本书的进一步修改完善起到了很大的作用。特别是第八、第九届全国人大常委会副委员长布赫，第八、第九届全国人大常委会副委员长铁木尔·达瓦买提，百岁老人、长征老干部、谢觉哉同志夫人王定国老人家，第十届全国人大常委会副委员长顾秀莲，中国侨联第四届主席、党组书记庄炎林，中国书画院院长雷鸣东，本人恩师姜义华教授等纷纷为本书或作序，或题写书名，或题词，领导和著名学者们的关怀、厚爱，我将没齿难忘。

谨以拙著献给海南建省办经济特区 20 周年和中华民族百年奥运的圆梦之年，以及所有为推进海南现代化进程中付出过辛勤汗水和积极探索的人们，并祝愿海南在新的历史起点上以跨越式的发展，创造新的辉煌。

2008 年 8 月 8 日于海口

再版后记

我研究生态现代化的初衷，是要寻找一套指导我们实现绿色发展的理论。2008年起，我和我的班子一道，对这一全新理论进行了实践尝试。近9年来，我们在澄迈县的探索实践收获了可喜的成效，同时也积累了一些经验和感悟。我由此更加坚信这一研究的意义，也很乐意再一次与读者分享在实践中的一些心得。

综观澄迈县生态现代化建设实践，可谓硕果累累：

一是极大地解放和发展了生产力，让人民群众充分享受了现代文明成果。2016年全县生产总值（GDP）达286.78亿元，比2007年增长263.2%，年均增长15.4%；2010年至2015年连续六年增速全省第一；GDP总量排名由2007年的全省第九跃居全省第三；连获2011年、2012年全省经济社会考核第一；成为海南省第三大经济体、第三大投资体，仅次于海口、三亚。教育、医疗卫生、社会保障、就业、住房、文体、电信、金融八个方面城乡基本公共服务均等化扎实推进，率先全省实行"十二年义务教育三免四补政策"，率先全省实现村村有标准卫生室和村村通宽带目标，率先全国实现金融便民服务延伸到所有行政村。人民群众生活显著改善，成为全国首个获联合国认证的"世界长寿之乡"。

二是转变了增长方式，促进了经济发展与环境退化脱钩。三次产业结构由2007年的32.9∶48.8∶18.3调整为2016年的25.8∶37.2∶37.0，低碳产业长足发展。现代农业做精做特，澄迈被评为"国家现代农业示范区、国家商标战略实施示范县、国家农产品质量安全县"，澄迈福橙、福山咖啡、无核荔枝进入国宴，瓜菜直供港澳和出口中亚五国，水产品加工出口日、韩、欧、美。新型工业做大做优，海南生态软件园被评为"全国

十大领军软件园""国家新型工业化产业示范基地"和"国家级科技企业
孵化器"，海南中航特玻成为全国最大的高端玻璃制造基地，海南汉能光
伏电池生产基地、海口垃圾焚烧发电厂、神州新能源车用沼气厂和星光绿
色建筑涂料厂等新能源新材料项目相继投产。澄迈被评为"国家可持续发
展实验区"，其工业龙头老城经济开发区入选首批"国家低碳工业园区"。
休闲低碳旅游业做新做活，咖啡之旅、历史文化之旅、福寿之旅、海洋之
旅、森林之旅、红色之旅、美食之旅七大系列绿色旅游品牌相继形成，康
复、康体、美体、养生成为澄迈旅游新契机。澄迈被评为"中国低碳旅游
示范区"，2016 年全县旅游收入 20.36 亿元，比 2007 年激增 3601.81%。
文化产业增加值占 GDP 比重超过 20%。

三是加强了环境保护和生态建设，促进了人与自然和谐共生。节能减
排成绩斐然，节能工作考核连年位居全省前列。中航特玻高端玻璃生产线
技改后生产过程降低能耗 35%，减少 65% 以上的氮氧化物和 85% 以上的
二氧化硫、烟尘排放；华盛天涯水泥厂技改后生产用水回收利用率超过
95%，年回收粉尘 1800 多吨；华能海口电厂上马热电联供项目后提高了
能源利用效率，老机组技改后脱硫率、除尘率分别达 95% 和 99.9%，二
氧化硫排放量减少 84% 以上。2016 年，全县万元 GDP 能耗降为 0.395 吨
标准煤，比 2007 年下降 60.7%，年均下降 9.9%。生态建设效果明显，
澄迈被评为"中国绿色名县""全国绿化模范县"。2016 年全县森林覆盖
率达 57.85%，比 2007 年提高了 11.35 个百分点。污染防治卓有成效，
环境质量连年保持优良，大气中二氧化硫、二氧化氮和可吸入颗粒物三项
指标优于一级标准，监测段面地表水水质、集中饮用水水源地水质达 2—3
类标准，近海水质达国家一、二类标准。空气优良天数比例达 99.7%。

回顾澄迈生态现代化建设，有成绩也有不足，有喜悦也有反思。以下
几点思考与读者共勉。

第一，生态物流服务业应作为生态产业的重要内容。海南作为四面环
海的独立地理单元，物流在岛屿经济发展中举足轻重，特别是随着海上丝
绸之路的打造，物流急剧升温在所难免。当前海南整个物流业中传统物流
占了很大比重，低效高耗能的运输方式带来的不仅是环境污染，还有物流
成本的提升。因此，推动物流业由传统型向低碳生态的现代型转变已是大

势所趋。特别是，解决船舶对海洋的污染问题已成为守护"蓝色国土"躲不开、绕不过的"坎"。此外，海南建设国际旅游岛势必带动全省旅游业的升级，加快发展康复、康体、美体、养生等配套服务产业也必将大有可为。

第二，绿色 GDP 理念应牢固树立。GDP 是单纯的经济增长观念，只反映出国民经济收入总量却不统计环境污染和生态破坏，不反映经济增长的可持续性，以其衡量一个地方经济社会发展是不全面、不科学的。而片面追求 GDP 又往往会带来高污染和高损害的环境代价。经济发展新常态要求把转方式、调结构摆在更加重要的位置，更加强调发展的全面、协调、可持续性，以 GDP 论英雄的做法显然已不能适应经济发展新常态的要求。要实现生态现代化所追求的经济效益与生态效益高度统一，完全有必要引入绿色 GDP 概念，以提高经济社会考核评价的科学性。

第三，人的生态化问题不容忽视。人的发展是一切发展的前提和核心，人的生态化发展是生态文明发展的现实要求和重要支撑。所谓人的生态化，是指人的全面发展的实现朝着人与自然、人与人、人与社会和谐的方向发展。大力弘扬民族价值观，弘扬传统美德、传统文化，引导公众以德待人、以德处事，是社会和谐的基础。引导人们转变价值观念，更加注重精神追求，降低对物质的追求，是实现人与自然和谐的前提。加强心理疏导，减轻人的精神压力，提高人的幸福指数，是构建和谐人际关系的必然要求。这些，都是人的生态化的题中应有之义，是生态现代化不可回避的问题。

第四，"以人为本"和"以人民为中心"的发展思想应落实到位。科学发展观强调"以人为本"，坚持发展成果由人民共享。习近平总书记强调"以人民为中心"的发展思想，多次强调"必须坚持人民主体地位，维护社会公平正义"。这就要求政府为城乡居民提供更多均等化的公共产品和公共服务，特别是要提供教育、医疗卫生、社会保障、就业、住房、文化、体育、电力、通讯、金融等方面的基本公共服务，实现城乡一体化发展，解决好老百姓最直接、最现实的具体问题。

第五，生态保护意识应该强化。生态现代化理论探索应该挖掘出原始人的生存智慧，如生态意识、与自然和谐相处之道、对地球生态的完整性和统一性的有效保持等，给现代人以启示与反思，引导现代人树立自然生态意识，包括大自然意识、生态价值意识和生态伦理意识。现代人应突出强调生态、环保、蓝天、绿水、青山意识，把保护环境、科学利用资源、保护地球作为现代人追求的目标。

　　本次再版暂未增加以上内容，仅在此粗略提出，希望能够起到抛砖引玉的作用。

　　但愿本书能够对读者有所启发，对社会有所裨益，对海南绿色崛起有所促进。

2017 年 5 月 28 日